中等职业学校教育创新规划教材
新型职业农民中职教育规划教材

电工技术基础

连德旗　主编

中国农业大学出版社
·北京·

内 容 简 介

本教材分四大模块，十一个项目。模块一 直流电路的应用包括简单电路的应用和复杂直流电路的应用两个项目；模块二 电磁感应与交流电的应用包括电磁感应及应用、单相正弦交流电路的应用和三相正弦交流电路的应用三个项目；模块三 农村常用电器的检修包括变压器的检修、电动机与发电机的检修、电容器的选用与检测和电感器的制作与检测四个项目；模块四 谐振电路的应用包括认知谐振电路和照明电路的安装两个项目。

每个项目在【项目描述】中由生产实例引入，再确定学习目标，后分解为数个学习性工作任务，共 43 个。每个工作任务由【任务目标】【任务准备】【任务实施】【任务巩固】【任务评价】构成，有的工作任务中还添加了【任务拓展】【任务评价】参考样式作为附录放在书后，供教师教学时使用。

图书在版编目(CIP)数据

电工技术基础/连德旗主编.—北京：中国农业大学出版社，2015.10
ISBN 978-7-5655-1411-1

Ⅰ.①电… Ⅱ.①连… Ⅲ.①电工技术-教材 Ⅳ.①TM

中国版本图书馆 CIP 数据核字(2015)第 236745 号

书　　名　电工技术基础
作　　者　连德旗　主编

策划编辑　张　蕊　张　玉　　**责任编辑**　张　蕊
封面设计　郑　川　　**责任校对**　王晓凤
出版发行　中国农业大学出版社
社　　址　北京市海淀区圆明园西路 2 号　　**邮政编码**　100193
电　　话　发行部 010-62818525，8625　　读者服务部 010-62732336
编辑部 010-62732617，2618　　出　版　部 010-62733440
网　　址　http://www.cau.edu.cn/caup　　**e-mail**　cbsszs @ cau.edu.cn
经　　销　新华书店
印　　刷　北京市平谷县早立印刷厂
版　　次　2015 年 12 月第 1 版　　2015 年 12 月第 1 次印刷
规　　格　787×1 092　16 开本　17.5 印张　318 千字
定　　价　46.00 元

中等职业学校教育及新型职业农民中职教育教材编审委员会名单

编审人员

主　编　连德旗　南阳农业职业学院高级讲师

副主编　张　颖　河北省科技工程学校讲师

参　编　李晓磊　河北省科技工程学校讲师
　　　　尚文文　南阳农业职业学院助理讲师
　　　　王艳茹　河北省科技工程学校助理讲师
　　　　李晓娟　河北省科技工程学校助理讲师
　　　　谷　敏　南阳农业职业学院助理讲师

主　审　智刚毅　纪绍勤　陈肖安

编写说明

积极开展与创新中等职业学校教育与新型职业农民中职教育，提高现代农业与社会主义新农村建设一线中等应用型职业人才及新型职业农民的综合素质、专业能力，是发展现代农业和建设社会主义新农村的重要举措。为贯彻落实中央的战略部署及全国职业教育工作会议精神，根据《教育部关于"十二五"职业教育教材建设的若干意见》《中等职业学校新型职业农民培养方案(试行)》和《中等职业学校专业教学标准(试行)》等文件精神，紧紧围绕培养生产、服务、管理第一线需要的中等应用型职业人才及新型职业农民，并遵循中等职业学校教育与新型职业农民中职教育的基本特点和规律，基于"模块教学、项目引领、任务驱动"和"讲练结合、理实一体"的教育理念，以职业活动为导向，以职业技能为核心，按照职业资格标准和岗位任职所需的知识、能力、素质的要求，编写了《电工技术基础》中职教育教材。

《电工技术基础》是农业工程类专业核心课教材之一。因此，在编写过程中紧密联系中职教育与职业农民的实际，多用实例与图表等形式描述。同时在本书中专门安排了农村常用电器的模块。重点介绍了变压器、电动机、发电机、电容器、电感器和继电器的工作原理和主要应用，让学员在了解原理的基础上学会使用和维修。本教材共分四个模块：模块一　直流电路的应用；模块二　电磁感应与交流电的应用；模块三　农村常用电器的检修；模块四　谐振电路的应用。该教材构思新颖，内容丰富，结构合理，以行动导向的教学模式为依据，以学习性工作任务实施为主线，体现了"做中学，做中教"的教学模式，物化了本门课程历年来相关职业院校教育教学改革中所取得的成果，并统筹兼顾中等农业职业教育及新型职业农民中职教育的学习特点。

本教材根据项目驱动式教学的需要，以引导学生主动学习为目的，进行体例架构设计，以适应中等农业职业教育和新型职业农民中职教育创新和改革的需要。本教材内容深入浅出、通俗易懂，具有很强的针对性和实用性，是中等职业学校教育及新型职业农民中职教育的专用教材，也可作为现代青年农场主的培育教材、还可作为农村从业人员的培训用书及相关专业人员参考使用。

本教材由南阳农业职业学院连德旗、尚文文、谷敏和河北省科技工程学校张颖、李晓磊、李晓娟、王艳茹共同编写。连德旗担任主编，张颖担任副主编，河北省科技工程学校副校长、高级讲师智刚毅、农业部科技教育司纪绍勤处长和原农业部农民科技教育培训中心陈肖安等同志对教材内容进行了最终审定，在此一并表示感谢。

由于编者水平有限，加之时间仓促，不妥甚至错误之处在所难免，衷心希望广大读者及时发现并指出，并希望广大读者对教材编写质量提出宝贵意见，以便修订和完善，进一步提高教材质量。

编　者
2015 年 7 月

目　录

模块一　直流电路的应用

模块二　电磁感应与交流电的应用

模块三 农村常用电器的检修

模块四 谐振电路的应用

模块一　直流电路的应用

本模块是本教材的主要内容，也是本教材的基础知识，共分两个项目，项目一介绍简单直流电路的应用；项目二介绍复杂直流电路的应用。这些知识在后面的学习中都有重要的应用，是学习直流电器的原理和应用的基础。

项目一　简单直流电路的应用

【项目描述】

一般来说，把干电池、蓄电池当作电源的电路就可以看做直流电路，比如手电筒（用干电池的），就构成一个直流电路，把市电经过整流桥，变压之后，作为电源而构成的电路，也是直流电路，普遍的低电压电器都是利用直流电的，特别是电池供电的电器。大部分的电路都要求直流电源。

本项目分为简易发光电路的安装、简易发光电路电压与电流的测量、电阻器的识别与检测、欧姆定律及其应用、电阻串联电路的应用、电阻并联电路的应用六个工作任务。

通过本项目学习了解简单直流电路基本概念和基本定律；掌握欧姆定律和电路的三种状态；学会电路的串、并联及其应用。培养学生认真严谨，善于思考，勇于探索的职业素质。

任务1　简易发光电路的安装

【任务目标】

1. 掌握电路及电路的组成，了解电路的作用。
2. 学会画电路的原理图。

【任务准备】

一、资料准备

SYB-120 型面包板 1 块、红色 ϕ10 mm 发光二极管 1 只，100 Ω 电阻 1 个，1.5 V

干电池 2 节，带自锁的按钮开关 1 个，导线若干；任务评价书和相关的教学材料。

二、知识准备

（一）电路组成与各部分作用

电流所通过的路径称为电路。把干电池、小电珠及开关用电线如图 1-1 所示连接，合上开关，电路中有电流流过，小电珠就亮起来。

把图 1-1 实物电路图改画成电路示意图如图 1-2 所示，电流从干电池正极出发经过小电珠，再经过开关回到干电池的负极，在干电池内部电流从负极流向正极，形成电的回路即电路。

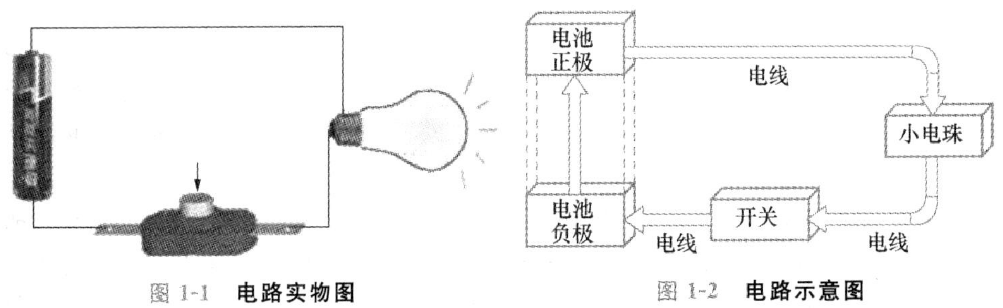

图 1-1 电路实物图　　图 1-2 电路示意图

电路一般由电源、负载和中间环节三部分组成。电源内部的电路叫内电路，电源外部的电路叫外电路。各部分的作用：

1. 电源

向电路提供电能的设备。它能把其他形式的能转变成电能。常见的电源有干电池、蓄电池、发电机等。

2. 负载

即用电器，它是各种用电设备的总称。其作用是把电能转变成其他形式的能。如电磁炉，电灯，电视等。

3. 中间环节

主要包括连接导线，控制装置和保护装置。连接导线常用铜线和铝线，主要作用是把电源和负载连接成闭合回路，传递和分配电能；控制和保护装置：用来控制电路的通断，保护电路的安全，使电路能够正常工作。如开关、断路保护器、熔断器、继电器等。

实际电路往往是由电特性相当复杂的元器件组成的，为了便于使用数学方法对电路进行分析，一般对元器件进行如下处理：忽略其次要特性，突出其主要特性，称为理想元件，并用统一规定的符号来代替实物，以此表示电路的各个组成部分，而对它的实际结构、形状、材料等非电磁特性不予考虑。由理想元件构成的电路称为电路模型，简称电路。部分常用理想电器元件符号及实物见表 1-1。

表 1-1 部分常用理想元件符号及实物

名称	实物图	电气符号	名称	实物图	电气符号
电池		E	电阻		R
白炽灯		EL	电容		C
开关		S或Q	电感		L
电压表		V	熔断器		FU
电流表		A	接地	组合型接地极 标准型接地极	或

利用国家统一规定的图形符号和文字符号表示电路的图形叫原理图，如图 1-3 所示。

(二)电路的作用

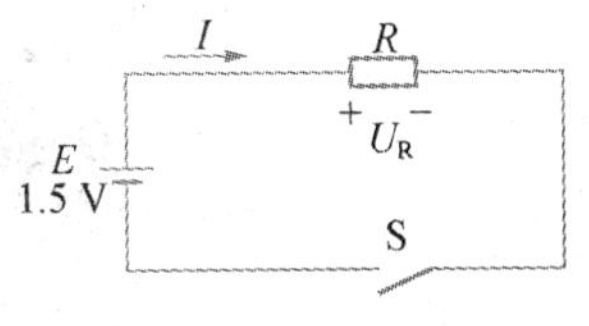

图 1-3 电路原理图

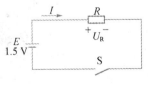

电路的基本功能按其完成的任务可分为两种。一种是实现电能的传输和转换，如输电配电电路，先由发电机将热能、水能、原子能和风能等转换为电能，经变压器和输电线将电能传输给负载，再由负载把电能转换为光能、热能、机械能等；另一种是实现信号的传递和处理，如手机电路，先由话筒将声音信号转换为电信号，经放大电路对输入的电信号进行放大处理

后传送到另一个手机，这个手机接收到信号后再把它还原成声音信号由扬声器发出。

无论是电能的传输和转换，还是信号的传递和处理，电源和信号源的电压和电流统称为激励，它将带动电路工作；由激励在电路的各部分产生电流和电压称为响应，所谓电路分析就是讨论电路的激励和响应之间的关系。

【任务实施】

一、识读电路图

简易发光电路原理图如图 1-4 所示。该电路由 3 V 直流电源、限流电阻、发光二极管和按钮式开关组成。接通电源后，发光二极管就能正常发光。电路元器件清单见表 1-2。

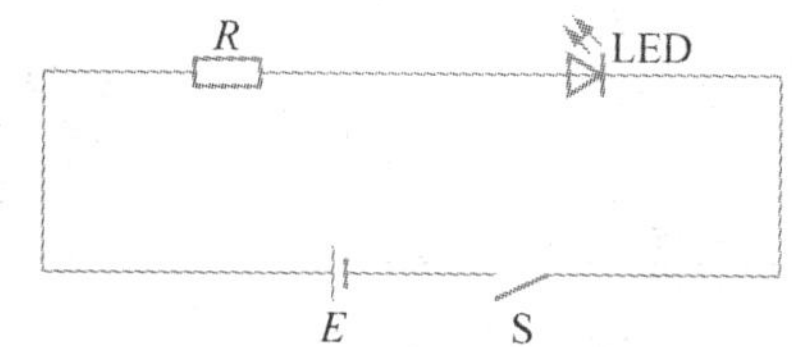

图 1-4 简易发光电路

表 1-2 简易发光电路元器件清单

图形符号	名称	实物图	规格	功能
	面包板		SYB-120	插接元器件
LED	发光二极管		红色 ϕ10 mm	发光
R	电阻器		100 Ω	限流

续表 1-2

图形符号	名称	实物图	规格	功能
V_{CC}	电池		1.5 V×2	电源
S	按钮开关		带自锁	控制电路通断
	导线			连接电路

二、检测电器元件

按表 1-2 备齐电路所需要的元器件并检测。

(1)用万用表查找按钮开关的常开触头。

(2)通过测试发光二极管的正、反向电阻,判断其正负极。

(3)用万用表测量电阻阻值,找出阻值为 100 Ω 的电阻器。

三、电路安装

【最简发光电路安装】　在面包板上将电阻器和发光二极管串联,接入直流电源,即可看到发光二极管亮起来。注意电池的正负极和发光二极管的正负极不要接错。安装示意图如图 1-5 所示。

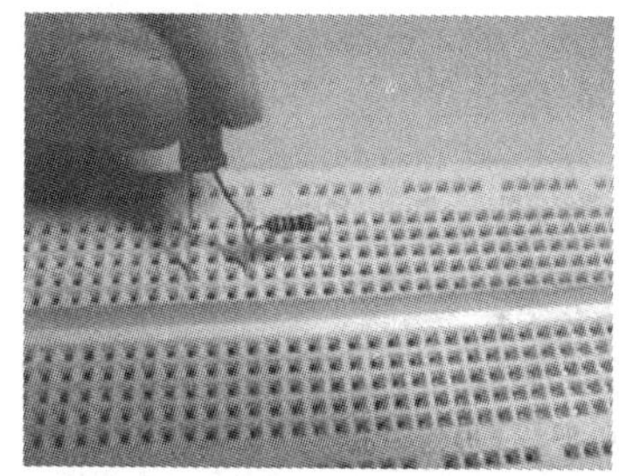

图 1-5　最简发光电路安装示意图

【增加开关控制】 在上面的最简发光电路上增加一个开关，接入直流电源，即可控制发光二极管的亮灭。安装示意图如图 1-6 所示。

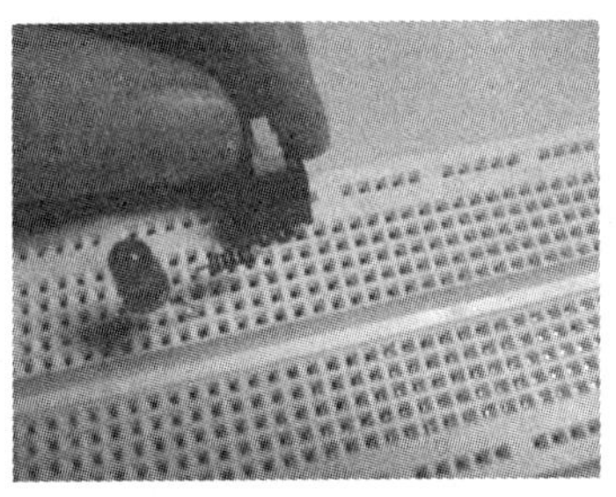

图 1-6 开关控制的简易发光电路安装示意图

【任务巩固】

1. 电路由________，________和________组成。
2. 表示电路的图形有几种？分别是什么？
3. 电路的作用有哪两种？

任务 2 简易发光电路电压与电流测量

【任务目标】

1. 理解电流及产生的条件，电压与电位间的关系；熟悉电功和电能的概念及关系；掌握电流、电压、电功率的概念及单位。

2. 能用电流表、电压表和万用表测量简易发光电路中的电流、电压值。

【任务准备】

一、资料准备

SYB-120 型面包板一块、红色 ϕ10 mm 发光二极管 1 只，100 Ω 电阻 1 个，1.5 V 干电池 2 节，带自锁的按钮开关 1 个，直流电流表 1 块、直流电压表 1 块、指针式万用表 1 块、导线若干；任务评价书和相关的教学材料。

二、知识准备

（一）电流

1. 电流的方向

水在水管中沿着一定方向流动，水管中就形成了水流。同样，电荷在电路中定向移动电路中就形成了电流，电荷的定向移动就形成了电流。

自然界中的电荷有两种，一种是正电荷，另一种是负电荷。正电荷带正电，负电荷带负电。一个电子所带的电量 $e=1.6\times10^{-19}$ C。任何带电体的电量都是它的整数倍。

形成电流的电荷可能是正电荷，也可能是负电荷。电流的方向是怎样定义的呢？在电路中规定正电荷的运动方向为电流方向，由于负电荷的运动方向和正电荷相反，因此负电荷运动的反方向也为电流方向。

电流的种类有直流电和交流电两种。大小和方向不随时间变化的电流叫直流电；大小和方向随时间变化的电流叫交流电，交流电又分正弦交流电和非正弦交流电两种。

2. 电流的形成

电荷的定向移动就形成了电流，因此要形成电流必须有自由移动的电荷，这是形成电流的内因。不论是固体、液体，还是气体，只要有自由移动的电荷都有可能产生电流。但是要产生电流还有一个外因就是导体两端有电压。只有导体两端有电压，导体内部的自由电子才能在电场力的作用下定向运动形成电流。

3. 电流的大小

水流有大小，电流也有大小，电流的大小叫电流强度；单位时间内通过导体某横截面的电荷量就叫导体中的电流强度。用 I 表示；

$$I=Q/t \tag{1-1}$$

式中　Q——通过导体横截面的电荷量，单位是库仑，符号为 C；

t——通过电荷量 Q 所用的时间，单位是秒，符号为 S；

I——电流，单位是安培，符号为 A。

例题 1.1　在 5 min 内通过导体横截面积的电荷量为 3.6 C，求电流为多少安，合多少毫安？

解：根据电流的定义式，代入数值可得

$$I=Q/t=3.6/5\times60=0.012\ \text{A}=12\ \text{mA}$$

故通过导体的电流为 12 mA。

(二)电压

电荷在电路中受到电场力的作用而形成电流,电荷受到电场力的作用而做功,电荷在电场力 F 的作用下由 a 移动到 b 移动距离为 L,则做功为:

$$W=FL$$

为了测量电场力做功能力的大小,引入了电压这个物理量。a、b 两点的电压在数值上等于电场力把单位正电荷从 a 移动到 b 所做的功,用下列公式表示

$$U_{ab}=W_{ab}/q \tag{1-2}$$

式中 q——电场力移动的电荷量,国际单位库伦,符号为 C;

W_{ab}——电场力将 q 由 a 移动到 b 所做的功,国际单位焦耳,符号 J;

U_{ab}——a、b 两点之间的电压,国际单位伏特,符号 V。

(三)电位

在地面上,水从高处往低处运动,水的重力做功,水的势能减少。在电路中电荷在电场力的作用下运动,电荷的势能减少,我们把电场力把单位正电荷从 a 点移到参考点所做的功就叫 a 点的电位,即

$$U_a=W_a/q \tag{1-3}$$

参考点即为零电位,就像我们选择地面为零势能面一样。物体在地面上方时,势能为正值,在地面以下时势能为负值。电位有正负之分,高于零势能的电位为正值;低于零势能的电位为负值。

在电路中,电压等于电位差。即

$$U_{ab}=U_a-U_b \tag{1-4}$$

在电路中,我们常选零线的电位为零,或地线的电位为零,为了方便也可以任意选择。我们把水流比喻成电流的话,电位就相当于地面的高度,电压就相当于高度差。

在电路中,我们知道正电荷是从正极向负极移动,电场力做正功,$U_{ab}>0$,因此电源正极的电位高,负极的电位低。即沿电流方向电位逐渐减小。

电位有正、负之分,我们选电路中负极的电位为零时,则电路中的电位都大于 0,为正值;若选正极的电位为 0 时,则电路中的电位都小于 0,为负值。

特别应当指出的是,电压和电位都是反映电场和电路能量特性的物理量,二者既有联系又有区别,电位是相对的,它的大小与参考点有关;电压是不变的,它的大

小与参考点的选择无关。电位的参考点虽然可以任意选择，但在电路计算时一个电路只能选择一个参考点。

（四）电能和电功

电流能使电灯发光、发电机转动、电炉发热——这些都是电流做功的表现。在电场力的作用下，电荷定向移动所做的功称为电功。电流做功的过程就是将电能转化成其他形式能的过程。

如果加在导体两端的电压为U，在时间t内通过导体横截面积的电荷量为q，导体中的电流为$I=q/t$，根据电压的公式$U=W/q$可知：

$$W=UIt \tag{1-5}$$

式中　U——电压，单位是伏特，符号为V；

I——电流，单位是安培，符号为A；

t——时间，单位是秒，符号为s；

W——电功（或电能），单位是焦耳，符号为J。

式(1-5)表明，电流在一段电路上所做的功，与这段电路两端的电压、电路中的电流和通电时间成正比。

对于纯电阻电路，有：

$$W=\frac{U^2}{R}t=I^2Rt \tag{1-6}$$

（五）电功率与功率平衡

1. 电功率

为描述电流做功的快慢程度，引入了电功率这个物理量。电流在单位时间内所做的功叫电功率。如果在时间t内，电流通过导体所做的功为W，用P表示电功率。

电功率是表示电流做功快慢的物理量，电流做功越快，电功率越大，在单位时间内所做的功越多。机器的功率越大，单位时间内的耗电量越大。

电功率的国际单位为：瓦（特），符号为W，通常机器的功率常用匹表示，1匹＝1马力，1马力＝735 W，1 kW＝1 000 W。

$$P=\frac{W}{t}=UI=I^2R=\frac{U^2}{R} \tag{1-7}$$

2. 电路中的功率平衡

电源把其他形式的能转化成电能，负载电阻和电源内阻又将电能转化成其他形式的能，即消耗电能。在一个闭合电路中，根据能量转化和守恒定律，电源电动势发出的功率等于负载电阻和电源内阻消耗的功率。即

$$P_{源} = P_{内} + P_{外}$$

$$IE = I^2R + I^2r \tag{1-8}$$

例题 1.2 一个电灯泡标有“220 V，100 W”的字样，则灯泡的热态电阻为多少？把它接在 110 V 的电源上，消耗的功率为多少？

解：(1)由题意可知；$U=220\ \text{V}, P=100\ \text{W}$

根据公式 $P=\dfrac{U^2}{R}$ 可得

$$R=\frac{U^2}{P}=\frac{220^2}{100}=484\ \Omega$$

(2)由 $P=\dfrac{U^2}{R}$ 可得 $P'=\dfrac{110^2}{484}=25\ \text{W}$

若用万用表测得灯泡未通电时的电阻为 36 Ω，这说明灯泡在热状态下的电阻比冷状态下的电阻大十几倍。

【任务实施】

一、电压表、电流表测量电路的电压、电流

测量步骤如下：

(1)正确接入电流表和电压表。按照图 1-7 安装电路，正确接入电流表和电压表。

电流表的两个接线柱分别与 a、b 两点相连，电压表的两个接线柱分别与 b、c 两点相连。

(2)闭合开关 S，观察发光二极管亮度。

(3)利用电压表、电流表测量电阻 R 两端的电压和电路中的电流，将测量结果填入表 2-7 中。

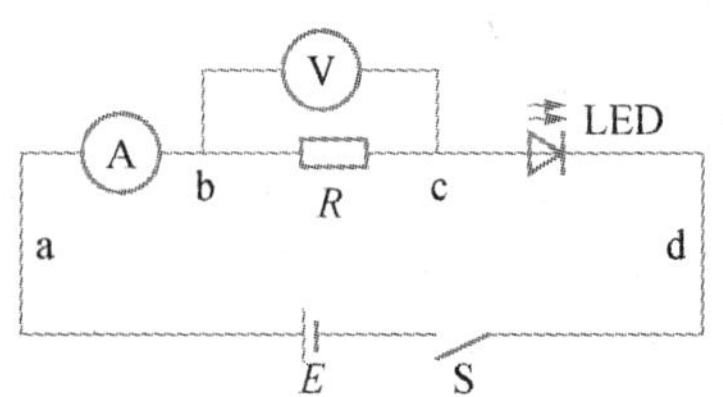

图 1-7 **电压、电流测量电路**

(4)改变电阻值，重新测量电阻 R 值、R 两端电压以及电路中电流，将测量结果填入表 1-3 中。

表 1-3　**测量结果**

R 标称阻值/Ω	R 实测阻值/Ω	R 两端电压/V	电路电流/A
100			
390			
510			

从表 1-3 可以看到，R 值越大，其两端电压________，流过电阻的电流________，发光二极管越________。

二、万用表测量电路的电压、电流

使用万用表的直流电压档和电流档测量图 1-7 所示电路的电压、电流，将测量结果填入表 1-4 中。

表 1-4　**测量结果**

R 标称阻值/Ω	R 实测阻值/Ω	R 两端电压/V	电路电流/A
100			
390			
510			

【任务拓展】

万用表检测电池电压

取一节 5 号电池或 1 号电池，将万用表的直流电压档置于 2.5 V 档量程，测量电池电压。注意事项如下：

(1)红表笔接电池正极，黑表笔接电池负极。

(2)如果电池电量足，测得电池电压应该是 1.5 V。

(3)如果测得电池电压小于 1.1 V，说明电池电量不足。

【任务巩固】

一、选择题

1. 灯泡 A 为“12 V，6 W”灯泡 B 为“9 V，12 W”，灯泡 C 为“12 V，12 W”，它们都在各自的额定电压下工作，以下说法正确的是(　　)。

A. 3 个灯泡一样亮　　　　B. 3 个灯泡电阻相同

C. 3 个灯泡电流相同　　　　D. C 灯泡最亮

2. 1 个电源分别接上 8 Ω 和 2 Ω 的电阻时，2 个灯泡消耗的电功率相等，则电源的内阻为（　　）。

A. 1 Ω　　B. 2 Ω　　C. 4 Ω　　D. 8 Ω

二、填空题

1. 规定________移动的方向为电流方向，金属导体中自由电子的定向运动方向与电流方向________。

2. 通过一个电阻的电流是 5 A，经过 3 min 通过这个导体横截面积的电荷量为________ C。

3. 导体中的电流为 0.5 A，经过________（时间）通过导体横截面积的电荷量为 12 C?

4. 电路中 a，b 两点的电位分别为 6 V 和 −3 V，则 a，b 两点的电压 $U_{ab}=$ ________。

三、计算题

有一台直流发电机，其端电压 $U=237$ V，内阻 $r=0.6$ Ω，输出电流 $I=5$ A，试求：

(1)发电机的电动势 E 和此时的负载电阻。

(2)各项功率及功率平衡方程。

任务 3　电阻器的识别与检测

【任务目标】

1. 理解电阻定律的内容，认识常见的电阻器。

2. 能识别常见电阻器，会用万用表检测电阻值。

【任务准备】

一、资料准备

不同类别的电阻器若干、任务评价表等相关的教学资料。

二、知识准备

(一)电阻

根据导电性能的不同,物质分为导体、绝缘体和半导体。容易导电的物体叫导体,如银、铜、铝等金属材料。对电流的阻碍作用很大的物体称为绝缘体,如玻璃、陶瓷、橡胶、干木头等。导电能力介于导体和绝缘体之间的称为半导体,如硅和锗等。

【电阻】 导体对电流的阻碍作用叫电阻。电阻用字母 R 或 r 表示。

【电阻的单位】 一个导体当其两端所加的电压为 1 V 时,若通过它的电流强度恰好为 1 A,则此导体的电阻就是 1 Ω。电阻单位除了欧(Ω)之外,还有千欧(kΩ)、兆欧(MΩ),它们之间的关系是:

$$1\ \text{k}\Omega = 10^3\ \Omega;1\ \text{M}\Omega = 10^3\ \text{k}\Omega = 10^6\ \Omega$$

在保持温度不变的情况下,用同种材料制成的横截面积相等而长度不同的导线,其电阻与它的长度成正比;长度相同而横截面积不同的导线,其电阻与它的横截面积成反比。

在一定温度下,导体的电阻与导体的长度成正比,与导体的横截面积成反比,还与导体材料有关,这个定律叫电阻定律,即

$$R = \rho \frac{L}{S} \tag{1-9}$$

式中 ρ——导体的电阻率,单位为欧·米,符号为 Ω·m;

L——导体的长度,单位为米,符号为 m;

S——导体的横截面积,单位为平方米,符号为 m^2;

R——导体的电阻,单位为欧姆,符号为 Ω。

电阻率 ρ 是反映材料导电性能的系数,几种常见材料电阻率的大小见表 1-5。铜、铝的电阻率小,常用来制造导线和电气设备的线圈。

表 1-5 20℃时几种常见材料的电阻率

材料名称	电阻率 $\rho/(\Omega\cdot\text{m})$	材料名称	电阻率 $\rho/(\Omega\cdot\text{m})$
银	1.65×10^{-8}	钨	5.3×10^{-8}
铜	1.75×10^{-8}	锰铜	4.4×10^{-7}
铝	2.83×10^{-8}	康铜	5.0×10^{-7}
低碳钢	1.3×10^{-7}	镍铬铁	1.0×10^{-6}
铂	1.06×10^{-7}	碳	1.0×10^{-6}

(二)电阻器

1. 电阻器分类、外形与符号

利用导体对电流的阻碍作用可以做成电阻器。电阻器是组成电路的基本元件之一,广泛应用于各种电子产品和电力设备中。电阻器主要用来稳定和调节电路中电流和电压,在电路中主要起限流、降压、分流、隔离和分压等作用。

【电阻器分类、外形】 电阻器按结构不同分为固定电阻器和可调电阻器(包括电位器)两类。按材料不同可分为碳膜电阻器、金属膜电阻器、合成膜电阻器和线绕电阻器等。常用固定电阻器外形如图 1-8 所示,常用可调电阻器外形如图 1-9 所示。

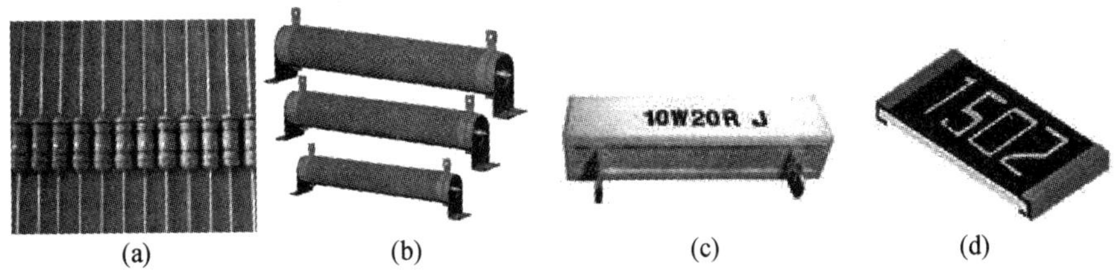

图 1-8 常用固定电阻器外形

(a)金属膜电阻器 (b)线绕电阻器 (c)水泥电阻器 (d)贴片电阻器

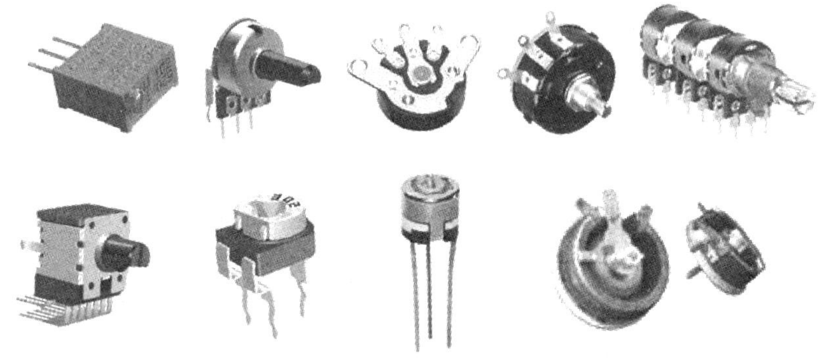

图 1-9 常用可调电阻器外形

【电阻器符号】 电阻器符号如图 1-10 所示。

图 1-10 电阻器符号

(a)固定电阻器 (b)可调电阻器

2. 电阻器主要参数

电阻器的主要参数有标称阻值、阻值误差和额定功率。

【标称阻值】 电阻器的标称阻值有多个系列,

常用的有 E24、E12、E6 系列，其主要参数见表 1-6。

表 1-6 电阻器的主要参数

标称值系列	允许偏差	电阻器标称值							
E24	Ⅰ级(±5%)	1.0	1.1	1.2	1.3	1.5	1.6	1.8	2.0
		2.2	2.4	2.7	3.0	3.3	3.6	3.9	4.3
		4.7	5.1	5.6	6.2	6.8	7.5	8.2	9.1
E12	Ⅱ级(±10%)	1.0	1.2	1.5	1.8	2.2	2.7	3.3	3.9
		4.7	5.6	6.8	8.2	—	—	—	—
E6	Ⅲ级(±20%)	1.0	1.5	2.2	3.3	4.7	6.8	—	—

【允许偏差】 标称阻值与实际阻值的差值与标称阻值之比的百分数称做允许偏差，它表示电阻器的精度。常用的精度有±5%、±10%、±20%，精密电阻器的精度要求更高，如±2%、±1%、±0.5%、±0.25%和±0.1%。

【额定功率】 电阻器在交、直流电路中长期、连续工作时所允许消耗的最大功率，称为电阻器的额定功率。

有电流流过，电阻器就会发热，而温度过高时就可能烧毁。因而不但要选择合适的电阻值，而且还要正确选择电阻器的额定功率。一般来说，电阻器的功率越大，体积就越大。

常用的额定功率有 1/20 W、1/8 W、1/4 W、1/2 W、1 W、2 W、5 W、10 W 和 20 W 等。

3. 电阻阻值的表示方法

常用电阻器的阻值表示方法有两种，一种是用数字直接标注，如图 2-13(c)所示；另一种是色标法标注，如图 2-13(a)所示。

色标法是用不同的颜色代表不同的电阻标称值和偏差。可以分为色环法和色点法，其中最常用的是色环法。色环电阻是目前市场上最常见、应用最广泛的电阻器。

电阻器上不同颜色的色环代表的意义不同，相同颜色的色环排列在不同位置上的意义也不同，色环的具体含义见表 1-7。

小提示

数字 1～9 和 0 分别对应的颜色为：棕红橙黄绿、蓝紫灰白黑。

表 1-7 色环的具体含义

颜色	有效数字	倍率	允许偏差	颜色	有效数字	倍率	允许偏差
棕	1	10^1	±1%	灰	8	10^8	
红	2	10^2	±2%	白	9	10^9	
橙	3	10^3		黑	0	10^0	
黄	4	10^4		金	—	10^{-1}	±5%
绿	5	10^5	±0.5%	银	—	10^{-2}	±10%
蓝	6	10^6	±0.25%	无色	—		±20%
紫	7	10^7	±0.1%				

色环电阻器中，根据色环的环数多少，又分为四环电阻器和五环电阻器。

【四环电阻器】 四环电阻器是用四色环表示标称阻值和允许偏差，其中前两条色环表示此电阻的有效数字，最后一条表示它的偏差，倒数第二条表示有效值后 0 的个数。四环电阻器的最后一环必为金色或银色。如图 1-11 所示。

图 1-11 四环电阻器

【五环电阻器】 精密电阻器用五色环表示标称阻值和允许偏差，其中前三条色环表示此电阻的有效数字，最后一条表示它的允许偏差，倒数第二条表示有效数字后 0 的个数。如图 1-12 所示。

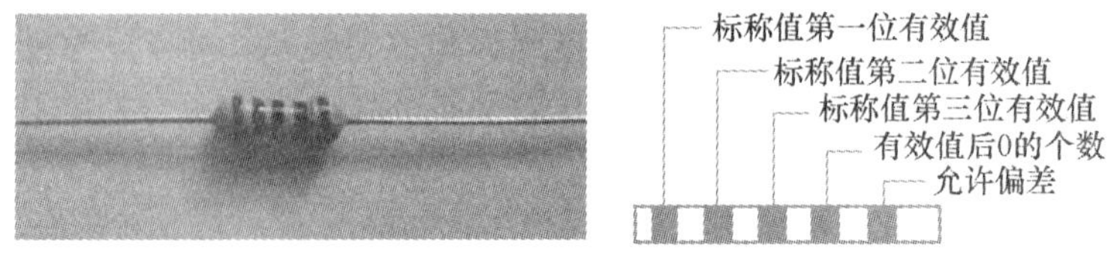

图 1-12 五环电阻器

【任务实施】

将所有电阻器一字排开，逐个进行测量，并记录数据。

机械调零。万用表在测量前，将万用表按放置方式(如 MF47 型是水平放置)放置好(一放)；看万用表指针是否指在左端的零刻度上(二看)；若指针不指在左端的零刻度上则需要机械调零，即用一字螺钉旋具调整机械调零旋钮，使之指零(三调节)。

选择合适倍率。万用表的欧姆档包含了 5 个倍率量程，×1、×10、×100、×1 K、×10 K。先把万用表的转换开关拨到一个倍率，红黑表笔分别接被测电阻的两引脚，进行初步测量，观察指针的指示位置，再选择合适的倍率。

欧姆调零。将转换开关旋在欧姆档的适当倍率上，将两根表笔短接，指针应指向电阻刻度线右边的“0” Ω 处。若不在“0” Ω 处，则调整欧姆调零旋钮使指针指零。

测量电阻时，每换一次倍率，都要进行欧姆调零。

读数。万用表上欧姆档的标志是“Ω”符号，档位处有“Ω”标志，读数时看有“Ω”标志的那条刻度线。万用表电阻档的刻度线标度是不均匀的，如图 1-13 所示最上面一条刻度线上只有一组数字，作为测量电阻专用，从右往左读数。读数值再乘以相应的倍率，即为所测电阻值。

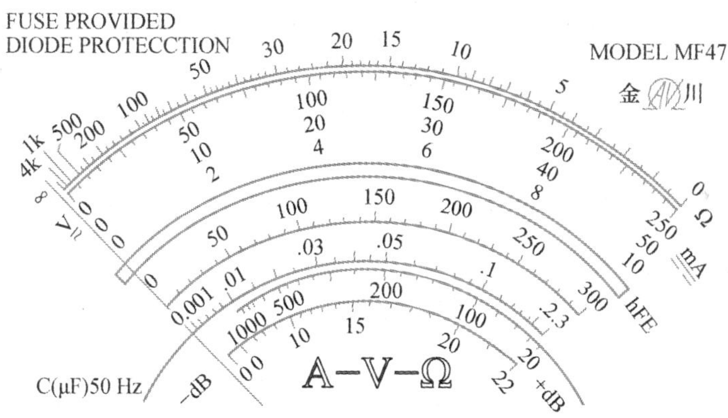

图 1-13　万用表电阻刻度线

【任务拓展】

电阻的判断与选择

电阻是电工和电子技术中应用最广泛的组件之一。如何合理地选择使用电阻，是电路设计中的一个重要问题。如果选择不当，不但电路性能达不到要求，还会造成不必要的浪费。选择电阻应根据线路的性能要求，然后根据各类型电阻的不同特点，选择出既能符合电路要求，又符合经济实用的品种。

1. 电阻质量的判断

(1)外形检查。引线有无折断，外壳有无烧焦。

(2)阻值检查。万用表测量阻值,阻值应稳定在要求范围。

(3)噪声检查。质量好,噪声电压小。测量仪器为噪声测量仪。

2. 电阻的选用

(1)功率选定。额定功率值应高于实际工作电路功率的1.5～2倍。

(2)温度系数的选择。应根据电路的环境选择不同温度系数的电阻。

(3)应考虑电路的工作环境、可靠性和经济性等要求。

(4)应考虑电阻的精度、非线性及噪声是否符合电路的要求。

电阻最主要的参数是电阻值和额定功率。选择电阻时要留有一定的余地。

【任务巩固】

一、填空题

1. 根据物质的导电性能可分为________、________和________。

2. 一根长10 m,截面积为10 mm^2 的铜导线,它的电阻为________,若把它均匀拉长到原来的2倍,拉长后的阻值为________ Ω。

二、计算题

1."110 V,500 W"的电炉丝,能否用"220 V,500 W"电炉丝的一半来代替?这时电炉丝放出的能量是否一样?请说明理由。

2. 某电阻器的色环颜色依次绿、棕、黑、棕、棕,则此电阻器标称阻值是多少?

任务4 欧姆定律及其应用

【任务目标】

1. 掌握部分电路、全电路欧姆定律的内容、公式及应用。

2. 会用欧姆定律解决问题。

【任务准备】

一、资料准备

电源(干电池)、电流表、电压表、开关、小灯泡、导线、滑动变阻器;任务评价表等相关的教学资料。

二、知识准备

(一)部分电路欧姆定律

我们以前已经学过欧姆定律,知道了电流和电压的关系,这实际上就是部分电路欧姆定律,即导体中的电流与导体两端的电压成正比。

$$I=\frac{U}{R} \tag{1-10}$$

上式的意义:R 是个比例系数与(I,U)无关,它是由导体本身决定的,叫电阻。

R 越大,相同的电压,电流越小,则导体的阻碍作用越强。R 的大小反映了导体对电流阻碍作用的程度,因此叫电阻。

电阻的国际电位:欧姆(Ω)　1 kΩ=1 000 Ω,1 MΩ=1 000 kΩ。

例题 1.3　一个白炽灯上标注着 220 V,100 W 的字样。试问;该灯的额定工作电流为多大?其发光时的电阻为多少?

解:根据电功率公式　$I=\frac{P}{U}=\frac{100}{220}=0.45\ \text{A}$

$$R=\frac{U}{I}=\frac{220}{0.45}=489\ \Omega$$

答:该灯的额定工作电流为 0.45 A,正常工作时的电阻为 489 Ω。

(二)全电路欧姆定律

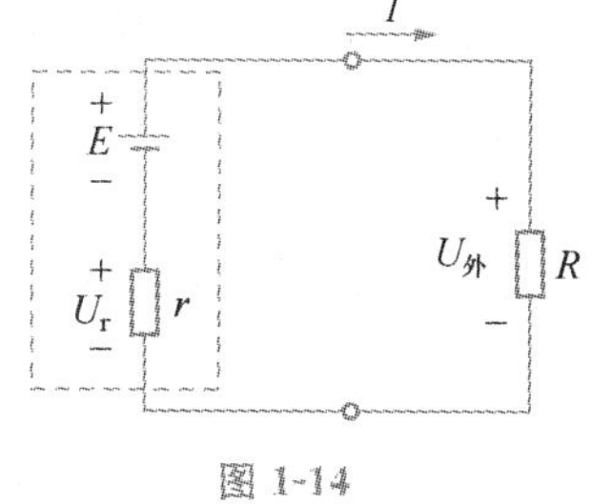

图 1-14

包含电源在内的闭合电路叫全电路,如图 1-14 所示,全电路包含电源内部的电路和电源外部的电路,电源内的电路叫内电路;电源外的电路叫外电路。外电路的电阻叫外电阻,用 R 表示;内电路的电阻叫内电阻,用 r 表示。电流在外电路上的电压叫外电压,也叫路端电压或端电压,用 $U_{外}$ 表示,则 $U_{外}=IR$;电流在内电路上的电压叫内电压,用 U_r 表示,则 $U_r=Ir$。

全电路中的电流跟电源的电动势成正比,跟整个电路的电阻成反比,这就叫全电路欧姆定律,即:

$$I=\frac{E}{R+r} \tag{1-11}$$

路端电压的计算公式:

$$U_{外}=E-Ir$$

电路中的两种特殊情况：

1）当外电路断开，即断路时，R 变为无穷大，I 变为零，Ir 变为零，$U_{外}=E$ 断路时路端电压等于电源电动势。由于伏特表内阻很大，所以如果它直接并联在电源两端，这时伏特表本身就成了外电路，电路中的电流很小，因此，$U_{外}$ 和 E 相差很小，用伏特表可以直接测量电源电动势。

2）当外电路的电阻趋近于零时，即短路时，路端电压也趋近于零，这时电流很大，有

$$I_{短}=\frac{E}{r} \tag{1-12}$$

由此可见，短路时的电流不仅与电源电动势有关，还与内电阻有关。一般来说，电源的内阻都很小，如铅蓄电池的内阻只有 0.005～0.1 Ω，因而在短路时电流很大，会烧坏蓄电池的极板。大功率发电机的供电电路，由于电动势很大，短路时的电流会达到很大数值，会烧坏电机，引起火灾。为防止这类事故，应在电路中安装保护装置，如熔断器，保险开关等。平时绝不允许将一根导线或电流表直接接在电源的两极上。

例题 1.4 有一闭合电路如图 2-24 所示，电源电动势 $E=12$ V，其内阻 $r=2$ Ω，负载电阻 $R=10$ Ω，求电路中的电流 I、负载电阻 R 两端的电压 U_R、电源内阻 r 上的电压降 U_r。

解：根据全电路欧姆定律

$$I=\frac{E}{R+r}=\frac{12\ \text{V}}{(10+2)\Omega}=1\ \text{A}$$

由部分电路欧姆定律，可求负载两端电压

$$U_R=IR=1\ \text{A}\times 10\ \Omega=10\ \text{V}$$

电源内阻上的电压降为

$$U_r=Ir=1\ \text{A}\times 2\ \Omega=2\ \text{V}$$

【任务实施】

用伏安法测小灯泡工作时的电阻，记录在不同发光情况下灯泡的电阻值。具体步骤如下：

(1)设计并画出电路图。

(2)断开开关，按电路图连接好电路，闭合开关前应将滑动变阻器的滑片置于阻值最大的位置。

(3)检查无误后闭合开关，接通电路。

(4)多次改变滑动变阻器阻值，分别读出两表示数，逐一填入记录到表 1-8 中；实验结束后要立即断开开关。

表 1-8 测量结果

实验次数	U/V	I/A	$R_{灯}$/Ω	灯泡亮度
1				
2				
3				
4				

思考：灯泡由不亮逐渐变为正常发光，灯泡灯丝的温度是否在变化？

【任务拓展】

电路的状态

电路通常有以下三种状态：通路状态、断路状态、短路状态(图 1-15)。

▶通路状态：开关接通，电路构成闭合回路，有电流通过。

▶断路状态：开关断开或电路中某处断开，电路中无电流。

▶短路状态：电路(或电路中的一部分)被短接。短路时往往会形成很大的电流，损坏供电电源、线路或负载(即用电设备)。电源短路(电源两端直接由导线接通的状态)时，将会有非常大的电流流过，可能把电源、导线、设备等烧毁，甚至引起火灾、爆炸等，应绝对避免。

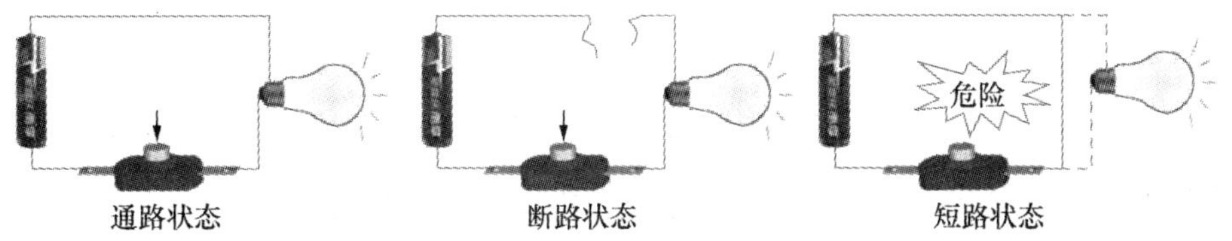

图 1-15 电路的状态

【任务巩固】

一、填空题

1. 电流流通的__________叫电路。电路的状态有__________、__________

和________。

2. 电源电动势 $E=4.5$ V，内阻 $r=0.5$ Ω，负载电阻 $R=4$ Ω，则电路中的电流为________ Ω，路端电压 $U=$________ V。

二、计算题

电源的电动势 $E=2$ V，与 $R=9$ Ω 的负载电阻连接成闭合回路，测得电源两端的电压为 1.8 V，求电源的内阻 r？

任务 5 电阻串联电路的应用

【任务目标】

1. 掌握串联电路的特点和电压、功率的分配规律。
2. 能将电流表改装成电压表。

【任务准备】

一、资料准备

3 个功率不同的小灯泡、电池盒 1 套、开关 1 个、电流表和电压表各 1 个、导线、任务评价表等相关的教学资料。

二、知识准备

(一)串联电路的特点

把两个或多个电阻依次连接起来，组成中间无分支的电路，叫做电阻串联电路。图 1-16 所示为 3 个电阻组成的串联电路。

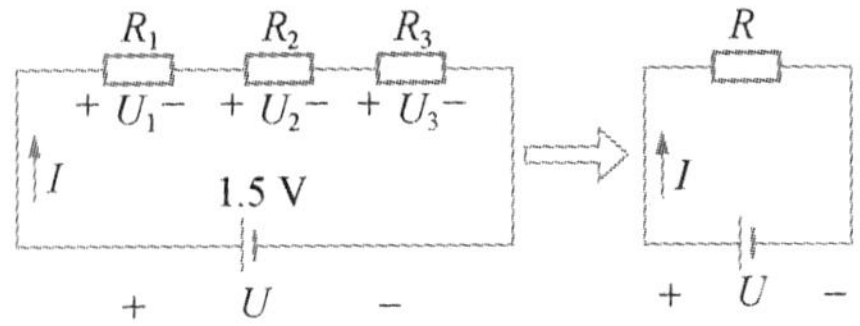

图 1-16 串联电路

串联电路特点　串联电路(以 3 个电阻串联为例)的特点如下：

1)串联电路中电流处处相等,即

$$I = I_1 = I_2 = I_3$$

2)串联电路中的总电压等于串联电阻两端的分电压之和,即

$$U = U_1 + U_2 + U_3$$

3)串联电路的等效电阻等于各串联电阻之和,即

$$R = R_1 + R_2 + R_3$$

4)在串联电路中,各电阻上分配的电压与电阻值成正比,即

$$I = \frac{U}{R} = \frac{U_1}{R_1} = \frac{U_2}{R_2} = \frac{U_3}{R_3}$$

各电阻上所消耗的功率与电阻值成正比,即

$$I^2 = \frac{P}{R} = \frac{P_1}{R_1} = \frac{P_2}{R_2} = \frac{P_3}{R_3}$$

两个电阻串联电路的分压公式：

$$U_1 = \frac{R_1}{R_1 + R_2}U \text{ , } U_2 = \frac{R_2}{R_1 + R_2}U \tag{1-13}$$

小提示

❖串联电路的实质是分压。

❖各电阻上分配的电压与电阻值成正比。

❖各电阻上所消耗的功率与电阻值成正比。

当 n 个电阻串联时,则

$$I = I_1 = I_2 = I_3 = \cdots = I_n$$

$$U = U_1 + U_2 + U_3 + \cdots + U_n$$

$$R = R_1 + R_2 + R_3 + \cdots + R_n$$

$$I = \frac{U}{R} = \frac{U_1}{R_1} = \frac{U_2}{R_2} = \frac{U_3}{R_3} = \cdots = \frac{U_n}{R_n}$$

(二)串联电路的应用

串联电路应用极为广泛,如：

(1)用几个电阻串联来得到阻值较大的电阻。

(2)用串联电阻组成分压器，使用同一个电源可以得到几种不同的电压。

(3)限流作用。采用电阻与负载串联的方法，使流过负载的电流减小，以满足负载的正确使用。

(4)串联电阻扩大电压表的量程。

例题 1.5 在图 1-16 所示电路中，已知：$R_1=10\ \Omega$，$R_2=20\ \Omega$，$R_3=30\ \Omega$；求总电阻 R。

解： $R=R_1+R_2+R_3=10\ \Omega+20\ \Omega+30\ \Omega=60\ \Omega$

例题 1.6 在图 1-17 所示电路中，$R_1=100\ \Omega$，$R_2=200\ \Omega$，输入电压 $U_I=15$ V，试求输出电压 U_0 的变化范围。

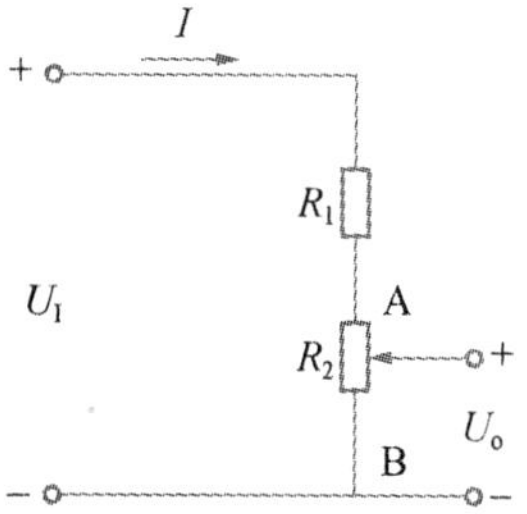

解：

$$I=\frac{U_I}{R_1+R_2}=\frac{15\ \text{V}}{100\ \Omega+200\ \Omega}=0.05\ \text{A}$$

当触点在 A 处，

$$U_{01}=IR_2=0.05\ \text{A}\times 200\ \Omega=3\ \text{V}$$

当触点在 B 处，

$$U_{02}=0.05\ \text{A}\times 0\ \Omega=0\ \text{V}$$

所以，输出电压 U_0 变化范围是 0～10 V。

图 1-17

【任务实施】

一、串联电路电压的测量

按图 1-16 连接串联电路，用电压表测量各灯泡两端的电压和总电压，并记录数据，填入表 1-9 中。

表 1-9 测量结果 V

实验次数	U_1	U_2	U_3	U
1				
2				
3				

二、把电流表改装成电压表

(1)拿一个电流表,根据其内阻和量程算出其电压,然后串联一个已知电阻算出总电压,再用标准电压表检验其准确性。

(2)打开万用表看看内部结构特别是电压档,是不是串联了一个电阻?我们可以量一量它们的阻值,是不是量程越大内阻越大?

【任务拓展】

电压表的使用注意事项

(1)根据电压的大小选择合适的量程,如果事先不知道电压的大小,先用大的量程,然后再选择合适的量程;也可以用“试测法”先估测电压的大小。

(2)电压表必须并联在待测电路的两端。

(3)注意电压表的极性,红笔接电源的正极,黑笔接负极。

(4)读数时两眼平视,先确定最小刻度再读数,先读整数,再读小数。

【任务巩固】

一、填空题

1. 两个电阻分别为 5 Ω 和 10 Ω,串联接在 9 V 的电源上,通过它们的电流为________和________,两端的电压是________。

2. 一个小灯泡正常工作电压为 8 V 通过它的电流为 0.4 A,如果把它接在 12 V的电源上,使它正常发光需要________个________欧姆的电阻。

二、选择题

把标有“220 V,40 W”和“6 V,3 W”的甲,乙两个灯泡串联接在 12 V 的电源上,则(　　)。

A. 甲灯比较亮　　B. 乙灯比较亮

C. 两个一样亮　　D. 都不亮

三、计算题

一只 110 V,8 W 的指示灯,接在 380 V 的电源上,让它正常发光,问需要串联一个多大的电阻?电阻的功率有多大?

任务 6 电阻并联电路的应用

【任务目标】

1. 掌握并联电路的特点和电压、功率的分配规律。
2. 能扩大电流表量程。

【任务准备】

一、资料准备

3 个功率不同的小灯泡、电池盒 1 套、开关 1 个、电流表和电压表各 1 个、万用表 1 块、导线等相关的教学资料。

二、知识准备

(一)并联电路的特点

把两个或两个以上电阻接到电路中的两点之间，电阻两端承受同一个电压的电路叫做电阻并联电路。图 1-18 所示为 3 个电阻并联的电路。

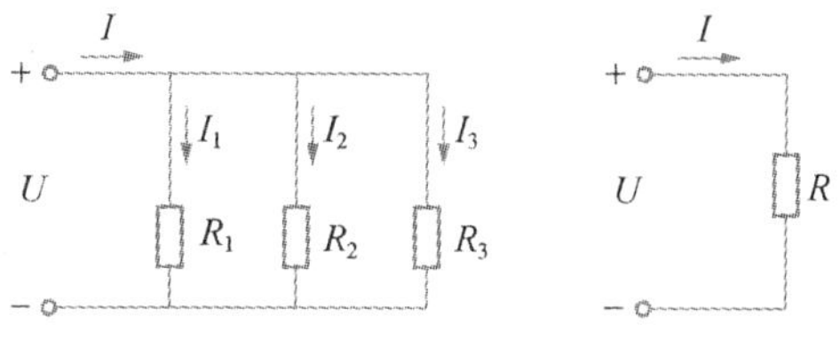

图 1-18 **并联电路**

并联电路特点　并联电路(以 3 个电阻并联为例)的特点如下：

1)并联电路中各电阻两端的电压都相等，且等于电路的电压，即

$$U = U_1 = U_2 = U_3$$

2)并联电路中的总电流等于各支路电流之和，即

$$I = I_1 + I_2 + I_3$$

3)并联电路的等效电阻的倒数等于各并联电阻的倒数之和，即

$$\frac{1}{R}=\frac{1}{R_1}+\frac{1}{R_2}+\frac{1}{R_3}$$

若两个电阻并联，则等效电阻

$$R=\frac{R_1R_2}{R_1+R_2}$$

4)在并联电路中，各支路分配的电流与支路的电阻值成反比，即

$$U=I_1R_1=I_2R_2=I_3R_3$$

各支路电阻消耗的功率与电阻值成反比

$$U^2=R_1P_1=R_2P_2=R_3P_3$$

两个电阻并联电路的分流公式：

$$I_1=\frac{R_2}{R_1+R_2}I, I_2=\frac{R_1}{R_1+R_2}I \tag{1-14}$$

小提示

❖并联电路实质是分流。两个电阻 R_1、R_2 并联，可简记为 $R_1 /\!/ R_2$。

❖各支路电流与电阻值成反比。

❖各支路电阻所消耗的功率与电阻值成反比。

当 n 个电阻并联时，则

$$U=U_1=U_2=U_3=\cdots=U_n$$

$$I=I_1+I_2+I_3+\cdots+I_n$$

$$\frac{1}{R}=\frac{1}{R_1}+\frac{1}{R_2}+\frac{1}{R_3}+\cdots+\frac{1}{R_n}$$

n 个相同阻值的电阻并联(若阻值都是 R_1)，则等效电阻 $R=\frac{R_1}{n}$。

欧姆定律在任何时刻都适用于电路中的任一段线性电路。在串联电路中流过的电流相同，而在并联电路中，各条并联支路两端电压相等。

可以发现：并联电路的等效电阻小于几个支路中最小的电阻。

(二)并联电路的应用

并联电路的应用也很广泛。如：

(1)用电阻并联的方法获得较小的电阻值。

(2)分流作用。有些场合为了减小流过某元器件的电流,在该元器件的两端并联一个数值适当的电阻进行分流。

(3)并联电阻可以扩大电流表的量程。

例题 1.7 如图 1-18 所示,已知:$R_1=10\ \Omega$,$R_2=20\ \Omega$,$R_3=30\ \Omega$;求等效电阻 R。

解:

$$\frac{1}{R}=\frac{1}{R_1}+\frac{1}{R_2}+\frac{1}{R_3}=\frac{1}{10}+\frac{1}{20}+\frac{1}{30}=\frac{6}{60}+\frac{3}{60}+\frac{2}{60}=\frac{11}{60}$$

$$R=\frac{60}{11}=5.45\ \Omega$$

【任务实施】

一、并联电路电流的测量

连接并联电路,用电流表测量各支路电流和总电流,并记录数据,填入表 1-10 中。

表 1-10 测量结果 A

实验次数	I_1	I_2	I_3	I
1				
2				
3				

二、把电流表改装成安培表

(1)拿一个电流表,根据其内阻和量程算出其电压,然后并联一个已知电阻算出总电流,再用标准电流表检验其准确性。

(2)打开万用表看看内部结构特别是电流档,是不是并联了一个电阻?我们可以量一量它们的阻值,是不是量程越大内阻越小?

【任务拓展】

电阻混联电路的应用

既有电阻串联又有电阻并联的电路叫做电阻混联电路。图 1-19 所示的电路就是混联电路。

分析混联电路的关键是将不规范的串、并联电路简化成简单的并联或串联电路。方法如下：

1)确定等电位点、标出相应的符号。导线、开关和理想电流表的电阻可忽略不计，可以认为导线、开关和电流表联接的两点是等电位点。

2)把标注的各字母按水平方向依次排开，待求两端的字母排在左右两端。

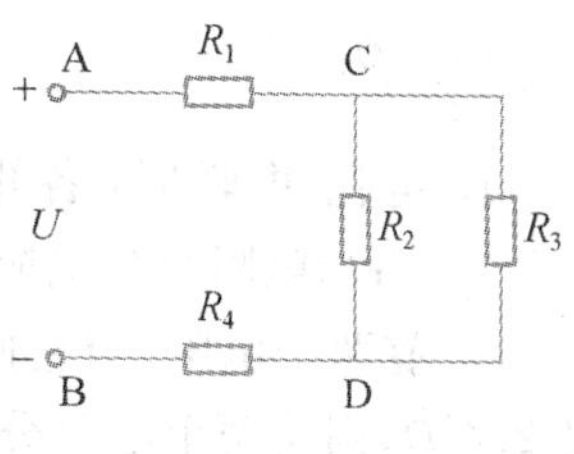

图 1-19 混联电路

3)将各电阻依次接入与原电路图对应的两字母之间，画出等效电路图。

4)画出串并联关系清晰的等效电路图。根据等效电路中电阻之间的串、并联关系求出等效电阻。

例题 1.8 如图 1-19 所示电路中，已知：$R_1=10\ \Omega$，$R_2=20\ \Omega$，$R_3=30\ \Omega$，$R_4=30\ \Omega$；求等效电阻 R。

解：图 1-19 的串并联关系较明显，R_2、R_3 先并联再与 R_1、R_4 串联，因此

$$R=R_1+R_2\ /\!/\ R_3+R_4=R_1+\frac{R_2\times R_3}{R_2+R_3}+R_4$$

$$=10\ \Omega+30\ \Omega+\frac{20\times 30}{20+30}\Omega=52\ \Omega$$

例题 1.9 如图 1-20(a)所示电路中，已知：$R_1=R_2=R_3=12\ \Omega$，求等效电阻 R_{AB}。

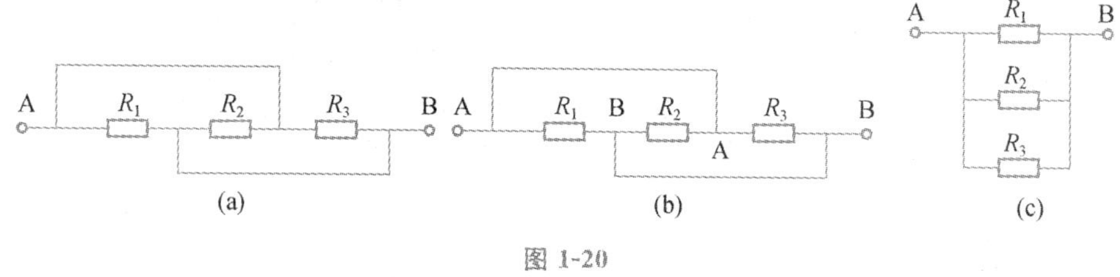

图 1-20

解：先在电路中标注出等电位点，如图 1-20(b)所示，再在空白处画出 A、B 两个端点，并将所有 A、B 两个端点之间的电阻画到图上，形成简化的电路如图 1-20(c)所示。可以看到等效电阻为 3 个电阻并联，则

$$R=\frac{R_1}{3}=\frac{12\ \Omega}{3}=4\ \Omega$$

【任务巩固】

一、填空题

1. 电阻并联时，各电阻两端的电压________，总电流与分电流关系为________；总电阻与分电阻关系为________。

2. 有两个电阻，当它们并联起来时总电阻是 10 Ω；当它们并联起来时总电阻是 2.4 Ω，则这两个电阻分别是________ Ω 和________ Ω。

二、计算题

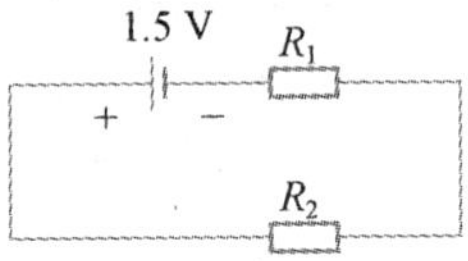

1. 如图 1-21 所示，$E=1.5\ \mathrm{V}$，$R_1=3\ \Omega$，$R_2=2\ \Omega$，求电流 I 是多少？

图 1-21

2. 两个电阻并联的电路，$R_1=200\ \Omega$，通过 R_1 的电流 $I_1=0.2\ \mathrm{A}$，电路中的总电流 $I=0.8\ \mathrm{A}$。试求电阻 R_2 的值、通过它的电流及消耗的功率？

项目二　复杂直流电路的应用

【项目描述】

对于复杂的直流电路，用串并联关系无法求解，怎样才能求出电路中的电流和电压是我们电工技术人员的主要任务，本项目主要介绍这个问题。

本项目分为基尔霍夫定律的应用、电压源与电流源及其等效变换、叠加定理的应用和戴维宁定理的应用四个工作任务。

本项目通过对基本定律的学习，了解复杂直流电路的基本分析方法；掌握电流源和电压源的转化、叠加定理、戴维宁定理等基本定律的应用；培养学生刻苦认真，勇于探索，不怕困难的职业素质。

任务1　基尔霍夫定律的应用

【任务目标】

1. 掌握节点、支路、回路、网孔的概念。
2. 能熟练应用基尔霍夫定律解决问题。

【任务准备】

一、资料准备

直流稳压电源、直流电压表、直流电流表、电阻器板、电流测试插孔、任务评价表等与本任务相关的教学资料。

二、知识准备

(一)常用电路名词

不能用串、并联分析方法化简成无分支单回路的电路，称为复杂电路。分析复杂电路最常用的定律是基尔霍夫定律。基尔霍夫定律概括了电路中电流和电压分别遵循的基本规律，是用以分析和计算电路的基本依据之一。

在讨论基尔霍夫定律之前，以图 1-22 所示电路为例先介绍几个有关电路结构的名词。

(1)支路：电路中具有两个端钮且通过同一电流的无分支电路。如图 1-22 电路中的 ED、AB、FC 均为支路，该电路的支路数目为 $b=3$。

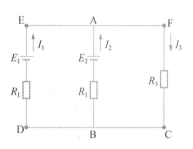

(2)节点：电路中 3 条或 3 条以上支路的联接点。如图 1-22 电路的节点为 A、B 两点，该电路的节点数目为 $n=2$。

(3)回路：电路中任一闭合的路径。如图 1-22 电路中的 CDEFC、AFCBA、EABDE 路径均为回路，该电路的回路数目为 $l=3$。

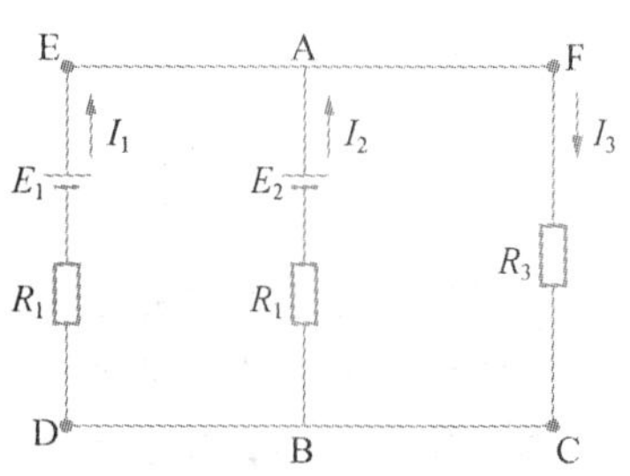

图 1-22 常用电路名词的说明

(4)网孔：不含有分支的闭合回路。如图 1-22 电路中的 AFCBA、EABDE 回路均为网孔，该电路的网孔数目为 $m=2$。

(5)网络：在电路分析范围内网络是指包含较多元件的电路。

(二)基尔霍夫电流定律

1. 电流定律(KCL)

电流定律的第一种表述：在任何时刻，电路中流入任一节点中的电流之和，恒等于从该节点流出的电流之和，即

$$\sum I_{\text{流入}} = \sum I_{\text{流出}} \tag{1-15}$$

例题 1.10 如图 1-23 中，在节上 A 上：$I_1+I_3=I_2+I_4+I_5$

电流定律的第二种表述：在任何时刻，电路中任一节点上的各支路电流代数和恒等于零，即

$$\sum I = 0 \tag{1-16}$$

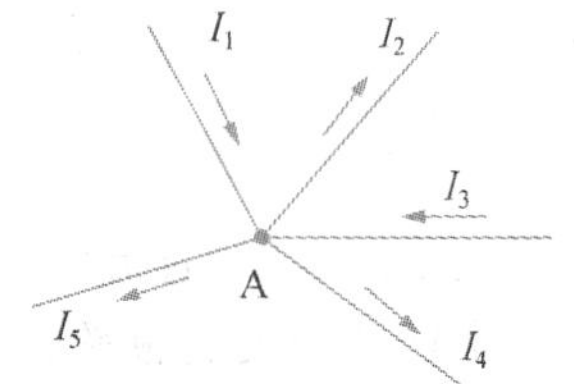

图 1-23 电流定律的举例说明

一般可在流入节点的电流前面取"+"号，在流出节点的电流前面取"－"号，反之亦可。例如图 1-23 中，在节点 A 上：$I_1-I_2+I_3-I_4-I_5=0$。

在使用电流定律时，必须注意：

(1)对于含有 n 个节点的电路，只能列出$(n-1)$个独立的电流方程。

(2)列节点电流方程时，只需考虑电流的参考方向，然后再代入电流的数值。

为分析电路的方便，通常需要在所研究的一段电路中事先选定(即假定)电流流动的方向，叫做电流的参考方向，通常用"→"号表示。

电流的实际方向可根据数值的正、负来判断，当 $I>0$ 时，表明电流的实际方向与所标定的参考方向一致；当 $I<0$ 时，则表明电流的实际方向与所标定的参考方向相反。

2. KCL 的应用举例

(1)对于电路中任意假设的封闭面来说，电流定律仍然成立。如图 1-24 中，对于封闭面 S 来说，有 $I_1+I_2=I_3$。

(2)对于网络(电路)之间的电流关系，仍然可由电流定律判定。如图 1-25 中，流入电路 B 中的电流必等于从该电路中流出的电流。

(3)若两个网络之间只有一根导线相连，那么这根导线中一定没有电流通过。

(4)若一个网络只有一根导线与地相连，那么这根导线中一定没有电流通过。

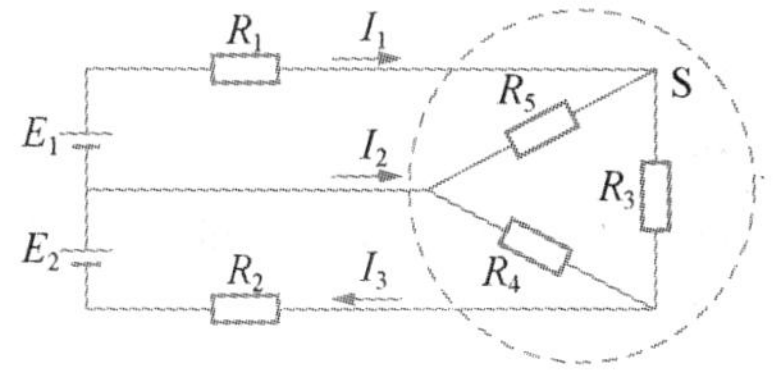

图 1-24　电流定律的应用举例(1)

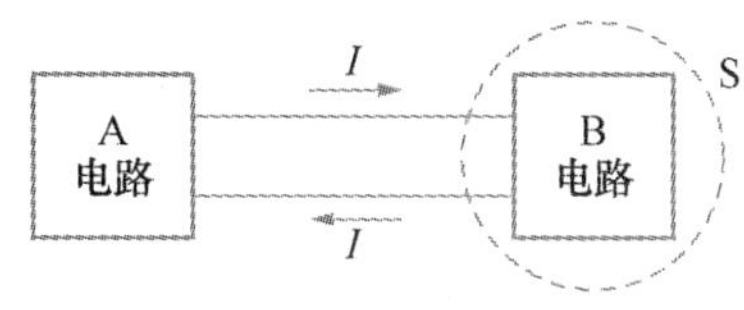

图 1-25　电流定律的应用举例(2)

例题 1.11　如图 1-26 所示电桥电路，已知 $I_1=25$ mA，$I_3=16$ mA，$I_4=12$ A，试求其余电阻中的电流 I_2、I_5、I_6。

解：在节点 a 上：$I_1=I_2+I_3$，则 $I_2=I_1-I_3=25-16=9$ mA

在节点 d 上：$I_1=I_4+I_5$，则 $I_5=I_1-I_4=25-12=13$ mA

在节点 b 上：$I_2=I_6+I_5$，则 $I_6=I_2-I_5=9-13=-4$ mA

电流 I_2 与 I_5 均为正数，表明它们的实际方向与图中所标定的参考方向相同，I_6 为负数，表明它的实际方向与图中所标定的参考方向相反。

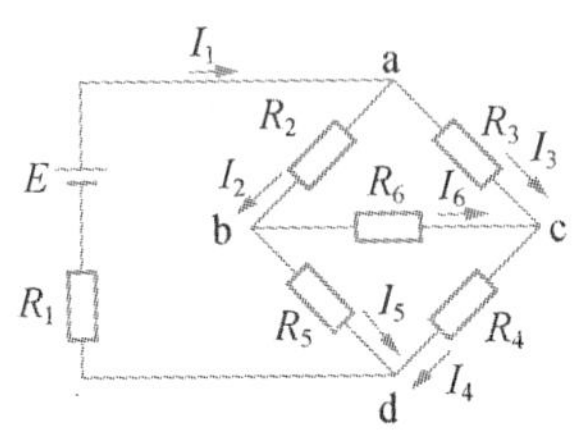

图 1-26 **电桥电路(例题 1.11)**

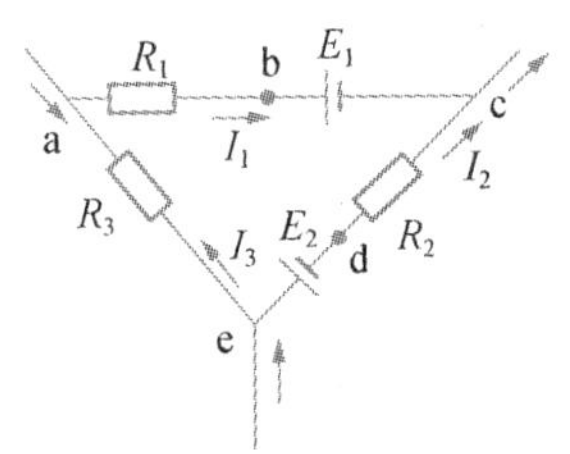

图 1-27 **电压定律的举例说明**

三、基夫尔霍电压定律

(一)电压定律(KVL)内容

在任何时刻,沿着电路中的任一回路绕行方向,回路中各段电压的代数和恒等于零,即

$$\sum U=0 \tag{1-17}$$

以图 1-27 电路说明基夫尔霍电压定律。沿着回路 abcdea 绕行方向,有

$$U_{ac}=U_{ab}+U_{bc}=R_1I_1+E_1, U_{ce}=U_{cd}+U_{de}=-R_2I_2-E_2, U_{ea}=R_3I_3$$

则 $$U_{ac}+U_{ce}+U_{ea}=0$$

即 $$R_1I_1+E_1-R_2I_2-E_2+R_3I_3=0$$

上式也可写成

$$R_1I_1-R_2I_2+R_3I_3=-E_1+E_2$$

对于电阻电路来说,任何时刻,在任一闭合回路中,各段电阻上的电压降代数和等于各电源电动势的代数和,即

$$\sum RI=\sum E \tag{1-18}$$

注意:在绕行方向与电动势方向一致时 E 取“+”,相反时取“-”。

(二)KVL 的应用举例

在利用 KVL 列回路电压方程的时候应该注意以下几个原则:

(1)标出各支路电流的参考方向并选择回路绕行方向(既可沿着顺时针方向绕行,也可沿着反时针方向绕行)。

(2)电阻元件的端电压为$\pm RI$,当电流 I 的参考方向与回路绕行方向一致时,选取“+”号;反之,选取“-”号。

表示理想电压源在电路中的符号。

实际电压源是含有一定内阻 r_0 的电压源，可以看成是理想电压源与内电阻串联的组合，如图 1-32(b)所示。

(二)电流源

为电路提供一定电流的电源可用电流源来表征。如果电源内阻为无穷大，电源将提供一个恒定不变的电流，称为理想电流源，简称恒流源。其基本特性是：①它的电流恒定不变；②电流源的两端电压却与外电路有关。图 1-33(a)表示理想电流源在电路中的符号。

实际电流源是含有一定内阻 r_S 的电流源，可以看成是由理想电流源与一内阻并联的组合，如图 1-33(b)所示。

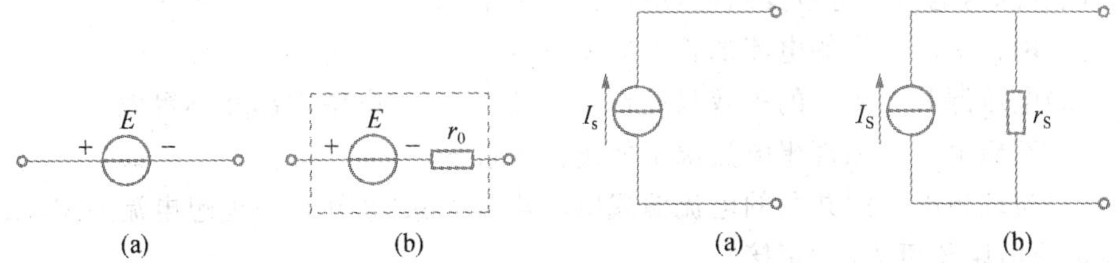

图 1-32　理想电压源与实际电压源　　图 1-33　理想电流源与实际电流源

(三)两种实际电源模型之间的等效变换

实际电源可用一个理想电压源 E 和一个电阻 r_0 串联的电路模型表示如图 1-34(a)所示，其输出电压 U 与输出电流 I 之间关系为

$$U = E - r_0 I$$

实际电源也可用一个理想电流源 I_S 和一个电阻 r_S 并联的电路模型表示如图 1-34(b)所示，其输出电压 U 与输出电流 I 之间关系为

$$U = r_S I_S - r_S I$$

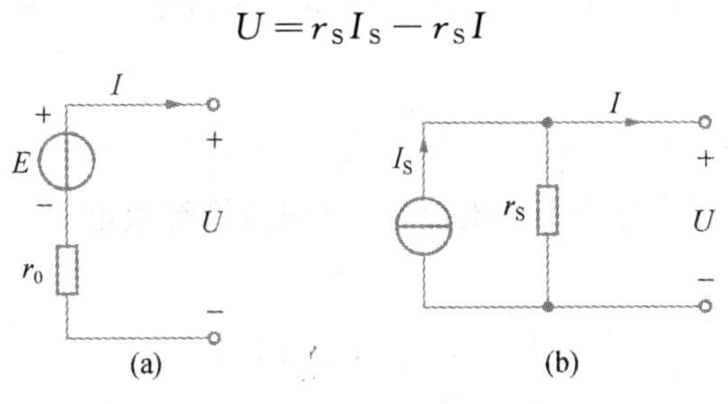

图 1-34

如图 1-34 所示，即：

$$E-r_0I=r_SI_S-r_SI$$

对外电路来说，若电压源和电流源等效，则等效变换条件是

$$r_0=r_S, E=r_SI_S \tag{1-19}$$

由此可见，一个电压源与电阻的串联组合，可用一个电流源与电阻的并联组合来等效代替，其中等效后的电流源的电流 I_S 等于电压源电压与内阻的比值 E/r_0，电流源的内阻 r_S 等于电压源的内阻 r_0；同样，一个电流源与电阻的并联组合，可用一个电压源与电阻的串联组合来等效代替，其中等效后的电压源的电压 E 等于电流源电流与内阻的乘积 r_SI_S，电压源的内阻 r_0 等于电流源的内阻 r_S。

电压源与电流源等效变换时，应该注意以下几点：

(1)两种电源提供的电流的正方向要一致。

(2)电压源和电流源的等效只是对外电路而言，对电源内部并不等效。

(3)理想电压源和理想电流源不能进行等效变换。

(4)与理想电压源并联的电流源或电阻均可去除(断开)；与理想电流源串联的电压源或电阻均可去除(短接)。

例题 1.13 如图 1-35(a)所示的电路，已知：$E_1=12$ V，$E_2=6$ V，$R_1=3$ Ω，$R_2=6$ Ω，$R_3=10$ Ω，试应用电源等效变换法求电阻 R_3 中的电流。

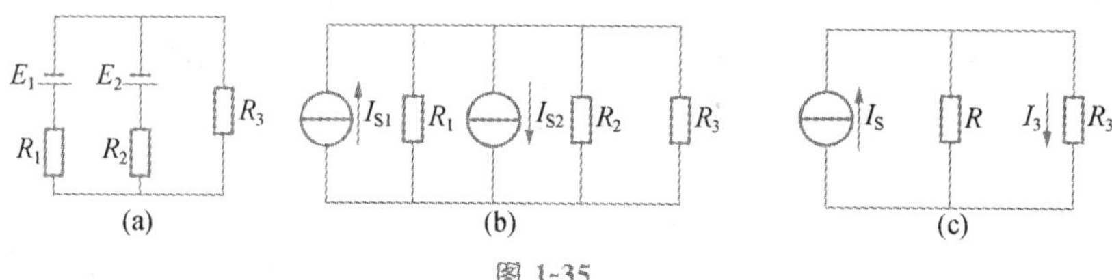

图 1-35

解：

(1)先将两个电压源等效变换成两个电流源，如图 1-35(b)所示，两个电流源的电流分别为

$$I_{S1}=E_1/R_1=4\ \text{A}, I_{S2}=E_2/R_2=1\ \text{A}$$

(2)将两个电流源合并为一个电流源，得到最简等效电路，如图 1-35(c)所示。等效电流源的电流

$$I_S=I_{S1}-I_{S2}=3\ \text{A}$$

其等效内阻为 $$R=R_1\ /\!/\ R_2=2\ \Omega$$

(3)求出 R_3 中的电流为

$$I_3=\frac{R}{R_3+R}I_S=0.5\ \text{A}$$

【任务实施】

一个实际的电源,就其外部特性而言,既可以看成是一个电压源,又可以看成是一个电流源。若视为电压源,则可用一个理想的电压源 U_S 与一个电阻 R_o 相串联的组合来表示;若视为电流源,则可用一个理想电流源 I_S 与一电导 G_o 相并联的结合来表示,若它们向同样大小的负载提供同样大小的电流和端电压,则称这两个电源是等效的,即具有相同的外特性。

一、测定直流稳压电源(理想)与非理想电压源的外特性

(1)按图 1-36 接线,令内阻 $R_S=0$,直流稳压电源 E_S 作为理想电压源,调 $U_S=6$ V,改变负载电阻 R_L,令其阻值由大至小变化,将电压表和电流表的读数记入表 1-1 中。

(2)按图 1-36 接线,选 51 Ω 电阻器作为内阻 R_S 与直流稳压电源 E_S 串联接入电路,模拟一个实际的电压源,调节负载电阻 R_L 由大至小变化,读取电压表和电流表的数据,并记入表 1-12 中。

表 1-12　**电压源的外特性**

内阻 \ 负载	R_L/Ω	∞	2 000	1 500	1 000	800	500	300	200
$R_S=0$	U/V								
	I/mA								
$R_S=51\ \Omega$	U'/V								
	I'/mA								

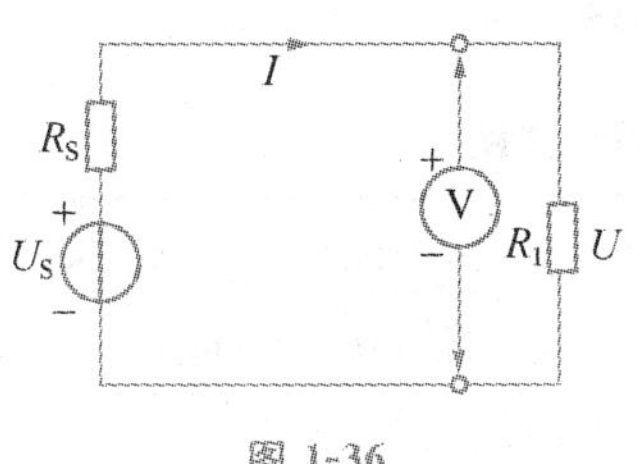

图 1-36

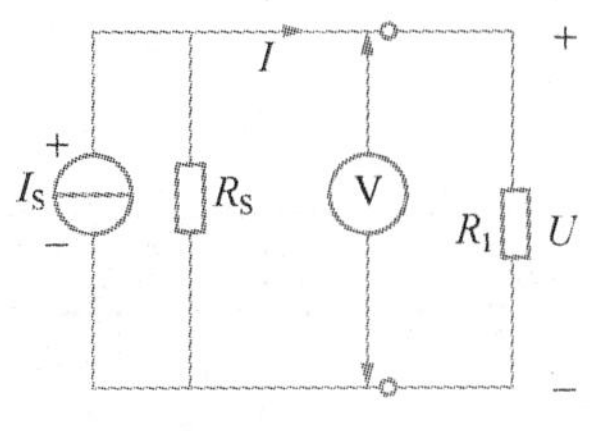

图 1-37

二、测定电流源的外特性

按图 1-37 接线，I_S 为直流恒流源，调节其输出为 5 mA，令 R_S 分别为 1 kΩ 和 ∞，调节可变电阻箱 R_L（从 0～5 000 Ω），测出这两种情况下的电压表和电流表的读数，并记入表 1-13 中。

表 1-13　电流源的外特性

内阻 \ 负载	R_L/Ω	0	200	400	600	800	1 000	2 000	5 000
$R_S=1$ kΩ	I'/mA								
	U'/V								
$R_S=\infty$	I'/mA								
	U'/V								

三、测定电源等效变换的条件

按图 1-38 线路接线，首先读取 1-38(a)线路两表的读数，然后调节 1-38(b)线路中恒流源 I_S（取 $R'_S=R_S$），令两表的读数与 1-38(a)时的数值相等，记录 I_S 之值，验证等效变换条件的正确性。

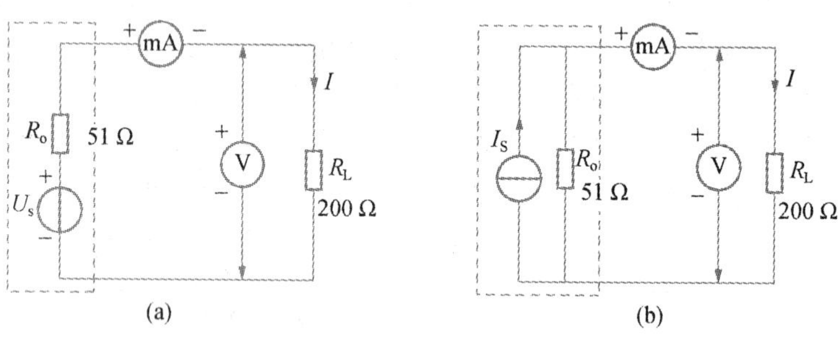

图 1-38　电源等效变换

表 1-14　电源等效变换

实际电压源					实际电流源				
R_S/Ω	R_L/Ω	U/V	I/mA	U'_S/V	R''_S/Ω	R'_L/Ω	I'/mA	U'/V	I_S/Ω

【任务巩固】

(1)什么是电压源和电流源？什么是理想电压源和理想电流源？

(2)用等效变换法求图 1-39 的等效电路。

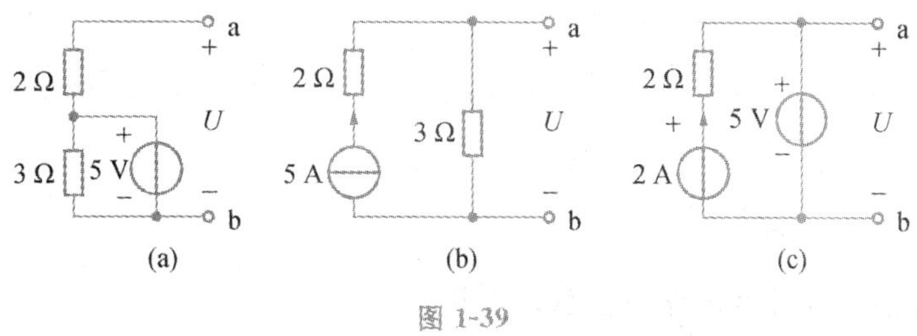

图 1-39

(3)电压源与电流源等效变换的条件是什么？变换时应注意什么问题？

任务 3　叠加定理的应用

【任务目标】

1. 掌握叠加定理的内容。
2. 能够正确应用叠加定理计算两个网孔的电路。

【任务准备】

一、资料准备

直流稳压电源、直流电压表、直流电流表、电阻器板、电流测试插孔、任务评价表等与本任务相关的教学资料。

二、知识准备

(一)叠加定理的内容

在图 1-40 所示的电路中有两个电源，各支路的电流是由这两个电源共同作用产生的。对于线性电路，任何一条支路中的电流，都可以看成是由电路中各个电源(电压源和电流源)分别作用时，在此支路中所产生的电流的代数和，这就是叠加定理。

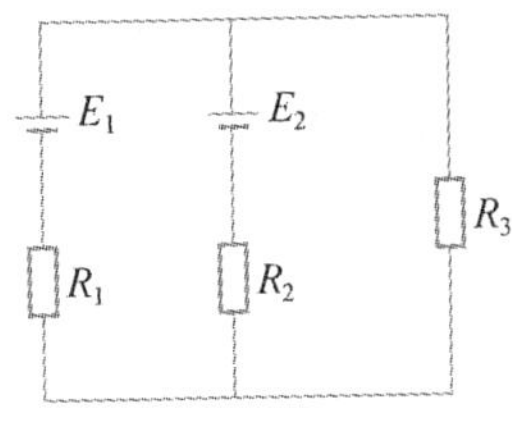

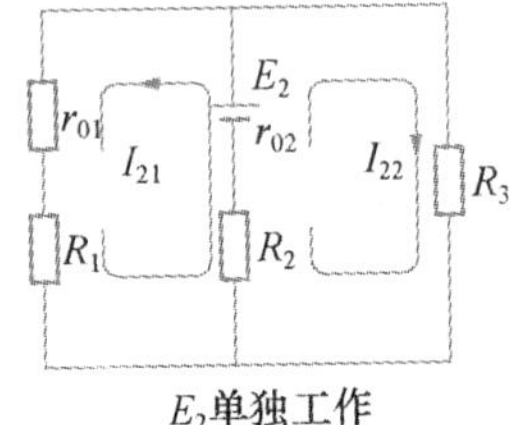

E_2单独工作

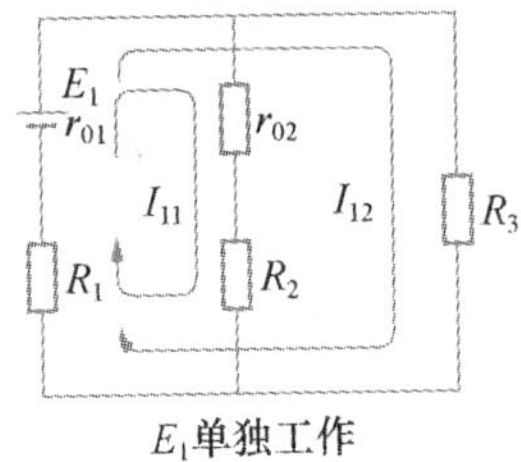

E_1单独工作

图 1-40

(二)叠加定理的应用

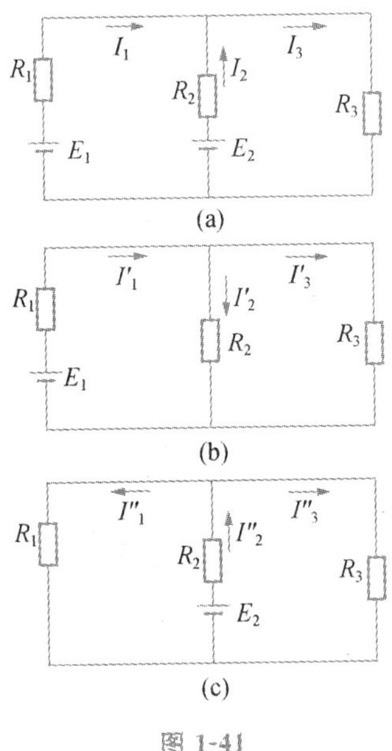

(a)
(b)
(c)
图 1-41

运用叠加定理计算电路应注意以下几点：

(1)叠加定理只能用于计算线性电路(即电路中的元件均为线性元件)的支路电流或电压(不能直接进行功率的叠加计算)；

(2)电压源不作用时应视为短路，电流源不作用时应视为开路；

(3)叠加时要注意电流或电压的参考方向，正确选取各分量的正负号。

例题 1.14 如图 1-41(a)所示电路，已知 $E_1=17\ \text{V}$，$E_2=17\ \text{V}$，$R_1=2\ \Omega$，$R_2=1\ \Omega$，$R_3=5\ \Omega$，试应用叠加定理求各支路电流 I_1、I_2、I_3。

解：

(1)当电源 E_1 单独作用时，将 E_2 视为短路，设

$$R_{23}=R_2 /\!/ R_3=0.83\ \Omega$$

则

$$I'_1=\frac{E_1}{R_1+R_{23}}=\frac{17}{2.83}=6\ \text{A}$$

$$I'_2=\frac{R_3}{R_2+R_3}I'_1=5\ \text{A}$$

$$I'_3=\frac{R_2}{R_2+R_3}I'_1=1\ \text{A}$$

(2)当电源 E_2 单独作用时，将 E_1 视为短路，设

$$R_{13}=R_1 /\!/ R_3=1.43\ \Omega$$

$$I''_2=\frac{E_2}{R_2+R_{13}}=\frac{17}{2.43}=7\ \text{A}$$

则
$$I''_1=\frac{R_3}{R_1+R_3}I''_2=5\ \text{A}$$
$$I''_3=\frac{R_1}{R_1+R_3}I''_2=2\ \text{A}$$

(3)当电源 E_1、E_2 共同作用时(叠加),若各电流分量与原电路电流参考方向相同时,在电流分量前面选取"+"号,反之,则选取"−"号:

$$I_1=I'_1-I''_1=1\ \text{A},I_2=-I'_2+I''_2=2\ \text{A},I_3=I'_3+I''_3=3\ \text{A}$$

【任务实施】

(1)按图 1-40 接线:$U_{S1}=25$ V　$U_{S2}=15$ V

(2)当两电源共同作用时,测量各电流和电压值。$R_1=430\ \Omega$,$R_2=150\ \Omega$,$R_3=51\ \Omega$,$R_4=100\ \Omega$,$R_5=51\ \Omega$,电压表选 30 V 档,电流表选 100 mA 档。

(3)验证叠加定理,有几个电源共同作用时,各支路的电流和电压等于各个电源分别单独作用时在该支路产生电流(电压)的代数和。

【任务巩固】

1. 叠加定理的内容是什么?

2. 叠加定理适用于分析________电路。这种分析方法只能用来求电路中的________或________,而不能用来计算________。

3. 如图 1-42 所示,当 2 A 电流源单独作用时,伏特表的读数为 3 V,而当 6 V 电压源单独作用时,伏特表的读数为 2 V,则电流 I 为________ A。

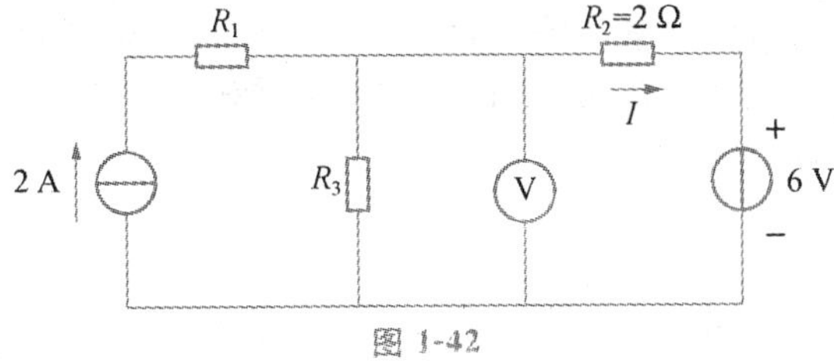

图 1-42

任务 4　戴维宁定理的应用

【任务目标】

1. 掌握戴维宁定理的内容。

2. 能正确运用戴维宁定理进行解题。

【任务准备】

一、资料准备

直流稳压电源、直流电压表、直流电流表、电阻器板、任务评价表等与本任务相关的教学资料。

二、知识准备

(一)二端网络的有关概念

在分析电路时,有时我们只需要计算一个复杂电路中某一支路的电流,如果用前面几节所述的方法来计算,必然会引出一些不需要的电流来。为了使计算简便些,常常应用等效电源的方法。

现在来说明一下什么是等效电源。如果只需计算复杂电路中的一个支路时,可以将这个支路划出,而把其余部分看作一个有源二端网络。所谓有源二端网络,就是具有两个出线端的部分电路。但是不论它的繁简程度如何,它对所要计算的这个支路而言,仅相当于一个电源;因为它对这个支路供给能量。因此,这个有源二端网络一定可以化简为一个等效电源。

(二)戴维宁定理的内容

任何一个线性有源二端电阻网络,对外电路来说,总可以用一个电压源 E_0 与一个电阻 r_0 相串联的模型来替代。如图 1-43 所示,有源二端网络可以用一个电动势 E_0 的理想电压源和内阻 R_0 串联的等效电源代替,这个定理就叫做戴维宁定理,叫做等效电压源定理。

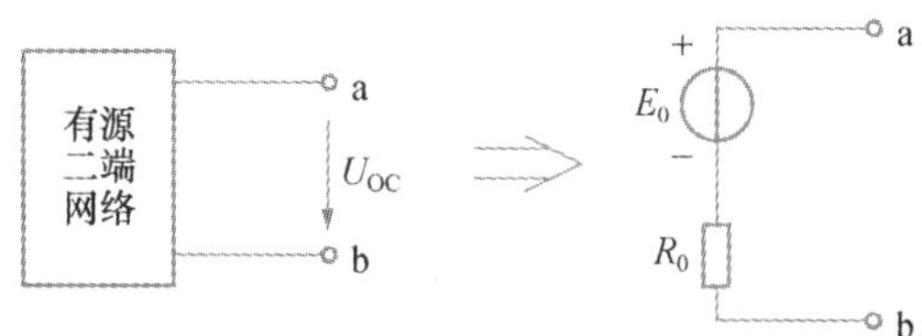

图 1-43 等效电路

(三)戴维宁定理的应用

应用戴维宁定理求某一条支路电流的步骤如下:

(1)将复杂电路分解为待求支路和有源二端网络两部分。

(2)将待求支路断开,求有源二端网络的开路电压 U_{OC},求出等效电源内阻 R_0。

(3)画出有源二端网络的等效电源,其电压源电压 $U_S=U_{OC}$,内阻 $R_0=R_{ab}$。

(4)画出有源二端网络的等效电路,然后重新将待求支路接到等效电源上,利用欧姆定律求电流。

例题 1.15　如图 1-44(a)所示电路,已知 $E_1=7\ \text{V}$,$E_2=6.2\ \text{V}$,$R_1=R_2=0.2\ \Omega$,$R=3.2\ \Omega$,试应用戴维宁定理求电阻 R 中的电流 I。

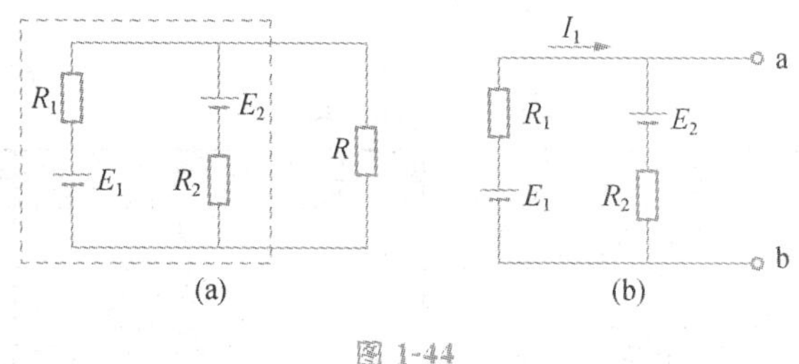

图 1-44

解:(1)将 R 所在支路开路去掉,如图 1-43(b)所示,求开路电压 U_{ab}:

$$I_1=\frac{E_1-E_2}{R_1+R_2}=\frac{0.8}{0.4}=2\ \text{A},U_{ab}=E_2+R_2I_1=6.2+0.4=6.6\ \text{V}=E_0$$

(2)将电压源短路去掉,如图 1-45 所示,求等效电阻 R_{ab}:

$$R_{ab}=R_1\ /\!/\ R_2=0.1\ \Omega=r_0$$

(3)画出戴维宁等效电路,如图 1-46 所示,求电阻 R 中的电流 I:

$$I=\frac{E_0}{r_0+R}=\frac{6.6}{3.3}=2\ \text{A}$$

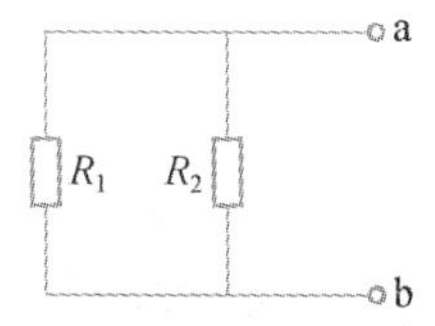

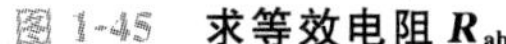

图 1-45　**求等效电阻 R_{ab}**

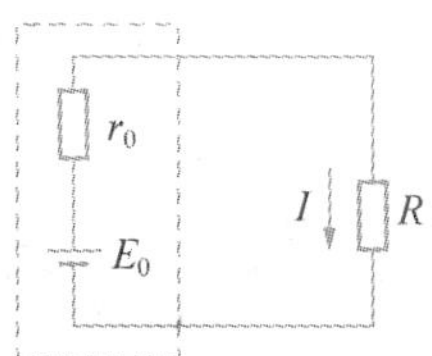

图 1-46　**求电阻 R 中的电流 I**

【任务实施】

按图 1-47 接线,图中 U_{OC}和 R_i 为图中有源二端网络的开路电压和等效电阻,U_{OC}从直流稳压电源取得,R_i 从电阻器板极上取,负载电阻也从电阻器板上取,测

量相应的端电压 U 和电流 I，记入表 1-55 中。

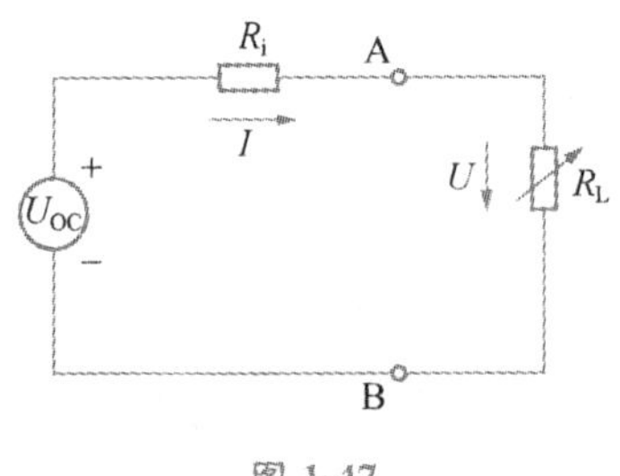

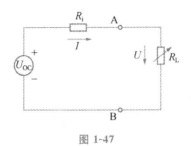

图 1-47

表 1-15 **测量结果**

负载电阻 R_L 开路	(Ω)	0	100	200	250	1 k	1.25 k
有源二端口网络	U/V						
有源二端口网络	I/mA						
有源二端口网络	P/W						
戴维南等效电路	U/V						
戴维南等效电路	I/mA						
戴维南等效电路	P/W						

按表格中记录的数据绘制二端口网络或戴维南等效电路的外特性曲线。

【任务巩固】

1. 二端网络就是指____________；按照网络内部有无电源，可分为________和________。

2. 一个无源二端网络可以等效成一个________，一个线性有源二端网络可以等为________。

3. 如图 1-48 所示源二端网络的戴维南等效电路中电压源电压 U_{SO}＝______ V，等效电阻 R_O＝________ Ω。

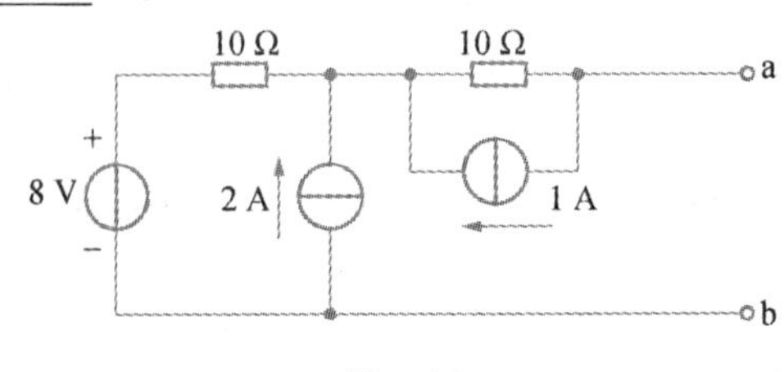

图 1-48

模块二　电磁感应与交流电的应用

项目一　电磁感应及应用

项目二　单相正弦交流电路的应用

项目三　三相正弦交流电路的应用

项目一 电磁感应及应用

【项目描述】

电磁感应和交流电也是【电工技术基础】的基本内容，交流电的基本知识和直流电的知识一样重要，电流和磁场有着密切关系，电流是怎样产生磁场的？电流和磁场的关系如何？

本项目主要介绍电流的磁场，磁场的基本概念和基本规律。

本项目分为认知磁场、探究磁场对电流的作用、探究电磁感应定律、自感和互感现象的应用四个工作任务。

通过学习，使学生掌握磁场和电磁感应的基本原理，学会表述磁场的主要物理量；理解并掌握磁场对电流的作用及其应用，了解电磁感应现象，掌握楞次定律，自感和互感现象的应用；培养他们严肃认真，善于观察和分析，勇于探索的职业素质。

任务1 认知磁场

【任务目标】

1. 了解简单的磁现象，认识磁的基本物理量，掌握安培定则。

2. 会分析磁体周围存在磁场及磁场的性质，会画常见磁体的磁感线；会用安培定则判定相应磁体的磁极和通电螺线管的电流方向。

【任务准备】

一、资料准备

电源、开关、小磁针、蹄形磁铁、直导线、任务评价表等与本任务相关的教学资料。

二、知识准备

（一）磁体及其性质

某些物体具有吸引铁、钴、镍等物质的性质叫**磁性**，具有磁性的物质称为磁体（又叫磁铁）。磁铁分为天然磁铁和人造磁铁两类。常见的人造磁铁有条形磁铁、马蹄形磁铁和针形磁铁等。磁铁两端的磁性最强，磁性最强的地方叫**磁极**。任何磁铁都有一对磁极：一个南极，用 S 表示；一个北极，用 N 表示。无论把磁铁怎样分割，它总保持有两个异性磁极，即 N 极和 S 极总是成对出现。磁极之间存在着相互作用力，同名磁极相互排斥，异名磁极相互吸引。

（二）磁场与磁力线

在磁力作用的空间有一种特殊的物质叫**磁场**。磁极之间的作用力是通过磁极周围的磁场传递的。利用磁力线可以形象地描绘磁场，常用磁力线方向来表示磁场方向。条形磁铁的磁力线如图 2-1 所示。

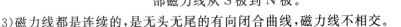

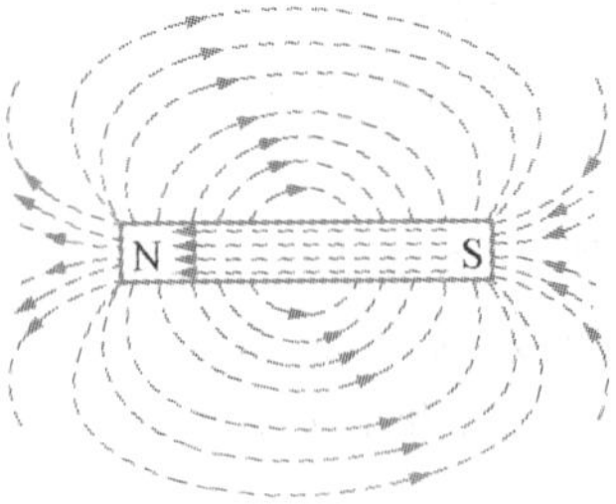

图 2-1 条形磁铁的磁力线

磁力线具有如下特性：

1）磁力线是用来说明磁场分布的假想曲线，磁场的强弱可用磁力线的疏密来表示，在磁铁外部磁极附近磁场最强，因而磁力线最密，磁铁中间磁场较弱，因而磁力线较稀疏。

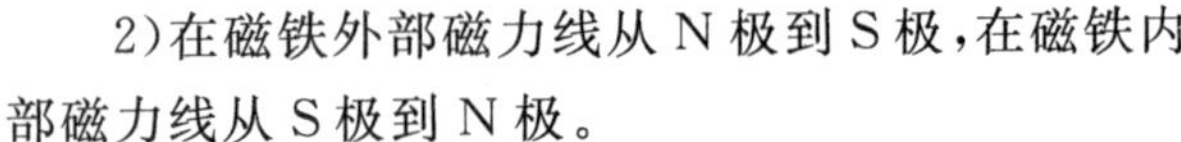

2）在磁铁外部磁力线从 N 极到 S 极，在磁铁内部磁力线从 S 极到 N 极。

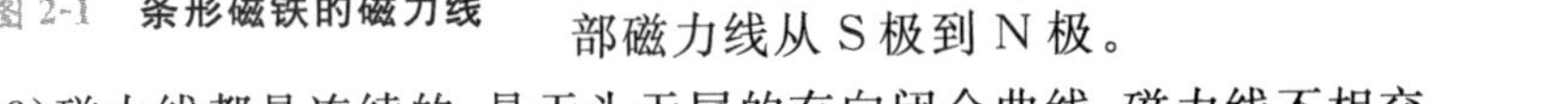

3）磁力线都是连续的，是无头无尾的有向闭合曲线，磁力线不相交。

当磁力线为同方向、等距离的平行线时，这样的磁场称为匀强磁场，如图 2-2 所示。

（三）电流的磁效应

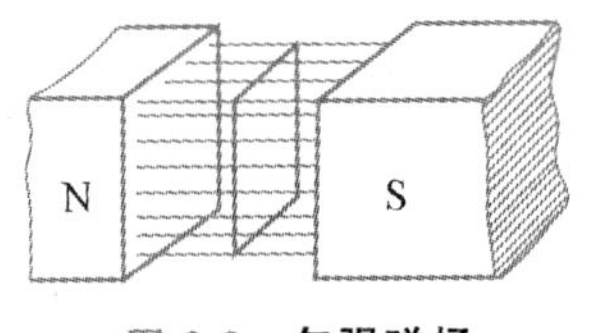

图 2-2 匀强磁场

1. 通电直导线周围的磁场

著名的奥斯特实验表明，除了磁体周围存在着磁场外，电流的周围也存在着磁场，即电流的磁场，通电直导线周围的磁场如果用磁感线描述，则是一组以导线上各点为圆心的同心圆，这些圆都在与导线垂直的平面上，如图 2-3 所示。直线电流的磁场方向可用安培定则来判断：用右手握住通电直导线，让大拇指指向电流的方向，则四指的环绕方向就是磁场方向，如图 2-4 所示。

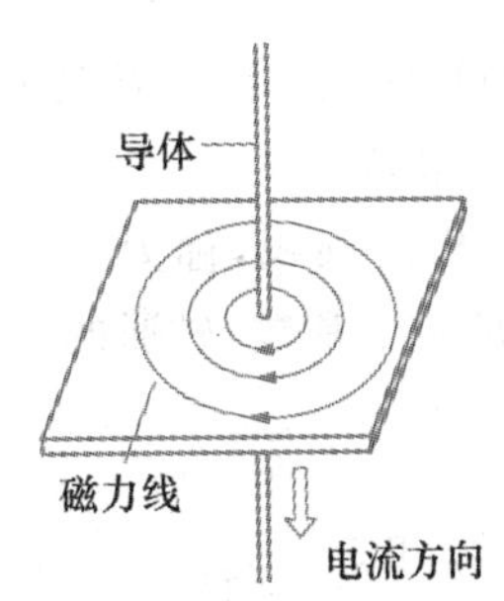

图 2-3　**通电直导线的磁感线**

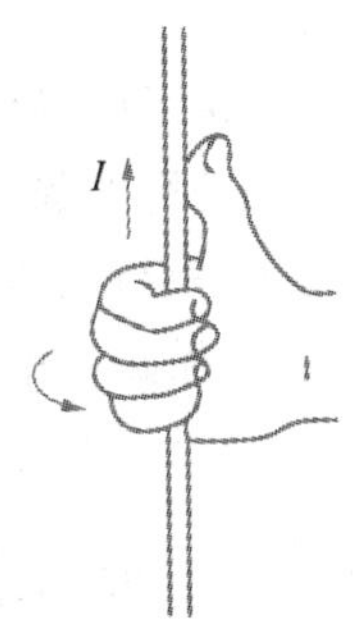

图 2-4　**右手安培定则**

2. 通电螺线管产生的磁场

奥斯特实验用的是一根直导线，后来科学家们又把导线弯成各种形状，通电后研究电流的磁场，其中有一种在后来的生产实际中用途最大，那就是将导线弯成螺线管再通电。实验表明通电螺线管外部的磁场和条形磁体的磁场一样，一端相当于条形磁铁的N极，另一端相当于S极，改变电流方向，它的两极则互换。通电螺线管外部的磁感线和条形磁铁外部的磁感线相似，也是从N极出来，进入S极的。通电螺线管内部具有磁场，内部的磁感线跟螺线管的轴心平行，方向由S极指向N极，并和外部的磁感线连接，形成一些闭合曲线，如图2-4所示。通电螺线管的电流方向跟它的磁感线方向之间的关系，也可以用安培定则来判断：用右手握住螺线管，让弯曲的四指所指的方向和电流方向一致，那么大拇指所指的方向就是螺线管内部磁感线的方向，也就是说，大拇指指向螺线管的N极，如图2-5所示。

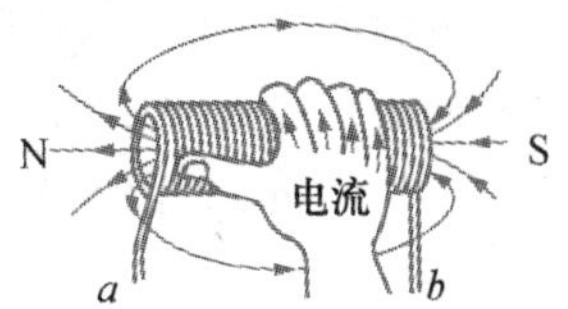

图 2-5　**右手安培定则**

(四)磁场的基本物理量

1. 磁感应强度

用来表示某点磁场强弱的量称为磁感应强度，用字母 B 表示。在数值上它等于垂直于磁场的单位长度导体通以单位电流所受的电磁力，即

$$B=\frac{F}{IL} \tag{2-1}$$

磁感应强度是一个矢量，它的方向即为磁场的方向。某点磁力线的切线方向就是该点磁感应强度的方向，也是小磁针北极在该点的指向。

各点的磁感应强度大小相等、方向相同的磁场为匀强磁场。

2. 磁通

磁感应强度反映了磁场中某一点的磁场的强弱和方向，而在工程上常常要涉及某一截面上总的磁场的强弱，为此引入磁通的概念。

磁感应强度 B 和与其垂直的某一截面积 S 的乘积，称为穿过该截面的磁通量，简称磁通。在匀强磁场中，磁感应强度 B 是一个常数，磁通的公式为

$$\Phi = BS \tag{2-2}$$

式中 B——磁感应强度，单位是特斯拉，符号为 T；

S——截面积，单位是平方米，符号为 m^2；

Φ——磁通，单位是韦伯，符号为 Wb。

式(3-5)可以写成

$$B = \frac{\Phi}{S} \tag{2-3}$$

上式说明，在匀强磁场中，磁感应强度 B 就是与磁场垂直的单位面积上的磁通，因而又称为磁通密度。

3. 磁导率

实验证明，在通电线圈中插入铁棒后，其吸引铁屑的能力会大大增强，说明介质对磁场有很大的影响。磁导率是一个用来表示介质对磁场影响的物理量，单位是亨/米(H/m)。由实验测得，真空中的磁导率是一个常数，用 μ_0 表示。

$$\mu_0 = 4\pi \times 10^{-7}\ \text{H/m}$$

其他介质的磁导率可采用与真空的磁导率 μ_0 的比值来表示，称为相对磁导率，用 μ_r 表示，即

$$\mu_r = \frac{\mu}{\mu_0} \tag{2-4}$$

μ_r 越大，介质的导磁性越好。

根据相对磁导率的大小，可把物质分为三类：

顺磁物质。相对磁导率略大于 1。如空气、铝、铬、铂等。

反磁物质。相对磁导率略小于 1。如氢、铜等。

铁磁物质。相对磁导率远大于 1，其可达几百甚至数万以上，且不是一个常数。如铁、钴、镍、硅钢、坡莫合金、铁氧体等。

顺磁物质与反磁物质置于磁场中，由于 $\mu_r \approx 1$，所以对磁场的影响不大，一般

被称为非铁磁性材料。铁磁性物质相对磁导率很大，在磁场中放置铁磁性物质，可使磁感应强度增加几千甚至几万倍。在带有铁芯的线圈中通入较小的电流，就可产生足够大的磁感应强度，因而铁磁性物质广泛应用在变压器、电动机、磁电式电工仪表等电工设备中。

在交流磁路的铁芯被反复磁化和去磁时，由于磁感应强度滞后磁场强度，磁通变化滞后于励磁电流变化，矫顽磁力产生的能量损耗，即称为磁滞损耗。

4. *磁场强度*

磁感应强度与介质有关，在不同介质中，磁感应强度不同，常常使磁场的分析变得复杂。为了使分析简便，引入一个把电和磁定量沟通起来的辅助量，叫做磁场强度，用符号 H 表示，即

$$H=\frac{B}{\mu} \tag{2-5}$$

式中　B——磁场中某点的磁感应强度，单位是特斯拉，符号为 T；

μ——磁场中介质的磁导率，单位是亨每米，符号为 H/m；

H——磁场中该点的磁场强度，单位是安每米，符号为 A/m。

(1)通电长直导线的磁场。在长直导线中通有电流 I，实验证明，与其距离为 r 的 P 点的磁场强度为

$$H=\frac{I}{2\pi r} \tag{2-6}$$

通电长直导线的磁场如图 2-6 所示，磁场方向可应用右手安培定则来判断。

(2)通电螺线管的磁场。密绕螺线管的匝数为 N，长度为 L，电流为 I，实验证明，通电螺线管的磁场强度为

$$H=\frac{NI}{L} \tag{2-7}$$

通电螺线管的磁场如图 2-7 所示。磁场方向可应用右手安培定则来判断。

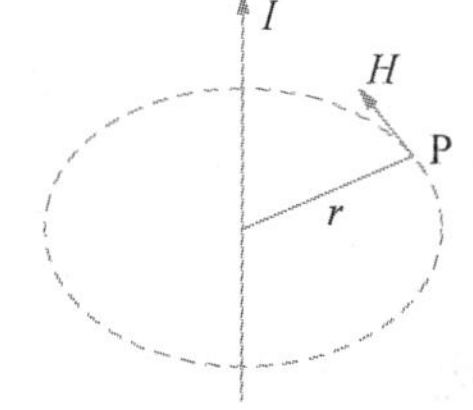

图 2-6　通电长直导线的磁场

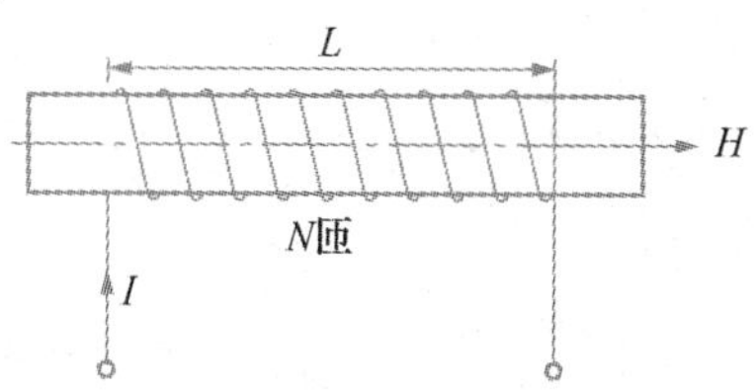

图 2-7　通电螺线管的磁场

【任务实施】

如图 2-8 所示，将一根与电源、开关相连接的直导线用架子架高，沿南北方向水平放置。

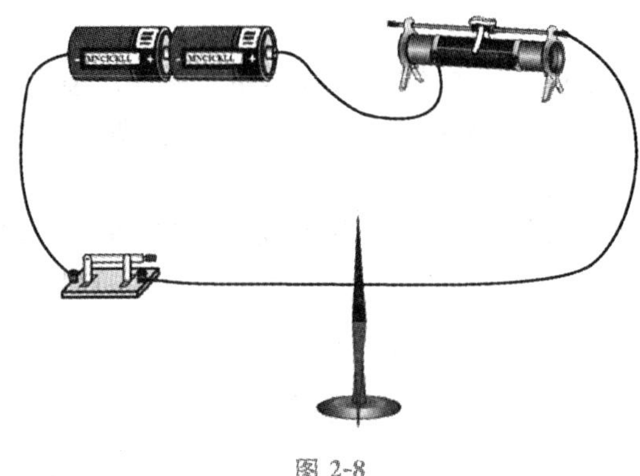

图 2-8

将小磁针平行地放在直导线的上方和下方，请同学们观察直导线通、断电时小磁针的偏转情况，改变电流的方向，重复观察。

表 2-1 不同情况下小磁针偏转情况

电流情况	小磁针位置	小磁针偏转情况	
		通电时	断电时
电流为正时	上		
	下		
电流为负时	上		
	下		

分析现象，讨论磁场方向与电流方向的关系，将结论填入下框中。

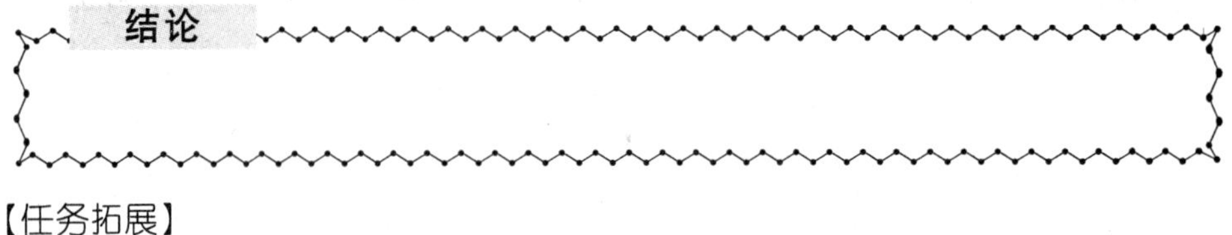

【任务拓展】

如何避免银行卡消磁

我们经常使用的银行卡就是电磁技术的具体应用。你知道为什么通过一张小小的卡片就能存钱取钱吗？如何正确保管银行卡呢？

银行卡或存折上都有一个磁条，它存储了我们的账户识别号，这个识别号与银行财务系统中的个人账号对应。磁条的原理类似于我们使用的录音带或是软盘，在柜台划卡或者将其插入ATM机的时候，磁条以一定的速度通过装有线圈的工作磁头，磁条的外部磁力线切割线圈，在线圈中产生感应电动势，将信号传输给读卡机，从银行系统中提取该卡的系统信息，输入正确的密码后，就可以进行交易了。

银行卡平时一定要妥善保管，应注意以下几点：银行卡最好放在硬皮夹里，位置不能太贴近磁性包扣；应使银行卡尽可能远离电磁炉、微波炉、电视机、冰箱等电器周围的高磁场所，尽量不要和手机、电脑、掌上电脑、磁铁、文曲星、商务通等带磁物品放在一起；不要将银行卡随意扔在杂乱的包中，要防止尖锐物品磨损、刮伤磁条或扭曲折坏；多张银行卡不要紧贴在一起存放，还要避免磁条相互摩擦、碰撞。

【任务巩固】

一、填空题

1. 通电直导线的磁场判定方法是＿＿＿＿＿＿＿＿＿＿＿＿＿＿＿＿

2. 通电螺线管的磁场判定方法是＿＿＿＿＿＿＿＿＿＿＿＿＿＿＿＿

3. 在图2-9所示的情况中，电源的a端为＿＿＿＿极（填“正”或“负”），在通电螺线管中的c点放一小磁针，它的北极受力方向为＿＿＿＿。

二、计算题

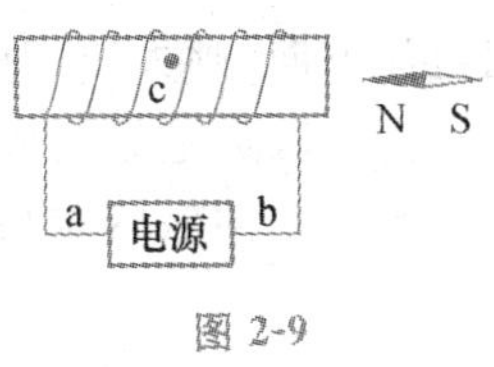

图2-9

1. 把长10 cm的直导线放在匀强磁场中，它与磁场的方向垂直，如果导线中通过的电流是3.0 A，它受到的作用力为1.5×10^{-3} N，该磁场的磁感应强度是多大？

2. 面积是0.5 m^2 的导线环处于磁场强度是2.5×10^{-2} T的匀强磁场中，环面与磁场垂直，穿过环线圈的磁通量是多少？

3. 有一个空心的环形螺线管线圈，匝数为400匝，线圈的内径0.2 m，外径为0.3 m，当流入的电流为4 A时，

(1)求线圈的磁感应强度B、磁通量Φ、磁场强度H各为多少？

(2)若以铸铁($\mu=300\mu_0$)作为线圈的芯子时，求线圈的磁感应强度B、磁通量Φ，磁场强度H各为多少？

任务2 探究磁场对电流的作用

【任务目标】

1. 掌握磁场对电流作用力的公式，会用左手定则判断安培力的方向。
2. 学会判断安培力作用下通电导线的运动方向。

【任务准备】

一、资料准备

电源、开关、蹄形磁铁、直导线、毫安表、任务评价表等与本任务相关的教学资料。

二、知识准备

（一）磁场对通电直导体的作用

通常把通电导体在磁场中受到的力称为电磁力，也称安培力。通电直导体在磁场内的受力方向可用左手定则来判断。左手定则的内容是：伸开左手，让拇指与其余四指垂直，并且跟手指在同一个平面内，让磁感线垂直穿过掌心，并使四指指向电流方向，则大拇指所指的方向就是通电导线所受力电磁力的方向。

把一段通电导线放入磁场中，当电流方向与磁场方向垂直时，电流所受的电磁力最大。利用磁感应强度的表达式 $B=F/Il$，可得电磁力的计算式为：

$$F=BIl \tag{2-8}$$

如图 2-10 所示，如果电流方向与磁场方向不垂直，而是有一个夹角 α，这时通电导线的有效长度为 $l\sin\alpha$。电磁力的计算式变为

$$F=BIl\sin\alpha \tag{2-9}$$

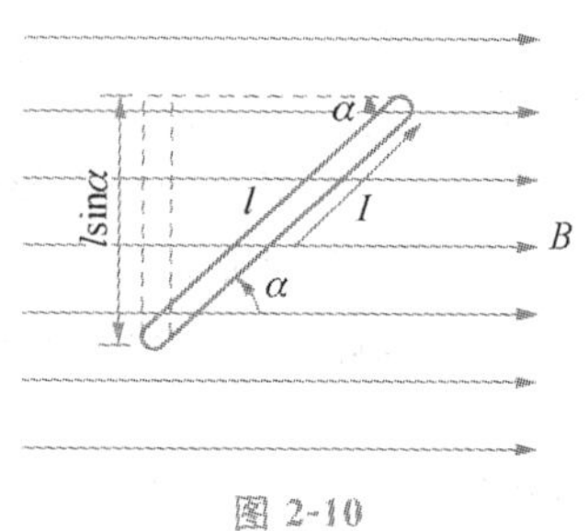

图 2-10

电流与磁场方向平行时，电磁力最小为 0；电流与磁场方向垂直时，电磁力最大为 BIl。

例题 2.1 如图 2-10 所示，在匀强磁场中放一

个长度为 $l=0.5\ \text{m}$ 的直导体，直导体中的电流 $I=10\ \text{A}$，当它与磁场方向呈 $\alpha=30^\circ$ 角时，载流直导体所受的电磁力为 $F=1.5\ \text{N}$。求磁感应强度 B 为多少？当电流与磁场方向的夹角 $\beta=60^\circ$ 角时，导体所受磁场力 F_0 为多少？

解
$$B=\frac{F}{Il\sin\alpha}=\frac{1.5\ \text{N}}{10\ \text{A}\times 0.5\ \text{m}\times\sin\alpha}=0.6\ \text{T}$$
$$F_0=BIl\sin\beta=0.6\ \text{T}\times 10\ \text{A}\times 0.5\ \text{m}\times\sin 60^\circ\approx 2.6\ \text{N}$$

(二)通电平行直导线间的作用

两条相距较近且相互平行的直导线，当通以相同方向的电流时，它们相互吸引(图 2-11)；当通以相反方向的电流时，它们相互排斥(图 2-12)。

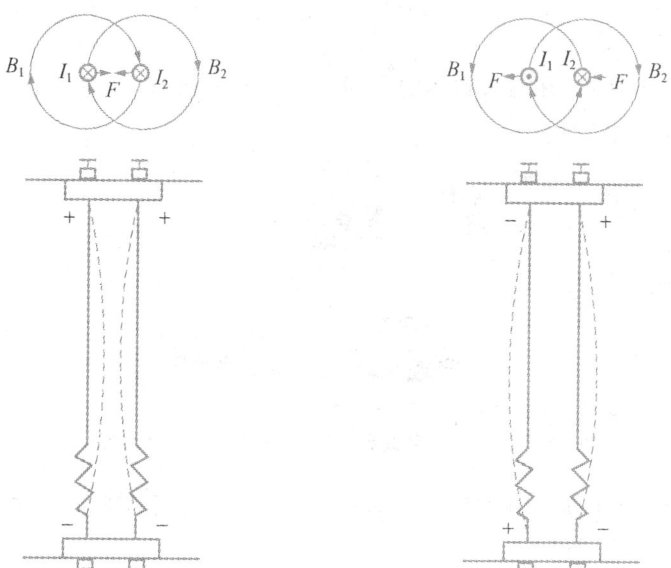

图 2-11　**相反方向电流，相互排斥**　　图 2-12　**同方向电流，相互吸引**

判断受力时，可以用右手螺旋法则判断每个电流产生的磁场方向，再用左手定则判断另一个电流在这个磁场中所受电磁力的方向。

发电厂或变电所的母线排就是这种互相平行的载流直导体，为了使母线不致因短路时所产生的巨大电磁力作用而受到破坏，所以每间隔一定间距就安装一个绝缘支柱，以平衡电磁力。

(三)磁场对通电线圈的作用

如图 2-13 所示，在均匀磁场中放入一个线圈，当给线圈通入电流时，它就会在电磁力的作用下旋转起来，磁场对通电矩形线圈的作用是电动机旋转的基本原理。

当线圈平面与磁感线平行时，线圈在N极一侧的部分所受电磁力向下，在S极一侧的部分所受电磁力向上，线圈按顺时针方向转动，这时线圈所产生的转矩最大。当线圈平面与磁感线垂直时，电磁转矩为零，但线圈仍靠惯性继续转动。通过换向器的作用，与电源负极相连的电刷A始终与转到N极一侧的导线相连，电流方向恒为由A流出线圈；与电源正极相连的电刷B始终与转到S极一侧的导线相连，电流方向恒为由B流入线圈。因此，线圈始终能按顺时针方向连续旋转。

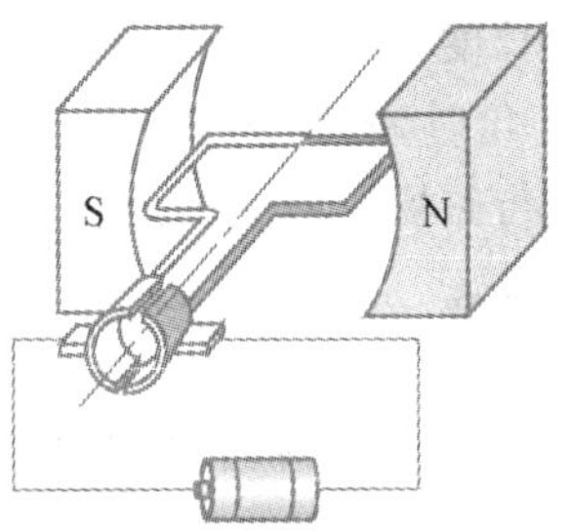

图 2-13 电动机旋转原理

【任务实施】

如图2-14所示，在蹄形磁体的中间悬挂一根直导线，并使导体垂直于磁感线方向放置。

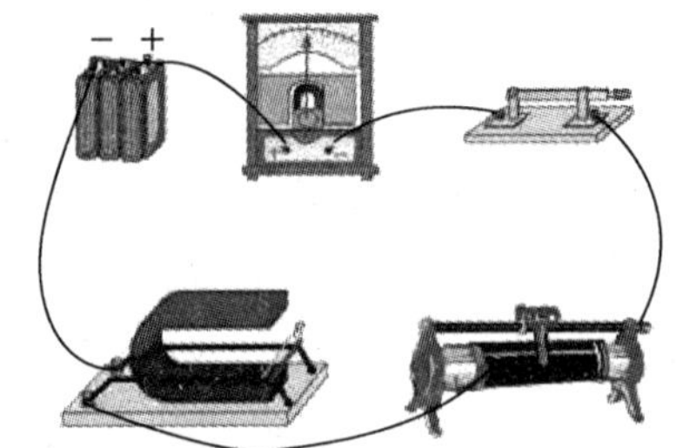

图 2-14 通电直导体在磁场中受到的电磁力

观察导体中有无电流时导体的运动情况；改变电源的极性、磁极方向，重新观察现象，填写表格2-2。

表 2-2 不同情况下导体的运动方向

电流情况	小磁针位置	导体运动方向
磁极不变	电流为正时	
	电流为正时	
电流不变	N极在上时	
	N极在上时	

讨论 通电导体在磁场中受力的大小和方向与哪些因素有关，并将结论填入下框中。

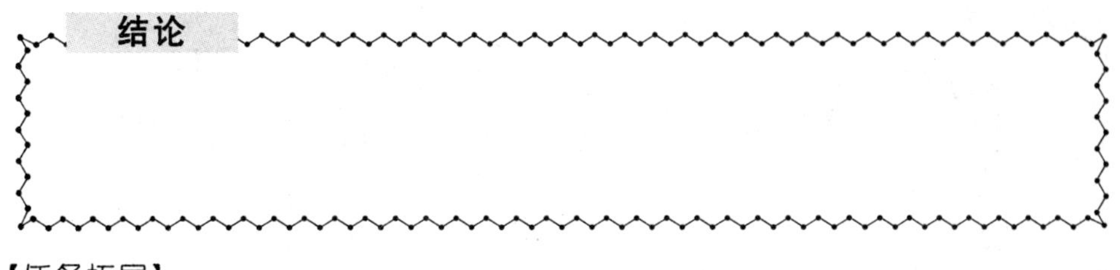

【任务拓展】

铁磁物质的磁化

使原来没有磁性的物质具有磁性的过程称为磁化。只有铁磁性物质才能被磁化，而非铁磁性物质是不能被磁化的。这是因为铁磁物质可以看作是由许多被称为磁畴的小磁体所组成。在无外磁场作用时，磁畴排列杂乱无章，磁性互相抵消，对外不显磁性(图 2-15)；但在外磁场作用下，磁畴就会沿着外磁场方向变成整齐有序的排列(图 2-16)，所以整体也就具有了磁性。

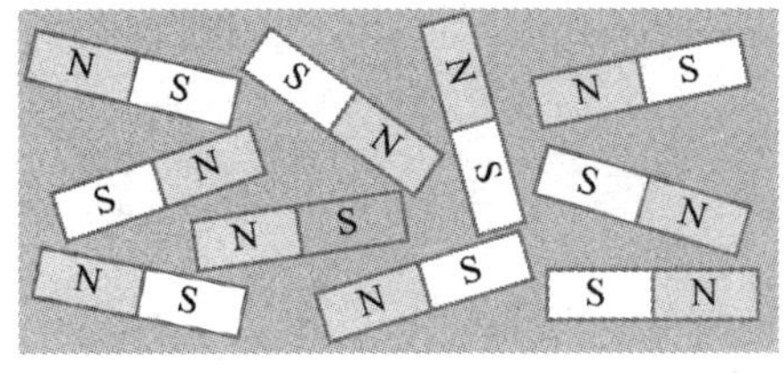

图 2-15

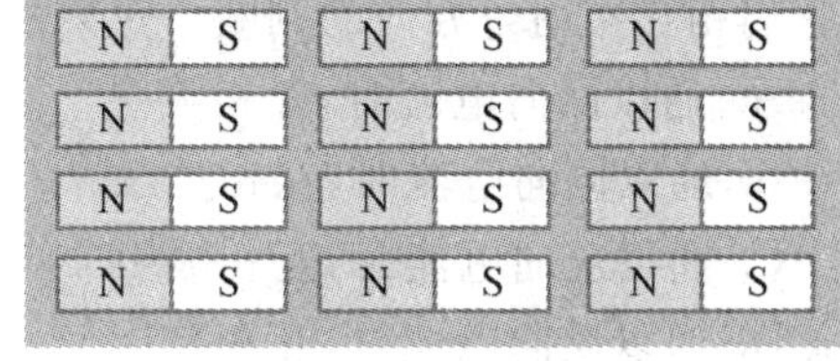

图 2-16

虽然铁磁物质具有共同的性质，但是，不同的铁磁材料具有不同的磁滞回线，其剩磁和矫顽力也不相同，因而他们的特性及其在工程上的用途也不相同。通常把铁磁物质分为三类。

(一)软磁材料　如图 2-17(a)所示，软磁材料是指剩磁和矫顽力均很小的磁体性材料，如硅钢片、铁镍合金、铸造铁、纯铁等。其特点是：容易磁化，容易退磁，磁滞回线较窄。

(二)硬磁材料　如图 2-17(b)所示，硬磁材料是指剩磁和矫顽力较大的磁体性材料，如钨钢、钴刚等。其特点是：不易磁化，不易退磁，磁滞回线较宽。

(三)矩磁材料　如图 2-17(c)所示，矩磁材料是指在很小的外磁场力作用下就能被磁化的铁磁性材料。其特点是：一经磁化便能达到饱和值，当去掉外磁场后，磁性仍能保持在饱和值，矩磁材料的磁滞回线近似为矩形。它常用来制作计算机中存储器的磁芯等记忆性元件。

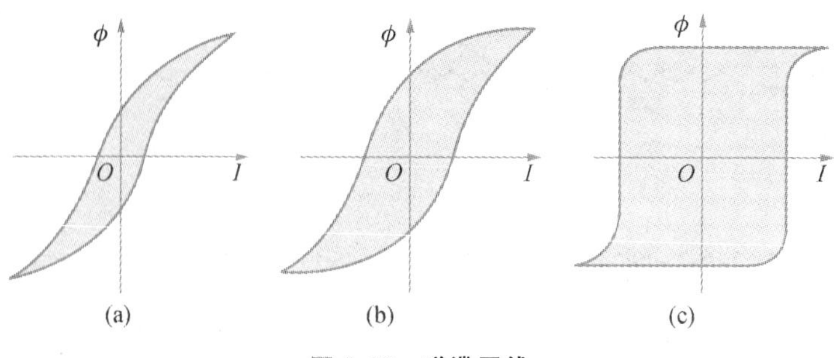

图 2-17 磁滞回线

【任务巩固】

1. 用左手定则判定：伸开左手，使拇指与其余四个手指________，并且都与手掌在同一个平面内。让磁感线从________进入，并使四指指向________这时拇指所指的方向就是通电导线在磁场中所受________的方向。

2. 安培力的方向特点：$F \perp B$，$F \perp I$，即 F 垂直于________决定的平面。

3. 在同一平面内有两根平行的通电导线 a 与 b 如图 2-18 所示，关于它们相互作用力方向的判断。正确的是(　　)。

A. 通以同向电流时，互相吸引

B. 通以同向电流时，互相排斥

C. 通以反向电流时，互相吸引

D. 通以反向电流时，互相排斥

a　b

图 2-18

任务 3　探究电磁感应定律

【任务目标】

1. 掌握法拉第电磁感应定律，理解感应电流产生的条件。

2. 会利用楞次定律判断感应电流方向。

【任务准备】

一、资料准备

电源、开关、条形磁铁、蹄形磁铁、螺旋线圈、变阻器、电流表、任务评价表等与本任务相关的教学资料。

二、知识准备

观察如图 2-19(a)所示实验，在磁铁插入(或拔出)线圈的过程中，电流表的指针发生了偏转。而在如图 2-19(b)所示实验中，改变与线圈 A 连接的变阻器阻值，与线圈 B 连接的电流表的指针也发生了偏转。这说明不仅电流能够产生磁场，反过来磁场也能产生电流。想一想磁场产生电流需要什么条件，电流的大小和方向又是如何确定的呢？

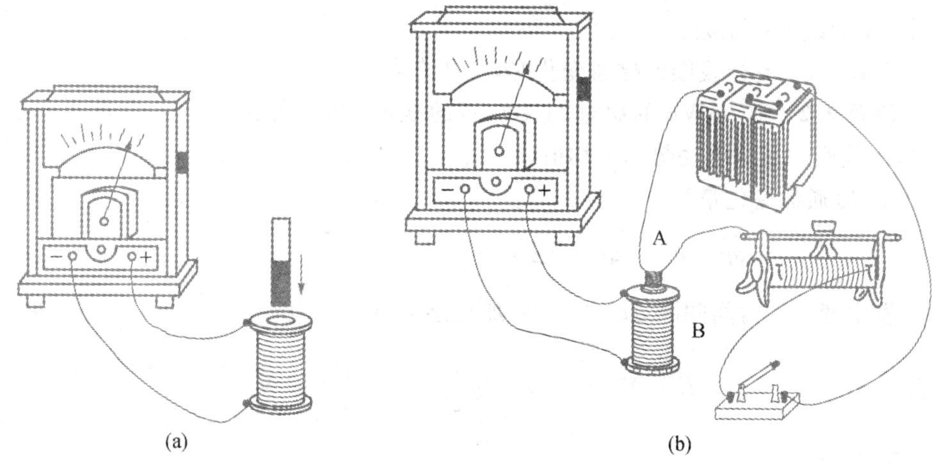

图 2-19　**利用磁场产生电流**

(一)电磁感应现象

上述实验的共同特点是：在产生电流的闭合回路中均没有接入电源，但是，它们均利用磁场产生了电流。而产生电流时，必然对应一个电动势，这个电动势比较特殊，我们把这种电动势称为感应电动势。因此，我们得出结论：当线圈中的磁通发生变化时，在导体或者线圈中都会产生感应电动势。若线圈构成闭合回路，则线圈中将有电流产生。我们把由于磁通变化而产生电流的现象称为电磁感应现象。也就是说，利用磁场产生电流的现象叫做电磁感应现象。在电磁感应现象中产生的电流称为感应电流，产生的电动势称为感应电动势。

由此可见，产生感应电流的条件是：穿过闭合回路的磁通发生变化。

(二)法拉第电磁感应定律

1820 年，丹麦物理学家奥斯特发现了电流能够匀生磁场——电流的磁效应，揭示了电和磁之间存在着联系，受到这一发现的启发，人们开始考虑这样一个问题：既然电流能够产生磁场，反过来，利用磁场是不是能够产生电流呢？不少科学家进行了这方面的探索，英国科学家法拉第，坚信电与磁有密切的联系。经过10年坚持不懈的努力，于1831年终于取得了重大的突破，发现了利用磁场产生电流的条件。

电磁感应定律的内容：导线中的感应电动势的大小和穿过线圈的磁通变化率成正比。

$$E = N\frac{\Delta \Phi}{\Delta t} \tag{2-10}$$

式中，N 为线圈的匝数。

上式中，只有当线圈的磁通变化时，E 才有意义。

例题 2.2 10 mWb 的磁通与 100 匝的线圈交链，若在 20 ms 内磁通增加 1 倍，求线圈中感应电动势的平均值。

解：磁通的变化量为

$$\Delta \Phi = \Phi_2 - \Phi_1 = (2 \times 10 - 10)\text{mWb} = 10\ \text{mWb}$$

发生变化的时间间隔 $\Delta t = 20$ ms，那么感应电动势为

$$E = N\frac{\Delta \Phi}{\Delta t} = 100 \times \frac{10'10^{-3}}{20'10^{-3}}\ \text{V} = 50\ \text{V}$$

【任务实施】

一、直导线在磁场中的运动

按图 2-20 连接电路，使导体分别做上下运动和左右运动，观察检流计指针的变化。

现象：导体向上、向下运动；检流计指针________。导体向左、向右运动；检流计指针________。

结论：________电路中就有电流产生。

二、条形磁铁插入（拔出）螺线管

按图 2-21 连接电路，使条形磁铁分别做插入和拔出螺线管运动，观察检流计指针的变化。

现象：线圈不动，磁铁动，检流计指针。

结论：说明无论是导体运动还是磁场运动，只要________；闭合回路中就有电流产生。

(3)电源电动势为$\pm E$,当电源电动势的标定方向与回路绕行方向一致时,选取"-"号,反之应选取"+"号。

例题 1.12　列写出图 1-28 电路中回路Ⅰ的基尔霍夫第二定律表达式。

解:由公式(1-18)那么电动势方向与绕行方向一致时为正,相反时为负;电压降方向由电流方向决定,所以电流方向与绕行方向一致时为正,相反时为负。即

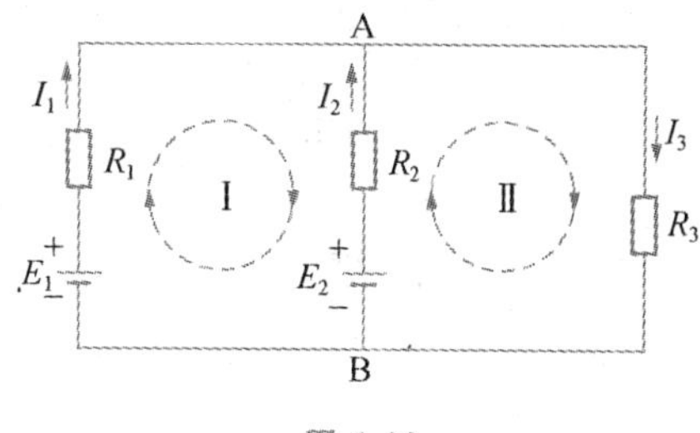

图 1-28

$$E_1 - E_2 = R_1 I_1 - R_2 I_2$$

或

$$E_1 + R_2 I_2 = E_2 + R_1 I_1$$

【任务实施】

(1)按图 1-29 接线:$U_{S1}=25$ V,$U_{S2}=15$ V。

(2)当两电源共同作用时,测量各电流和电压值。$R_1=430\ \Omega$,$R_2=150\ \Omega$,$R_3=51\ \Omega$,$R_4=100\ \Omega$,$R_5=51\ \Omega$,电压表选 30 V 档,电流表选 100 mA 档。

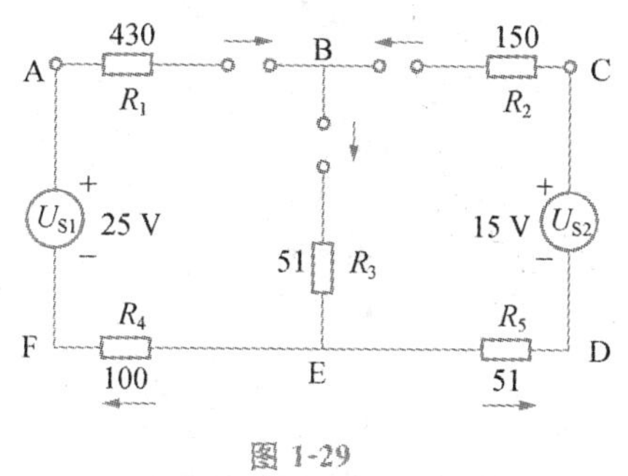

图 1-29

(3)熟悉电流测试插孔板的结构,将电流插头的两端接至毫安表的"+,-"两端,倘若极性对,表针则反转,则必须调换电流表极性,重新测量,此时指针正偏,但读得的电流值必须冠以负号。

根据图 1-29 所示的电流和电压的参考方向确定被测电流和电压的正负号,将数据记入表 1-11 中。

表 1-11　**测量结果**

电源 U_{S1} 和 U_{S2} 共同作用	mA	mA	mA	V	V	V	V	V	RCL	KVL
	I_1	I_2	I_3	U_{AB}	U_{CB}	U_{BE}	U_{EF}	U_{ED}	$\sum I$	$\sum U$

(4)验证基尔霍夫电压定律,任何时刻,沿电路中任一闭合回路绕行一周,各段电压的代数和恒等于零,即 $\sum U=0$。

(5)验证基尔霍夫电流定律,任何时刻,在电路的任一节点上,所有支路电流的代数和恒等于零,即 $\sum I=0$。

【任务巩固】

1. 基尔霍夫电流定律和基尔霍夫电压定律的内容分别是什么?

2. 观察分析图 1-30 所示电路,有几条支路?几个节点?几个网孔?几个回路?

3. 求图 1-31 所示电路中的电流 I_1 和 I_2 的大小。

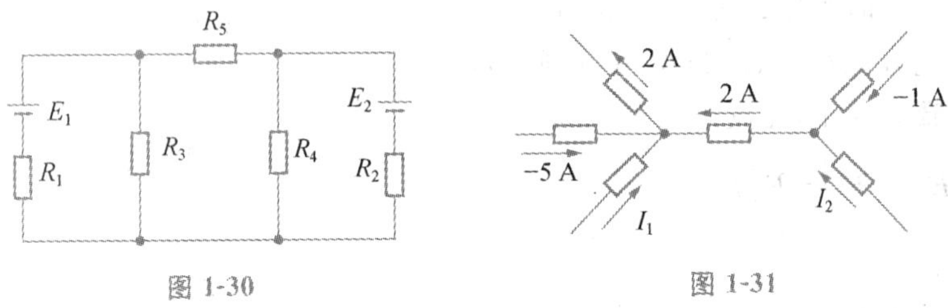

图 1-30　　　　图 1-31

任务 2　电压源与电流源及其等效变换

【任务目标】

1. 理解电压源和电流源的概念。

2. 能对电压源与电流源进行等效变换。

【任务准备】

一、资料准备

可调直流稳压电源、可调直流恒流源、直流数字电压表、直流数字毫安表、万用表、电阻器、可调电阻箱、任务评价表等与本任务相关的教学资料。

二、知识准备

一个电源可以用两种不同的电路模型来表示;一种是用电压的形式来表示,称为电压源;另一种是用电流的形式来表示,称为电流源。

(一)电压源

为电路提供一定电压的电源可用电压源来表征。如果电源内阻为零,电源将提供一个恒定不变的电压,称为理想电压源,简称恒压源。其基本特性是:①它的电压恒定不变;②通过它的电流取决于与它连接的外电路负载的大小。图 1-32(a)

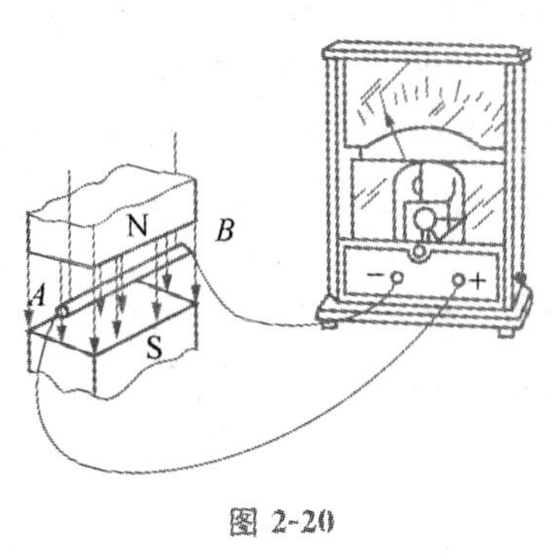

图 2-20

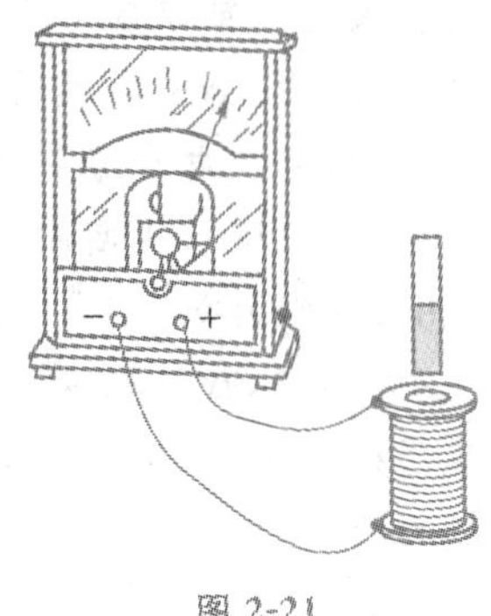

图 2-21

三、导体和磁场不发生相对运动

按图 2-22 连接电路，分别观察线圈电路接通、断开，滑动变阻器滑动片左、右滑动时检流计指针的变化。

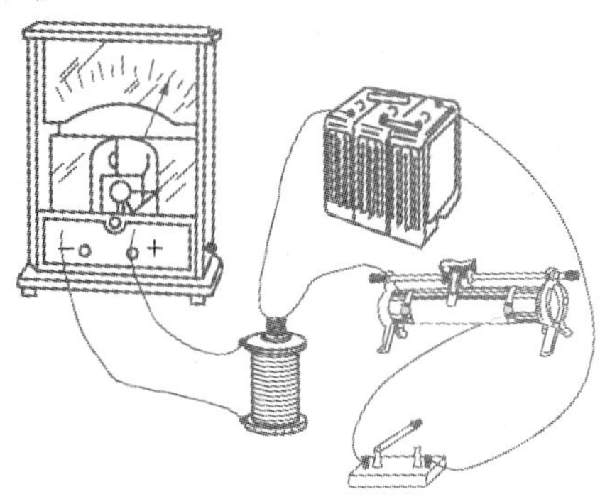

图 2-22

现象：线圈电路接通、断开；检流计指针________；滑动变阻器滑动片左、右滑动；检流计指针________。

结论：说明，除了闭合回路的部分导线切割磁感线外，线圈中的________发生变化时，也能产生感应电流。所以无论是导体做切割磁感线的运动，还是磁场发生变化，实质上都是引起穿过闭合电路的________发生变化。

【任务拓展】

楞次定律

内容：闭合电路中产生的感应电流，它所产生的磁场总是阻碍原电路中磁通的变化。应用楞次定律可以确定感应电动势的方向。

在图2-23(a)中,如果磁铁的N极插入线圈,进入线圈的磁通量增加。根据楞次定律,线圈中的感应电动势引起电流在线圈中产生新的磁场,该磁场方向与原磁场方向相反,它阻碍进入线圈磁通的增加,感应电流从a端流入线圈,b端流出线圈,即b端相对a端为正。

在图2-23(b)中,如果磁铁的N极从线圈中拔出时,穿过线圈的磁通减少。按上述方法应用楞次定律,将会发现,感应电流从b端流入线圈,a端流出线圈,即a端相对b端为正。

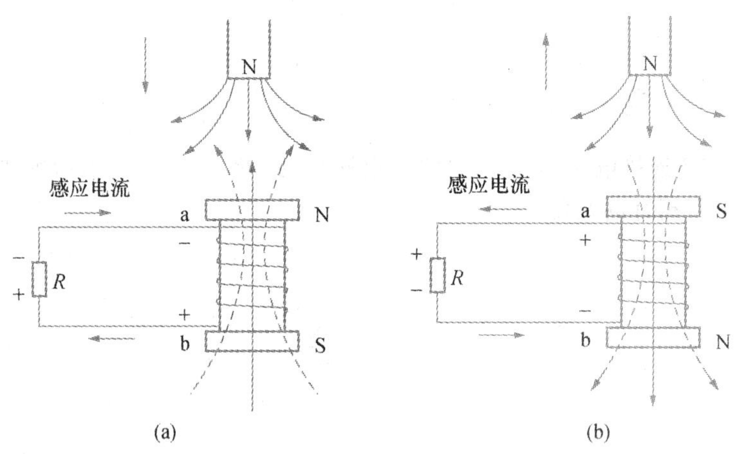

图2-23 楞次定律

具体步骤:

(1)先判断原磁场的方向。

(2)判断闭合回路的磁通量的变化情况。

(3)判断感应磁场的方向。

(4)由感应磁场方向判断感应电流的方向。

原则:

(1)当闭合电路所围面积的磁通量增加时,感应电流的磁场方向与原磁场方向相反;当闭合电路的磁通量减少时,感应电流的磁场方向与原磁场方向相同。

(2)感应电流的方向总阻碍引起感应电流的磁场的磁通量的变化。

(3)当原磁场和闭合回路之间发生相对运动时,感应电流的磁场总要阻碍它们之间的相对运动。

(4)楞次定律并不是一个孤立的定律,它实际上是自然界中最普遍的能量守恒定律在电磁感应现象中的体现。

右手定则是确定导线切割磁感线所产生的感应电动势方向的简便方法，其实质是楞次定律的特殊情况。

判断方法：伸出右手，使拇指跟其余四指垂直，并且和手掌在一个平面内，把手放入磁场中，让磁感线垂直穿入手心，拇指指向导体运动方向，四指所指方向就是感应电流的方向。如图 2-24 所示。

切割磁感线产生感应电流，如图 2-25 所示。

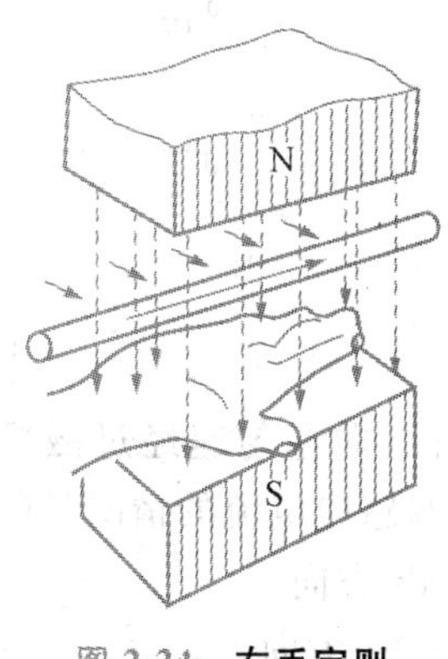

图 2-24　**右手定则**

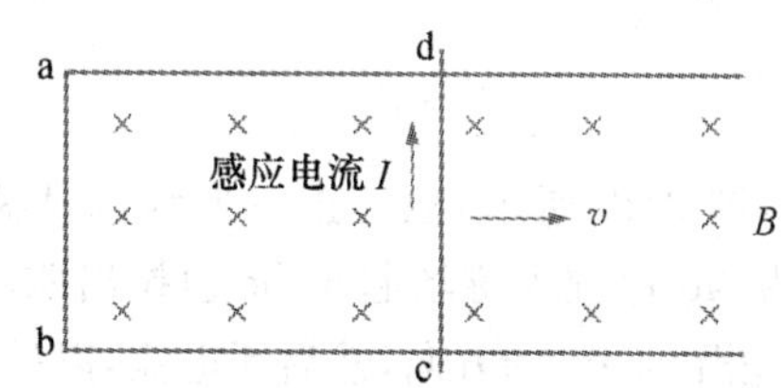

图 2-25　**切割磁感线产生感应电流**

【任务巩固】

1. 如图 2-26 所示，恒定的匀强磁场中有一个有小缺口的圆形的导体线圈，线圈平面垂直于磁场方向。当线圈在此磁场中做下列哪种运动(均未出磁场)时，线圈能产生感应电流(　　)。

A. ab 连在一起，线圈沿自身所在的平面做匀速运动

B. 线圈沿自身所在的平面做加速运动

C. 线圈绕任意一条直径做匀速转动

D. ab 连在一起，线圈绕任意一条直径做变速转动

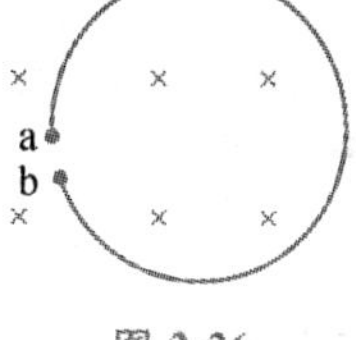

图 2-26

2. 关于电磁感应现象，下列说法正确的是(　　)。

A. 只要穿过电路中的磁通量发生变化，电路中就一定产生感应电流

B. 只要导体相对于磁场运动，导体内一定会产生感应电流

C. 只要闭合电路在磁场中做切割磁感线运动，电路中一定会产生感应电流

D. 只要穿过闭合电路的磁通量发生变化，电路中一定会产生感应电流

3. 下列现象中，属于电磁感应现象的是(　　)。

A. 小磁针在通电导线附近发生偏转

B. 通电线圈在磁场中转动

C. 因闭合线圈在磁场中运动而产生的电流

D. 磁铁吸引小磁针

4. 如图 2-27 所示，金属矩形线圈 abcd 在匀强磁场中做如图 2-27 所示的运动，线圈中有感应电流的是：

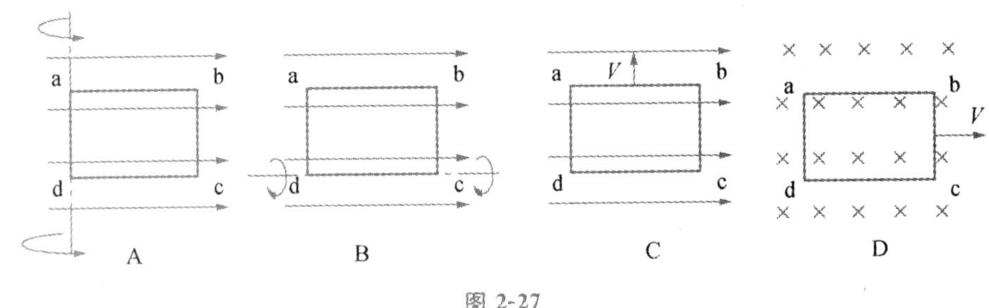

图 2-27

5. 如图 2-28 所示，把一正方形线圈从磁场外自右向左匀速经过磁场再拉出磁场，则从 ad 边进入磁场起至 bc 边拉出磁场止，线圈感应电流的情况是(　　)。

A. 先沿 abcda 的方向，然后无电流，以后又沿 abcda 方向

B. 先沿 abcda 的方向，然后无电流，以后又沿 adcba 方向

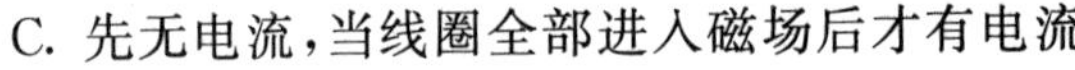
C. 先无电流，当线圈全部进入磁场后才有电流

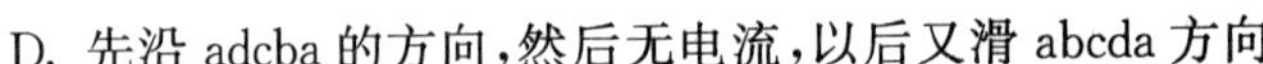
D. 先沿 adcba 的方向，然后无电流，以后又滑 abcda 方向

图 2-28

任务 4　自感和互感现象的应用

【任务目标】

1. 理解自感现象和互感现象及产生的条件。掌握自感电动势的计算。

2. 学会判断自感和互感现象。

【任务准备】

一、资料准备

两只完全一样的灯泡、刀开关 1 个、滑动变阻器 1 个、直流电源、电感 1 只、导线若干、任务评价表等与本任务相关的教学资料。

二、知识准备

(一)自感

1. 自感现象与自感电动势

线圈中通过电流时,就会产生磁通,与线圈交链的总磁通称为磁链;电流的大小发生变化,穿过线圈的磁链也会发生变化,并在线圈中引起感应电动势。这种由于流过线圈本身的电流变化引起的电磁感应现象,称为自感现象,简称自感。这个感应电动势称为自感电动势。

为了表明各个线圈产生自感磁链的能力,将线圈的自感磁链与电流的比值称为线圈(或回路)的自感系数(或自感量),又称电感,用符号 L 表示,即

$$L=\frac{\varphi}{I} \tag{2-11}$$

可见,电感的物理意义是表明了一个线圈通入单位电流时产生自感磁链的大小,即储存磁场能量的能力。

电感(L)的单位为亨(H),常用的单位还有毫亨(mH)和微亨(μH),它们的换算关系为

$$1\ \mathrm{H}=10^3\ \mathrm{mH};1\ \mathrm{mH}=10^3\ \mu\mathrm{H}$$

当自感 L 和线圈内介质的磁导率 μ 为常数时,根据法拉第电磁感应定律,自感电动势的大小与电感 L 和电流变化率的乘积成正比。可用公式表示为

$$e_{\mathrm{L}}=-L\frac{\Delta i}{\Delta t} \tag{2-12}$$

式中　L——电感量,单位是亨,符号为 H;

$\frac{\Delta i}{\Delta t}$——电流变化率,单位是安/秒,符号为 A/s;

e_{L}——感应电动势,单位是伏特,符号为 V。

式中负号说明自感电动势与电流(磁通)变化的趋势相反。

2. 自感现象的应用与危害

自感现象在电器设备和无线电技术中有着广泛的应用,荧光灯镇流器就是利用自感工作的。但是自感现象也有其不利的一面,如大型电动机定子绕组的自感系数很大,而且定子绕组中流过的电流又很强,当电路被切断的瞬间,由于电流在很短的时间内发生很大的变化,会产生很高的自感电动势,在断开处形成电弧,这

不仅会烧坏开关甚至危及工作人员的安全。因此，切断这类电路时必须采用特制的安全开关。

3. 电感线圈的主要参数与符号

电感线圈的主要参数有电感量、品质因数、分布电容、额定电流和稳定性。其中：

(1)电感量。电感量也称做自感系数(L)，是表示电感元件自感应能力的一种物理量。线圈电感量的大小与线圈直径、匝数、绕制方式及磁心材料有关。

(2)品质因数。品质因数也称做 Q 值，是指线圈在一个周期中的储存能量与消耗能量的比值，它是表示线圈品质的重要参数。Q 值越高，电感的损耗越小，效率就越高。

(3)分布电容。线圈匝与匝之间、线圈与地之间、线圈与屏蔽盒之间以及线圈的层与层之间都存在着电容，这些电容统称为线圈的分布电容。为减少分布电容，高频线圈常采用多股漆包或丝包线，绕制线圈时常采用蜂房绕法或分段绕法等。

(4)额定电流。额定电流是指允许长时间通过线圈的最大工作电流。

(5)稳定性。电感线圈的稳定性主要指参数受温度、湿度和机械振动等影响的程度。

(二)互感

1. 互感现象与互感电动势

当两个线圈相互靠近时，一个线圈的电流产生的磁通会通过另一线圈，称这两个线圈具有磁耦合关系。因此，当一个线圈内电流发生变化时，会在另一个线圈上产生感应电动势，这种现象叫做互感现象，简称互感。由互感产生的电动势叫做互感电动势(图 2-29)。

在两个有磁耦合的线圈中，互感磁链与产生此磁链的电流比值，叫做这两个线圈的互感系数，简称互感，用字母 M 表示，单位为“亨利”。互感系数取决于两个耦合线圈的几何尺寸、匝数、相对位置和磁介质。

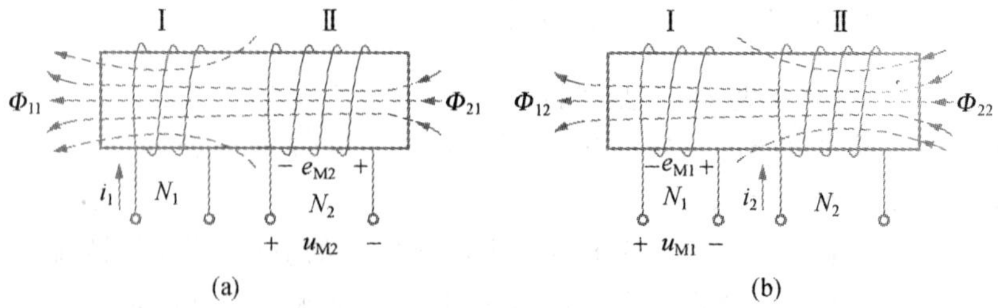

图 2-29 **互感现象与互感电动势**

(a)线圈Ⅱ中的互感电动势 (b)线圈Ⅰ中的互感电动势

互感 M 的大小，与下列因素有关：

1）两线圈匝数的乘积。乘积越大互感量越大，反之 M 就小。

2）两线圈的形状和相对位置。在方位确定的条件下，两线圈靠得越近，彼此影响越强，互感量 M 就大。

3）两线圈间磁介质状况。有铁芯时，同样的电流产生的磁通多，互感量 M 远远大于空心线圈。

当磁介质为非铁磁性物质时，互感是常数。

2. 互感的应用

在电力系统和电子线路中广泛应用的变压器、互感器、钳形电流表等都是根据互感原理制成的。

【任务实施】

一、通电自感现象

按照电路图 2-30 接线，闭合开关 S，调节变阻器 R，使 A_1、A_2 亮度相同，再调节 R_1，使两灯正常发光，然后断开开关 S。重新闭合 S，观察两只灯泡的状态。

讨论思考：为什么 A_1 比 A_2 亮得晚一些？试用所学知识（楞次定律）加以分析说明。

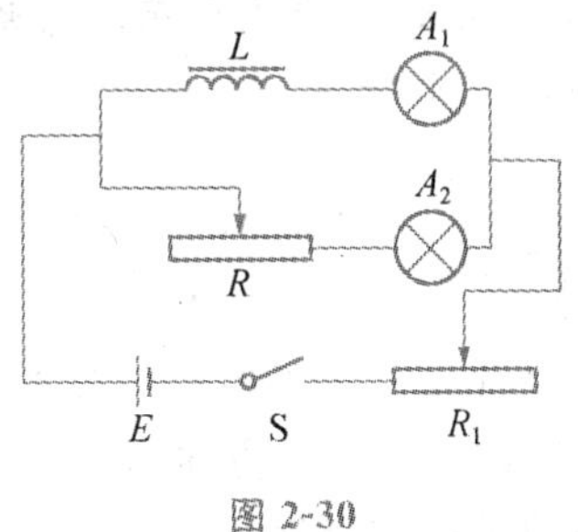

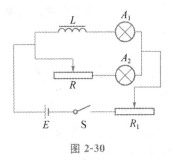

图 2-30

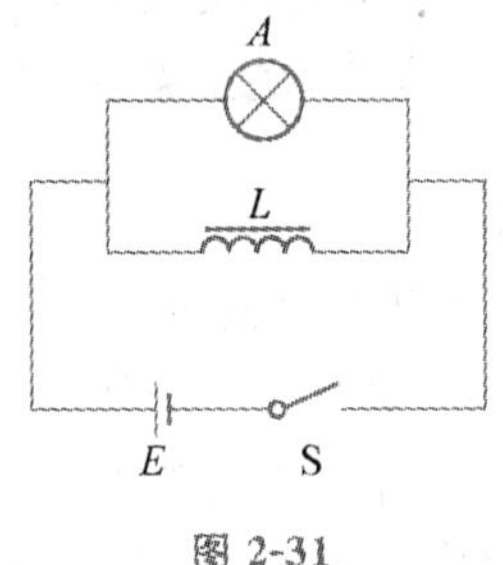

图 2-31

二、断电自感现象

按照电路图 2-31 接线，闭合开关 S，待灯泡 A 正常发光。然后断开电路，观察灯泡的状态。

讨论思考：为什么 A 灯不立刻熄灭？

【任务拓展】

汽车发动机点火装置

发动机的点火装置很巧妙地利用了互感作用。点火装置由点火线圈、断电器和火花塞等组成，可产生10 000 V以上高压。点火电路如图2-32所示。

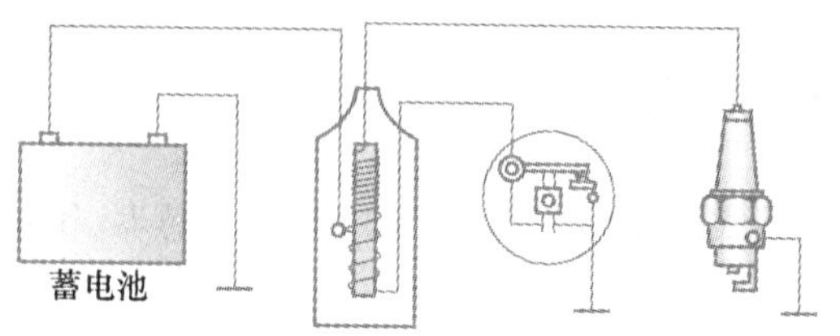

图2-32　点火电路

蓄电池电压为12 V或24 V，为电路提供电源。点火线圈实际上是一个变压器，由一次绕组、二次绕组和铁芯组成。点火线圈制作时是用很细的漆包线在铁芯上绕几千至几万匝作为二次绕组，外面再用粗的漆包线绕几十匝作为一次绕组。

发动机点火时，断电器的触点断开，在一次绕组通电时，其周围产生磁场。当断电器凸轮顶开触点时，一次电路被切断，在匝数多、导线细的二次绕组中感应出10 000 V以上的电压，使火花塞两极之间的间隙被击穿，产生火花。电火花引燃汽缸内燃料的混合气，发生爆燃，使活塞运动，驱动汽车行驶。

【任务巩固】

1. 下列关于自感现象的说法中，正确的是(　　)。

A. 自感现象是由于导体本身的电流发生变化而产生的电磁感应现象

B. 线圈中自感电动势的方向总与引起自感的原电流的方向相反

C. 线圈中自感电动势的大小与穿过线圈的磁通量变化的快慢有关

D. 加铁芯后线圈的自感系数比没有铁芯时要大

2. 关于线圈的自感系数，下面说法正确的是(　　)。

A. 线圈的自感系数越大，自感电动势一定越大

B. 线圈中电流等于零时，自感系数也等于零

C. 线圈中电流变化越快，自感系数越大

D. 线圈的自感系数由线圈本身的因素及有无铁芯决定

3. 如图2-33所示，L为一个自感系数大的自感线圈，开关闭合后，小灯能正

常发光，那么闭合开关和断开开关的瞬间，能观察到的现象分别是(　　)。

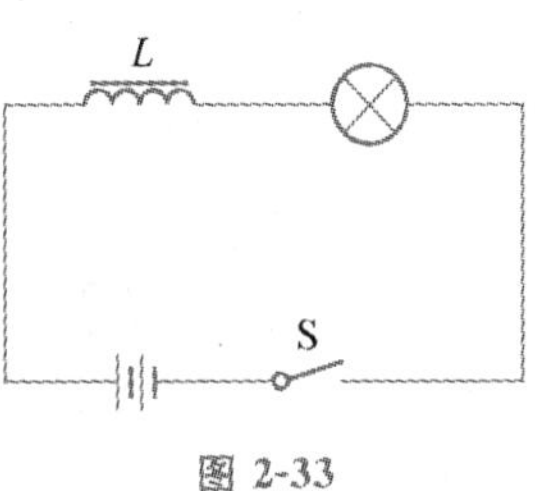

图 2-33

A. 小灯逐渐变亮，小灯立即熄灭

B. 小灯立即亮，小灯立即熄灭

C. 小灯逐渐变亮，小灯比原来更亮一下再慢慢熄灭

D. 小灯立即亮，小灯比原来更亮一下再慢慢熄灭

项目二 单相正弦交流电路的应用

【项目描述】

本项目介绍的单相正弦交流电，其电量的大小和方向均随时间按正弦规律周期性变化，是交流电中的一种。这里随不随时间变化是交流电与直流电之间的本质区别。在日常生产和生活中，广泛使用的都是本项目所介绍的正弦交流电，这是因为正弦交流电在传输、变换和控制上有着直流电不可替代的优点。

本项目分为认知正弦交流电、观测正弦交流电的波形和正弦交流电表示方法的应用三个工作任务。

通过本项目的学习掌握单相正弦交流电路的产生和基本物理量；能够使用示波器观测交流电的波形；培养他们善于分析，勤于动脑的学习习惯。

任务1 认知正弦交流电

【任务目标】

1. 掌握正弦交流电的基本概念，了解正弦交流电的产生过程。
2. 会分析正弦交流电。

【任务准备】

一、资料准备

发光二极管、9 V电池、小型变压器、2.4 kΩ电阻和任务评价表等与本任务相关的教学资料。

二、知识准备

我国及世界各国的电力系统，从发电、输电到配电，均采用正弦交流电，工农业生产和日常生活中几乎全都使用着正弦交流电，它容易产生，并能用变压器改变电压，便于远距离传输、分配和使用。交流电机比直流电机结构简单，工作可靠，成本低廉，维护方便。特别是近年来，交流调速技术有长足进展，使交流电机的性能直追直流电机。再者，必须使用直流电的地方（如电子电路、电解设备、事故油泵、电车等），大多是通过整流设备把交流电变成直流电。很多仪器仪表产生和传输的也是正弦的电流或电压信号。因此，掌握正弦交流电的基本知识和正弦交流电路的基本分析方法，对电学技术人员是十分必要的。本书所指交流电，除特别说明外，均指正弦交流电。

（一）正弦交流电的基本概念

大小和方向随时间作周期性变化的电压、电流和电动势统称为交流电。按交流电的变化规律可分为正弦交流电和非正弦交流电，如图 2-34 所示。如果这个周期性变化的规律是正弦的，则称为正弦交流电；否则称为非正弦交流电。

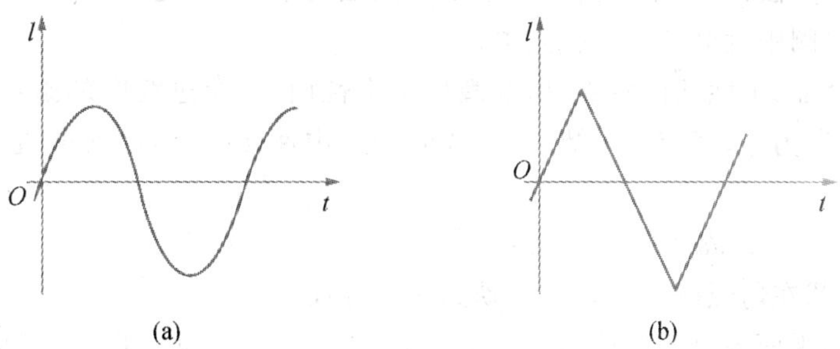

图 2-34　交流电的波形图

（a）正弦交流电　（b）非正弦交流电

正弦交流电的图像是正弦曲线，与非正弦交流电相比，正弦交流电具有损失小，设备低廉，对电信线路干扰小等优点，所以，常用的交流电是正弦交流电。正弦交流电产生的方法很多，在电力（强电）工程中，是用交流发电机产生的；在电子工程中，是用振荡器产生的。

（二）正弦交流电的产生

1. 产生交变电流的基本原理

交变电流的产生，一般都是借助于电磁感应现象得以实现的。因此，可以说，产生交变电流的基本原理，就是电磁感应现象中所遵循的规律——法拉第电磁感应定律。

2. 产生交变电流的基本方式

一般来说，利用电磁感应现象来产生交变电流的具体操作方式可以有很多种。例如，使图中所示的线圈在匀强磁场中往复振动，就可以在线圈中产生方向交替变化的交变电流。但这种产生交变电流的操作方式至少有如下两个方面的不足：第一，操纵线圈使之往复振动，相对而言是比较困难的；第二，使线圈往复振动而产生的交变电流，其规律相对而言是比较复杂的。正因为如此，尽管理论上产生交变电流的具体操作方式可以有很多种，但人们却往往都是选择了操作较为方便且产生的交变电流的规律较为简单的一种基本方式——使线圈在匀强磁场中相对做匀速转动而切割磁感线来产生交变电流。这几乎是所有交流发电机的基本模型。

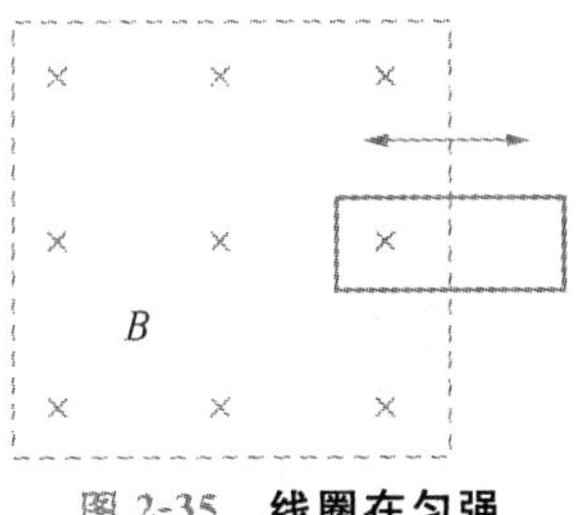

图 2-35 线圈在匀强磁场中的运动

3. 正弦式电流的产生

(1)产生方法：将一个平面线圈置于匀强磁场中，并使它绕垂直于磁感线的轴匀速转动，线圈中就会产生正弦式电流。

(2)中性面：中性面的特点是，线圈位于中性面时，穿过线圈的磁通量最大，磁通量的变化率为零，感应电动势为零；线圈经过中性面时，内部的电流方向要发生改变。

4. 分析——交流电的变化规律

矩形线圈在匀强磁场中匀速转动的四个过程。

(1)线圈平面垂直于磁感线(甲图)，ab、cd 边此时速度方向与磁感线平行，线圈中没有感应电动势，没有感应电流。这时线圈平面所处的位置叫中性面。

(2)当线圈平面逆时针转过 90°时(乙图)，即线圈平面与磁感线平行时，ab、cd 边的线速度方向都跟磁感线垂直，即两边都垂直切割磁感线，这时感应电动势最大，线圈中的感应电流也最大。

(3)再转过 90°时(丙图)，线圈又处于中性面位置，线圈中没有感应电动势。

(4)当线圈再转过 90°时，处于(丁)图位置，ab、cd 边的瞬时速度方向，跟线圈经过(乙)图位置时的速度方向相反，产生的感应电动势方向也跟在(乙)图位置相反。

(5)再转过 90°线圈处于起始位置(戊图)，与(甲)图位置相同，线圈中没有感应电动势。

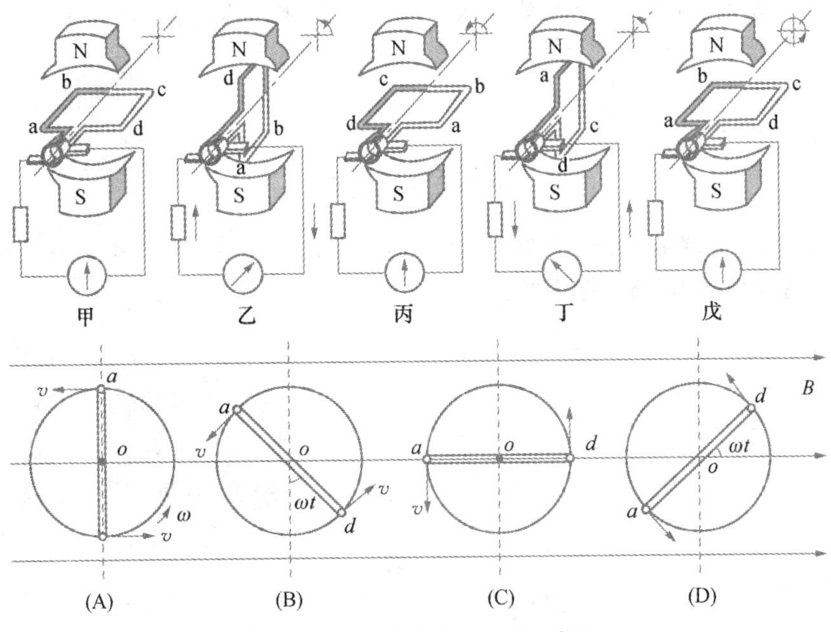

图 2-36　**交流电发电机原理示意图**

分析小结：线圈 abcd 在外力作用下，在匀强磁场中以角速度 ω 匀速转动时，线圈的 ab 边和 cd 边作切割磁感线运动，线圈产生感应电动势。如果外电路是闭合的，闭合回路将产生感应电流。ab 和 cd 边的运动不切割磁感线时，不产生感应电流。

设在起始时刻，线圈平面与中性面的夹角为 φ_0，t 时刻线圈平面与中性面的夹角为 $\omega+\varphi_0$。分析得出，cd 边运动速度 v 与磁感线方向的夹角也是 $\omega+\varphi_0$，设 cd 边长度为 L，磁场的磁感应强度为 B，则由于 cd 边作切割磁感线运动所产生的感应电动势为

$$e_{cd}=BLv\ \sin(\omega t+\varphi_0) \tag{2-13}$$

同理，ab 边产生的感应电动势为

$$e_{ab}=BLv\ \sin(\omega t+\varphi_0) \tag{2-14}$$

由于这两个感应电动势是串联的，所以整个线圈产生的感应电动势为

$$e=e_{ab}+e_{cd}=2BLv\ \sin(\omega t+\varphi_0)=E_m\ \sin(\omega t+\varphi_0) \tag{2-15}$$

式(2-15)中，$E_m=2BLv$ 是感应电动势的最大值，又叫振幅。

可见，发电机产生的电动势是按正弦规律变化，可以向外电路输送正弦交流电。

【任务实施】

认知正弦交流电

两只反向并联的发光二极管与电阻串联后，分别接到电池盒和变压器上。按图 2-37 连接电路，观察电路现象。

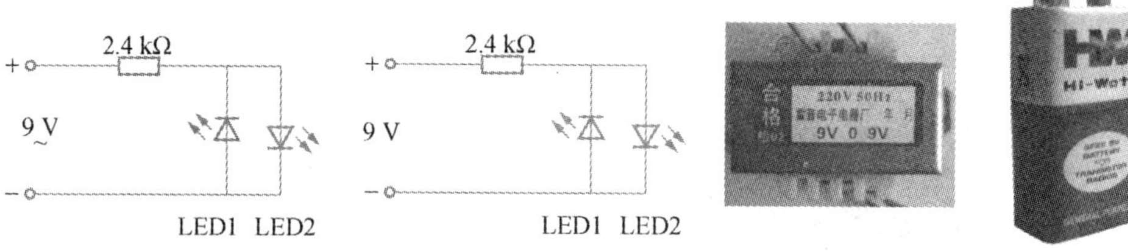

图 2-37 电路及电源

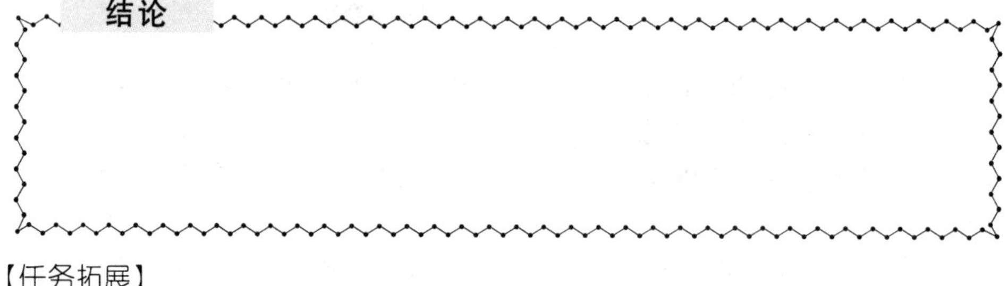

【任务拓展】

交流电之父——尼古拉·特斯拉

尼古拉·特斯拉(1856—1943 年)，是世界知名的发明家、物理学家、机械工程师和电机工程师。1882 年，他继爱迪生发明直流电(DC)后不久，发明了交流电(AC)，制造出世界上第一台交流发电机，并于 1885 年发明多相电流和多相传电技术，就是现在全世界广泛应用的 50～60 Hz 传送电力的方法。1895 年，他替美国尼亚加拉发电站制造发电机组，至今该发电站仍是世界著名水电站之一。1898 年，他制造出世界上第一艘无线电遥控船，无线电遥控技术取得专利。1899 年，他发明了 X 光摄影技术。其他发明包括：收音机、雷达、传真机、真空管、霓虹灯管、飞弹导航、星球防御系统等。为了纪念他在磁学上的贡献，磁感应强度单位以“特斯拉”命名。

【任务巩固】

1. 什么是稳恒直流电?
2. 什么是正弦交流电?
3. 交流电与直流电的根本区别是什么?

任务2　观测正弦交流电的波形

【任务目标】

1. 掌握正弦交流电三要素。
2. 使用示波器观测正弦交流电的波形。

【任务准备】

一、资料准备

YB4320G 型双踪示波器、低频信号发生器和任务评价表等与本任务相关的教学资料。

二、知识准备

(一)正弦交流电的周期、频率和角频率

如图 2-38 所示,为交流电发电机产生交流电的过程及其对应的波形图。

1. 周期

交流电完成一次周期性变化所用的时间,叫做周期。也就是线圈匀速转动一周所用的是时间。用 T 表示,单位是 s(秒)。在图 2-38 中,横坐标轴上有 0 到 T 的这段时间就是一个周期。

2. 频率

交流电在单位时间(1 s)完成得周期性变化的次数,叫做频率。用字母 f 表示,单位是赫[兹],符号为 Hz。常用单位还有千赫(kHz)和兆赫(MHz),换算关系如下:

$$1\ \text{kHz}=10^3\ \text{Hz} \qquad 1\ \text{MHz}=10^6\ \text{Hz}$$

周期与频率的关系:互为倒数关系,即

$$T=1/f \tag{2-16}$$

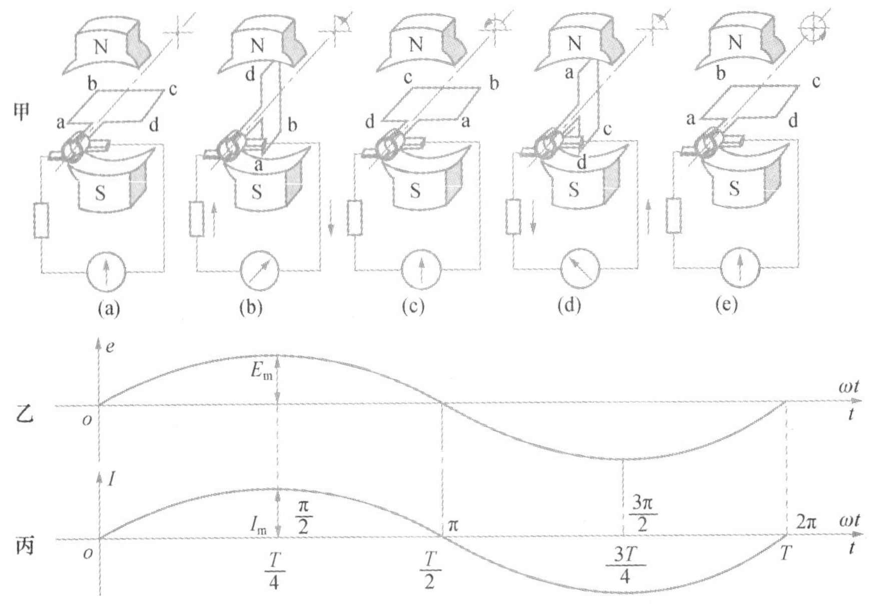

图 2-38 正弦交流电的产生及其波形图

周期与频率都是反映交流电变化快慢的物理量。周期越短、频率越高,那么交流电变化越快。

3. 角频率

ω 是单位时间内角度的变化量,叫做角频率。在交流电解析式 $e=E_m\sin(\omega t+\varphi_0)$ 中,ω 是线圈转动的角速度。角频率、频率和周期的关系:

$$\omega=2\pi/T=2\pi f \tag{2-17}$$

例题 2.3 已知我国电力工频为 50 Hz,问周期、角频率各为多少?

解:根据公式 $T=1/f$ 可得:

$$T=1/f=1/50=0.02\ \text{s}$$

又根据公式 $\omega=2\pi f$ 可得:

$$\omega=2\pi f=2\times\pi\times50=100\pi\text{rad}\approx314\ \text{rad/s}$$

(二)正弦交流电的最大值、有效值和平均值

1. 最大值

E_m——交变电动势最大值:当线圈转到穿过线圈的磁通量为 0 的位置时,取

得此值。应强调指出的是，E_m 与线形状无关，与转轴位置无关。在考虑交流电路中电容器耐压值时，应采用最大值。

2. 有效值

（1）有效值是根据电流的热效应来规定的，在周期的整数倍时间内（一般交变电流周期较短，如市电周期仅为 0.02 s，因而对于我们所考察的较长时间来说，基本上均可视为周期的整数倍），如果交变电流与某恒定电流流过相同电阻时其热效应相同，则将该恒定电流的数值叫做该交变电流的有效值。

（2）正弦交流电的有效值与最大值之间的关系为：

$$E_m=\sqrt{2}E,U_m=\sqrt{2}U,I_m=\sqrt{2}I \tag{2-18}$$

上述关系式只适用于线圈在匀强磁场中相对做匀速转动时产生的正弦交变电流，对于用其他方式产生的其他交变电流，其有效值与最大值间的关系一般与此不同，其他形式的交流电按热效应相同进行计算，利用分阶段计算效变电流一个周期内在某电阻上产生的热量，然后令其与直流电在相同时间内在同一电阻上产生的热量相等，此时直流电的值为交变电流的有效值。这是根据有效值的定义作具体分析。

（3）一般交变电流表直接测出的是交变电流的有效值，一般用电器铭牌上直接标出的是交变电流的有效值，一般不作任何说明而指出的交变电流的数值都是指有效值。

3. 平均值

交变电流图像中图像与 t 轴所围成的面积与时间的比值叫做交变电流的平均值。平均值是用微积分来进行计算的，计算用电量时只能用平均值。

（三）正弦交流电的相位、初相位和相位差

1. 相位和初相位

任意 t 时刻，发电机线圈平面与中性面的夹角 $(\omega t+\varphi_0)$ 叫做交流电的相位。当 $t=0$ 时的相位，即 $\varphi=\varphi_0$ 叫做初相位，它反映了正弦交流电起始时刻的状态。

相位是表示正弦交流电在某一时刻所处状态的物理量，它不仅决定瞬时值的大小和方向，还能反映正弦交流电的变化趋势。

2. 相位差

两个同频正弦交流电，任一瞬间的相位之差就叫做相位差，用符号 φ 表示。即：

$$\varphi=(\omega t+\varphi_{01})-(\omega t+\varphi_{02})=\varphi_{01}-\varphi_{02} \tag{2-19}$$

如图 2-39 所示。可见，两个同频率的正弦交流电的相位差，就是初相之差。它与时间无关，在正弦量变化过程中的任一时刻都是一个常数。它表明了两个正弦量之间在时间上的超前或滞后关系。

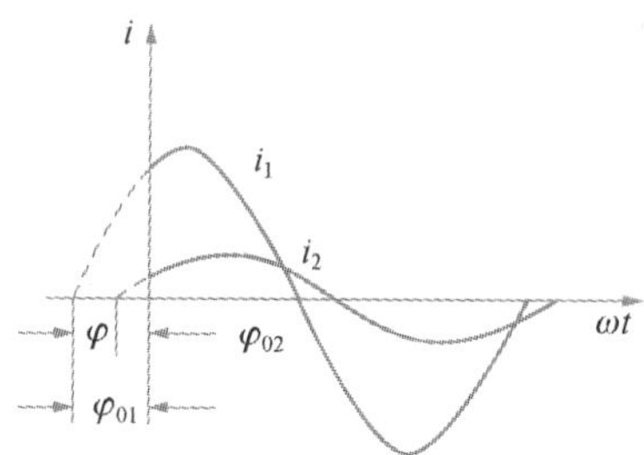

图 2-39 同频电流 i_1 和 i_2 的相位差

在实际应用中，规定用绝对值小于 π 的角度(弧度值)表示相位差。以图 2-39 所示为例：

$\varphi=\varphi_{01}-\varphi_{02}$	常用表述
$\varphi<0$	i_1 滞后 i_2 或者 i_2 超前 i_1
$\varphi=0$	i_1 与 i_2 同相
$\varphi>0$	i_1 超前 i_2 或者 i_2 滞后 i_1
$\varphi=\frac{\pi}{2}$	i_1 与 i_2 正交
$\varphi=\pi$	i_1 与 i_2 反相

交流电的相位差实际上反映了两个交流电在时间上谁先达到最大值的问题。而不同频率的正弦交流电之间没有固定的相位差，当然无法确定它们之间的超前或滞后关系，因此，讨论不同频率的正弦交流电之间的相位差是没有意义的。

例题 2.4 有 3 个交流电，它们的电压瞬时值分别为 $u_1=311\sin 314t$ V，$u_2=537\sin(314t+\pi/2)$V，$u_3=156\sin(314t-\pi/2)$V。

(1)这 3 个交流电有哪些不同之处？又有哪些共同之处？

(2)在同一坐标平面内画出它们的正弦曲线。

(3)指出它们的相位关系。

答：(1)这 3 个交流电有最大值、初相位不同，频率相同。

(2)正弦曲线如图 2-40 所示。

(3)它们的相位关系：u_2 超前 u_1 为 90°，u_3 滞后 u_1 为 90°。

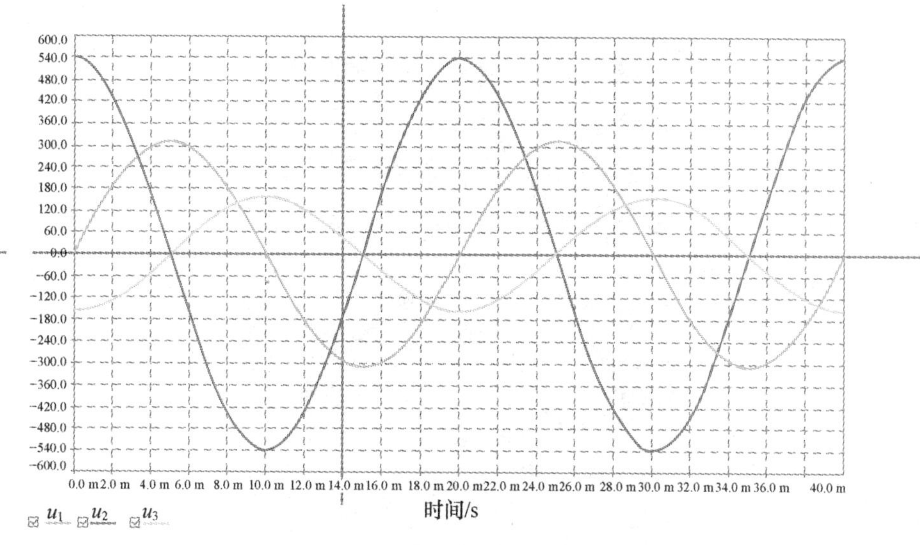

图 2-40

综上所述，一个交流电，其变化的幅度可用最大值表示；其变化的快慢可用角频率（频率或周期）表示；其变化的起点可用初相位表示。因此，最大值、角频率、初相位是确定一个交流电的三个重要数值，知道了这三个量就可以确定一个交流电的变化规律，写出其瞬时值表达式。因此，最大值、角频率和初相位称为正弦交流电的三要素。

【任务实施】

示波器观测交流电的波形

示波器是一种常用的电子测量仪器，利用示波器能够直接观察电压、电流的波形，并可以测量波形的幅值、频率等。在电子设备维修中，通过用示波器测量关键点信号波形，可以确定故障范围，快速找到故障点。因此示波器在手机、电视机等电子设备维修中得到了广泛的应用。下面以 YB4320F 双踪示波器为例，介绍示波器的使用方法。

一、测量前的准备

1. 认识示波器操作面板

示波器外形如图 2-41(a)所示，面板分显示屏和操作面板两部分，操作面板如图 4-9(b)所示。各控制件作用见表 2-3。

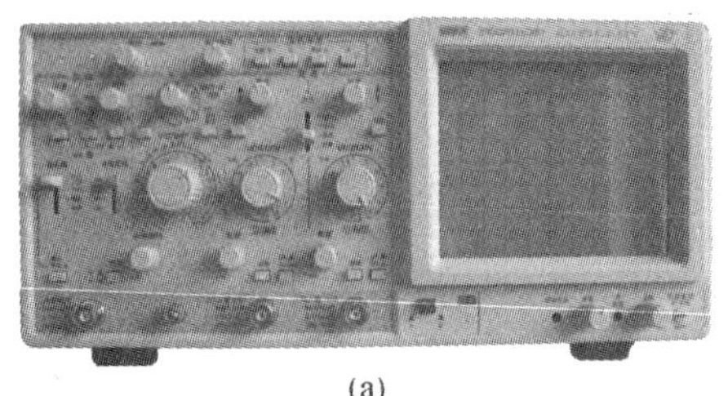
(a)

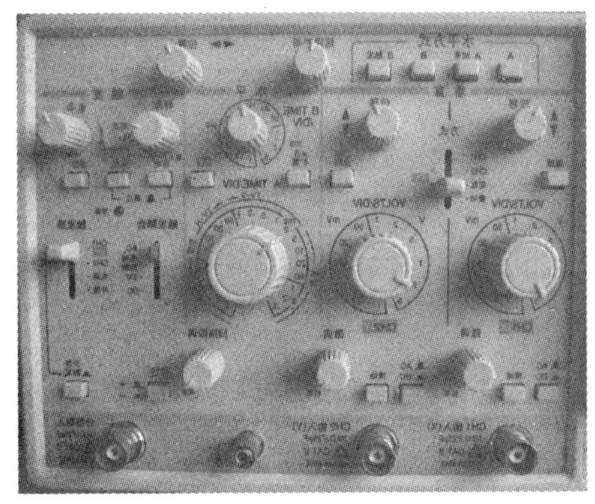
(b)

图 2-41 **YB4320G 示波器外形及面板**

表 2-3 **YB4320G 双踪示波器各控制件作用**

序号	控制件名称	功能
1	校准信号 $2V_{P\text{-}P}$	此端子提供幅度为 2 $V_{P\text{-}P}$，频率为 1 kHz 的方波信号，用于校正 10：1探极的补偿电容器和检测示波器垂直与水平偏转因数
2	辉度	轨迹及光点亮度调整钮
3	聚焦	轨迹聚焦调整钮
4	电源开关	压下此钮可接通电源，电源指示灯会亮，再按一次，开关凸起时，则切断电源
5	CH1 输入(X)	CH1 的垂直输入端，在 X-Y 模式下，为 X 轴的信号输入端
6	CH2 输入(Y)	CH2 的垂直输入端，在 X-Y 模式下，为 Y 轴的信号输入端
7	微调	CH1 或 CH2 幅度校准微调旋钮

续表 2-3

序号	控制件名称	功能
8	VOLTS/DIV	垂直衰减选择钮，选择 CH1 或 CH2 的输入信号衰减幅度
9	TIME/DIV	扫描时间选择钮
10	扫描微调	CH1 或 CH2 频率校准微调旋钮
11	垂直位移	CH1 或 CH2 输入信号轨迹及光点的垂直位置调整钮
12	水平位移	CH1 或 CH2 输入信号轨迹及光点的水平位置调整钮
13	地线	公共接地的输入接线柱

2. 测量前的准备与调整

1)开机前先对示波器进行初始设置，见表 2-4。

表 2-4 示波器控制件的初始设置

序号	控制件名称	位置	序号	控制件名称	位置
1	辉度	居中	6	触发源	CH1
2	聚焦	居中	7	幅度衰减	0.5 V/div
3	位移	居中	8	微调	校正位置
4	垂直方式	CH1	9	扫描时间	0.5 ms/div
5	触发耦合	AC	10	极性	常态(按)

2)接通电源，电源指示灯亮，几秒钟后，屏幕上出现光迹，适当调节“辉度”旋钮，使扫描线亮度适中；调节“聚焦”旋钮，使扫描线最细；再调节“X 轴移位”和“Y 轴移位”旋钮，使扫描线和屏幕中间的水平刻度线重合。如不重合，用螺钉旋具调整前面板“光迹旋转”控制件。如看不到光迹，可按下“寻迹”按键。

3)用 10∶1 探极将校正信号由 CH1 输入插座输入。

4)调节 CH1 移位与 X 移位，使波形与图 2-42(a)相符。如果标准信号显示的波形出现过冲[图 2-42(b)]、倾斜[图 4-10(c)]等现象，则需要调节探极上的调整元件，如图 2-43 所示。

5)将探极换到 CH2 输入插座。垂直方式置于“CH2”，内触发源置于“CH2”，重复步骤 4)，使方波波形与图 2-42(a)相符。

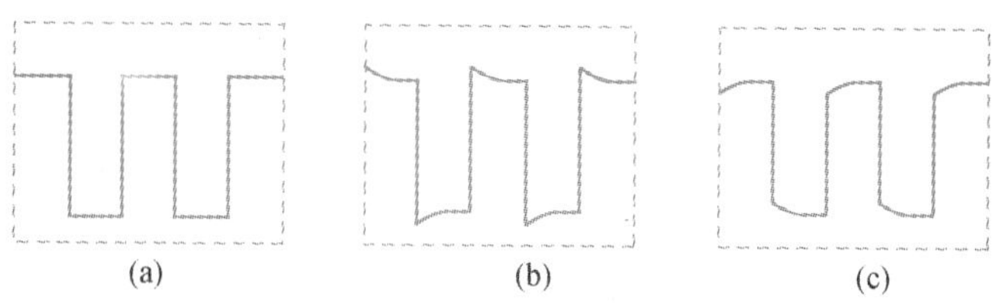

图 2-42 探极补偿波形

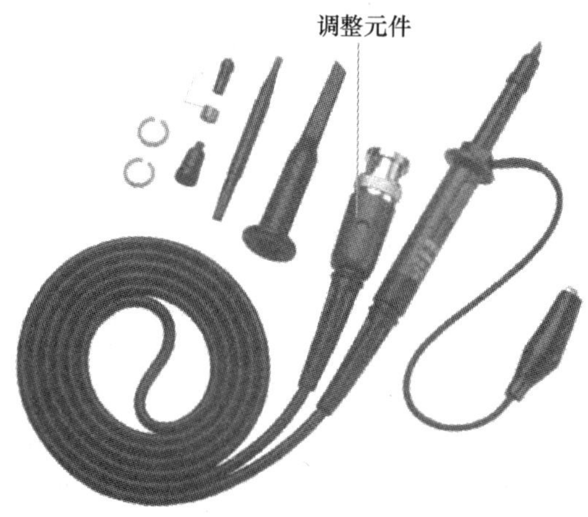

图 2-43 示波器探极

二、用示波器观测交流电的波形

1. 测量插座上交流电的幅值和周期

调整示波器，使屏幕上出现 1～2 个完整的正弦波形；测出交流电压的峰-峰值、周期，计算出波形的最大值和频率，填入表 2-5 中。

表 2-5

V/div	峰-峰值格数	探极衰减开关位置	最大值	T/div	波形周期格数	水平扩展倍数	周期/s	频率/Hz

2. 测量低频正弦信号

调整低频信号发生器，使其输出已知频率和电压的正弦信号，用示波器观察输出信号波形，并测量、计算电压（峰-峰值）、周期、频率，并将结果填入表 2-6 中。

表 2-6

输入信号	V/div	峰-峰值格数	T/div	波形周期格数	水平扩展格数	最大值/V	周期/s	频率/Hz
$f=$ $u=$								
$f=$ $u=$								

【任务拓展】

低频信号发生器的使用

低频信号发生器是多用途的测量仪器，一般能够输出正弦波、矩形波、尖脉冲、TTL 电平等波形，有的还能输出单次脉冲或可以作频率计使用（用来测量外输入信号的频率）。低频信号发生器型号很多，但它们的使用方法基本类似。下面以 EM1635 型为例说明信号发生器的使用方法。

1. 外形及面板

EM1635 低频信号发生器具有三位半数字显示，能产生正弦波、方波、三角波、脉冲波、TTL 电平、直流电平、单次脉冲、固定 50 Hz 正弦波等波形。频率范围 0.2～2 MHz，所有波形的直流电平能在 −10～10 V 内调节。它的外形如图 2-44 所示。

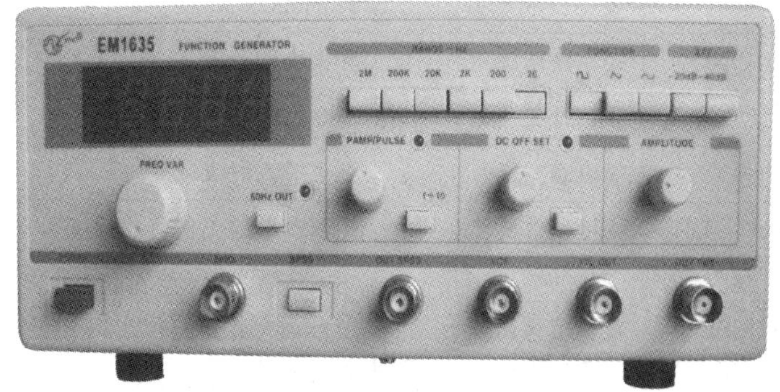

图 2-44　低频信号发生器的外形

低频信号发生器的面板说明如图 2-45 所示。

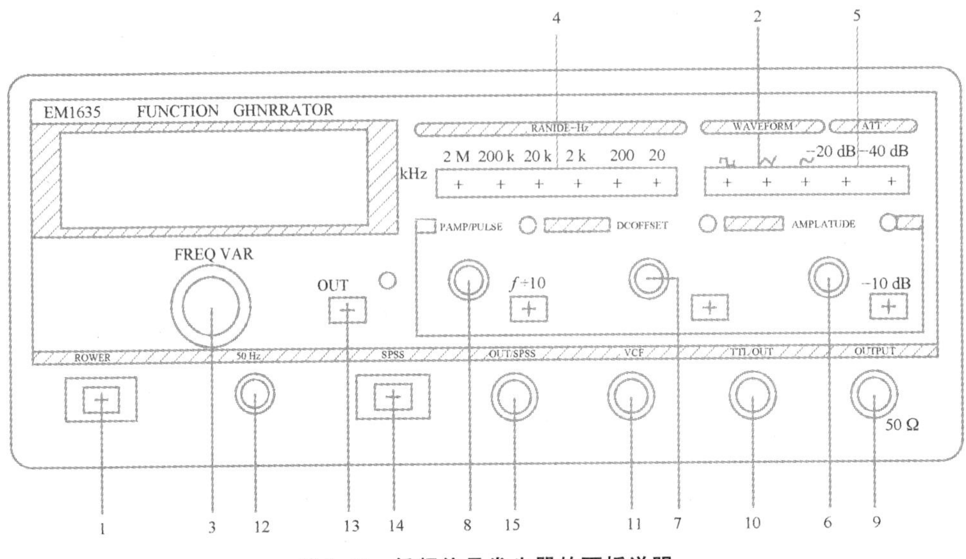

图 2-45 低频信号发生器的面板说明

EM1635 低频信号发生器各旋钮和按键的功能见表 2-7。

表 2-7 低频信号发生器各控制件功能

序号	面板上符号	控制件名称	功能
1	POWER	电源开关	按下电源接通，弹起关断电源
2	FUNCTION	功能开关	波形选择，即方波和脉冲波、三角波和锯齿波、正弦波
3	FREQ VER	频率微调旋钮	频率覆盖范围 10 倍
4	RANGE-Hz	分档开关	20～2 M，分六档选择
5	ATT	输出衰减键	开关按入时衰减 30 dB
6	AMPLITUDE	幅度调节旋钮	用于调节输出信号的幅度大小
7	DC OFF SET	直流偏移调节	当开关按入时，直流电平为－10～10 V 连续可调。当开关拉出时，直流电平为零的直流分量
8	RAMP/PULSE	占空比调节	当开关拉出时，占空比为 50%。 当开关按入时，占空比在 10%～90%内连续可调

续表 2-7

序号	面板上符号	控制件名称	功能
9	OUTPUT	输出	为被测电路提供信号，输出阻抗约 50 Ω
10	TTLOUT	TTL 电平输出端口	只有 TTL 电平输出端，幅度 3.5$V_{p\text{-}p}$
11	VCF	控制电压输入端	可以采用外加电压控制来获得所需要频率的各种波形
12	IN PUT	外测频输入端	
13	50 Hz OUT	测频方式	测频方式(内/外)
14	SPSS	单次脉冲开关	
15	OUT SPSS	单次脉冲输出端	

2. 低频信号发生器的使用

使用仪器之前，应结合面板文字符号及技术说明书对各开关旋钮的功能及使用方法进行仔细地分析了解。低频信号发生器的使用方法如下。

1)将仪器接入 220 V，50 Hz 交流电源，按下电源开关键(POWER)，通电预热数分钟。

2)按下所需选择波形的功能开关(FUNCTION)中的"～"键，输出信号即为正弦波信号。

3)当需要脉冲波和锯齿波时，按下并转动 RAMP/PULSE 开关，调节占空比。此时频率显示值/10，其他状态时关掉。

4)当需小信号输出时，按入衰减器。

5)调节幅度至需要的输出幅度。

6)调节直流电平偏移至需要设置的电平值，其他状态时关掉、直流电平将为零。

7)当需要 TTL 信号时，从脉冲输出端输出，此电平将不用功能开关改变。

8)VCF：把控制电压从 VCF 端输入，则接出信号频率将随输入电压值而变化。

3. 使用注意事项

1)把仪器接入 AC 电源之前，应检查 AC 电源是否和仪器所需的电源电压相适应。

2)仪器需预热 10 min 后方可使用。

3)不要将大于 10 V 的电压加至输出端和脉冲端。

4)不要将超过 10 V 的电压加至 VCF 端。

【任务巩固】

1. 交流电的周期是指________________，用符号________表示，其单位为________；交流电的频率是指________________，用符号________表示，其单位为________。它们的关系是________。

2. 我国动力和照明用电的标准频率为________，习惯上称为工频，其周期是________ s，角频率是________ rad/s。

3. 正弦交流电的三要素是________、________和________。

4. 有效值与最大值之间的关系为________，有效值与平均值之间的关系为________。在交流电路中通常用________进行计算。

5. 已知一正弦交流电流 $i=\sin(314t-\pi/4)$A，则该交流电的最大值为________ A，有效值为________ A，频率为________ Hz，周期为________ s，初相位为________。

任务3 正弦交流电表示法的应用

【任务目标】

1. 掌握正弦量的解析式、波形图、相量图的表示方法及其之间的关系。
2. 会应用这三种方法解决实际问题。

【任务准备】

一、资料准备

笔、作业本等与本任务相关的教学资料。

二、知识准备

从前面的分析知道，有了正弦量的三要素，就可以很方便地用两种方法来表示正弦量，一种是写出正弦量随时间变化的数学表达式即写出这个正弦量的解析式，这是正弦量的基本表示法。它完整地表达了正弦量的变化规律和特征。另一种是用波形图来表示正弦量，它很形象、直观。前两种方法已在前面介绍过，这里只做简要归纳。在研究交流电路时，我们经常用到相量图，因此，我们重点介绍正弦交流电的相量图表示法。

(一)解析式表示法

用三角函数式表示正弦交流电随时间变化的关系，这种方法叫解析法。正弦交流电的电动势、电压和电流的解析式分别为

$$e = E_{m}\sin(\omega t + \varphi_0) \tag{2-20}$$

$$u = U_{m}\sin(\omega t + \varphi_0) \tag{2-21}$$

$$i = I_{m}\sin(\omega t + \varphi_0) \tag{2-22}$$

只要给出时间 t 的数值，就可以求出该时刻 e、u、i 相应的值。

(二)波形图表示法

在平面直角坐标系中，将时间 t 或角度 ωt 作为横坐标，与之对应的 e，u，i 的值作为纵坐标，作出 e，u，i 随时间 t 或角度 ωt 变化的曲线，这种方法叫图像法，这种曲线叫交流电的波形图，它的优点是可以直观地看出交流电的变化规律。

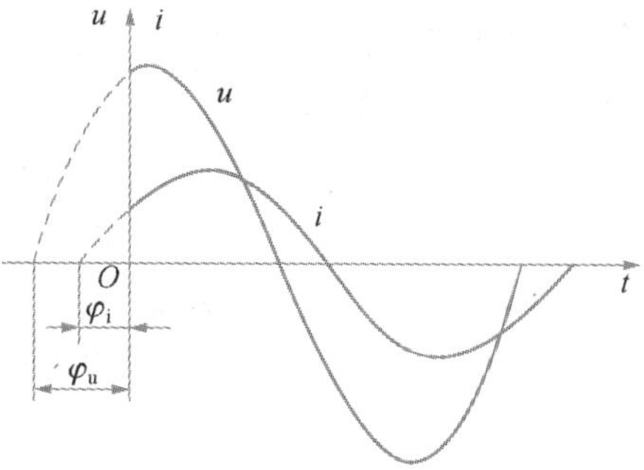

图 2-46 正弦交流电的波形图表示法

(三)旋转矢量表示法

常用的正弦交流电的表示方法有解析式表示法、波形图表示法和旋转矢量表示法。无论采用何种表示方法，都必须将正弦交流电的三要素表示出来。在交流电路中，为了简化分析计算，常用旋转矢量表示法。

如图 2-47(a)所示在平面直角坐标系中，以坐标原点 0 为端点做一条有向线段，线段的长度等于正弦交流电的最大值 I_{m}，它的起始位置与 x 轴正方向的夹角为正弦交流电的初相角 φ_0，以正弦交流电的角频率 ω 为角速度，绕原点 O 以逆时针方向匀速旋转。这样，旋转矢量在任意一瞬间与横坐标的夹角等于 $\omega t+\varphi_0$，其在纵坐标上的投影即等于该时刻正弦交流电的瞬时值。

图 2-47(b)为旋转矢量所表示的正弦交流电的波形图，可见旋转矢量和波形图有一一对应的关系，即旋转矢量可以完全反映交流电的三要素。

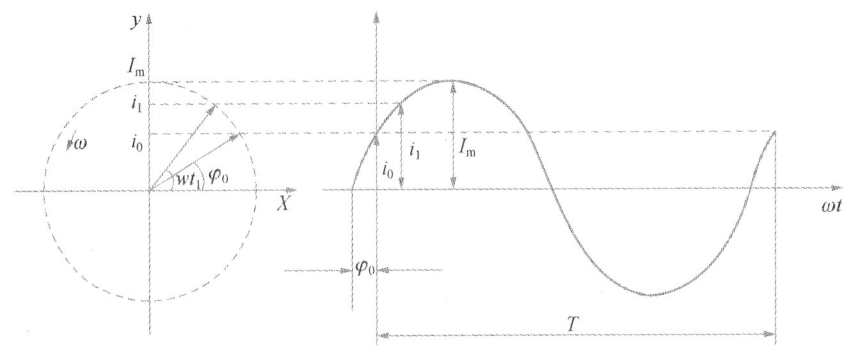

图 2-47 旋转矢量图表示法

旋转矢量用大写英文字母头上加点表示，若有向线段的长度等于正弦交流电的最大值，则称为最大值矢量，用 $\dot{I}_m$、$\dot{U}_m$、$\dot{E}_m$ 来表示。若有向线段的长度等于正弦交流电的有效值，则称为有效值矢量，用 $\overset{g}{E}$、$\overset{g}{U}$、$\overset{g}{I}$ 来表示。为了使矢量的表示更加简洁，关系更加明确，坐标可以不画出，如图 2-48 所示。

区别于一般的空间矢量，正弦交流电表示的这种矢量关系也称为相量。

例题 2.5 将正弦交流电 $u=10\sqrt{2}\sin(314t+45°)$ V 和 $i=5\sqrt{2}\sin(314t-60°)$ A 用有效值矢量表示。

解：$U=10$ V，$I=5$ A，$\varphi_u=45°$，$\varphi_i=-60°$。有效值矢量如图 2-49 所示。

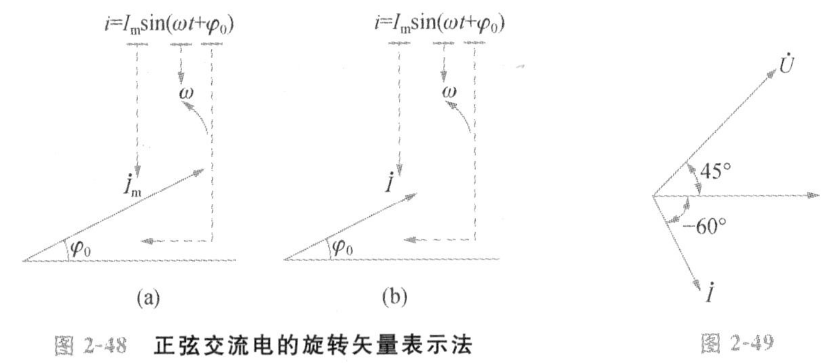

图 2-48 正弦交流电的旋转矢量表示法

(a)最大值矢量 (b)有效值矢量

图 2-49

同频率正弦交流电相加的矢量运算

同频率的正弦交流量相加，其和仍为同频率正弦交流量。它们的运算可以按平行四边形法则进行。步骤为

(1)作基准线 x 轴(基准线通常省略不画)，确定比例单位；

(2)作出正弦交流电相对应的旋转矢量；

(3)根据矢量的平行四边形法则作图；

(4)根据得到的和矢量的长度及和矢量与 x 轴的夹角就是所得正弦量的最大值(或有效值)和初相角 φ_0；写出表达式。

【任务实施】

1. 将正弦交流电 $u=10\sqrt{2}\sin(314t+45°)$ V 和 $i=5\sqrt{2}\sin(314t-60°)$ A 用有效值矢量表示。

2. 已知 $i_1=4\sqrt{2}\sin(314t+30°)$ A，$i_2=3\sqrt{2}\sin(314t+120°)$ A，求 $i=i_1+i_2$。

【任务拓展】

赫兹

德国物理学家(1857—1894)，生于汉堡。赫兹用实验证实了电磁波的存在，确认了电磁波是横波，具有与光类似的反射、折射、衍射等特性，同时证实了在直线传播时，电磁波的传播速度与光速相同，他还发现了光电效应。赫兹实验不仅证实麦克斯韦的电磁理论，更为无线电、电视和雷达的发展找到了途径。为了纪念他的功绩，人们用他的姓氏来命名各种波动频率的单位，简称“赫”。

【任务巩固】

一、填空题

1. 常用的表示正弦量的方法有________、________和________，它们都能将正弦量的三要素准确地表示出来。

2. 作相量图时，通常取________(顺、逆)时针转动的角度为正，同一相量图中，各正弦量的________应相同。

3. 用相量表示正弦交流电后，它们的加、减运算可按________法则进行。

二、选择题

1. 如图 2-50 所示相量图中，交流电压 U_1 和 U_2 的相位关系是(　　)。

A. U_1 比 U_2 超前 75°

B. U_1 比 U_2 滞后 75°

C. U_1 比 U_2 超前 30°

D. 无法确定

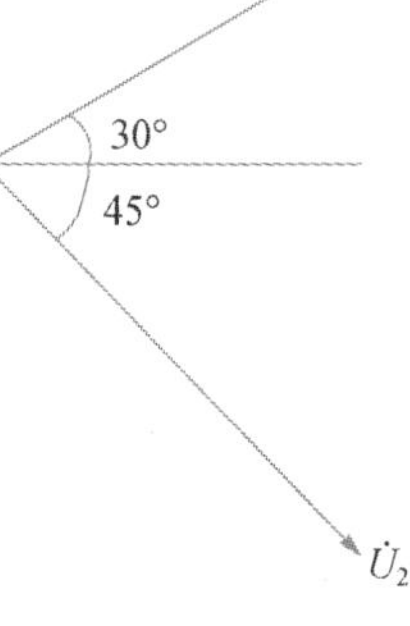

图 2-50

2. 同一相量图中的两个正弦交流电，(　　)必须相同。

A. 有效值　　B. 初相　　C. 频率

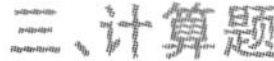

三、计算题

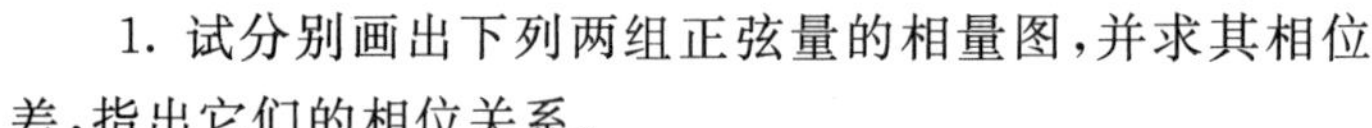

1. 试分别画出下列两组正弦量的相量图，并求其相位差，指出它们的相位关系。

(1) $u_1 = 20\sin(314t + \pi/6)\text{V}$，$u_2 = 40\sin(314t - \pi/3)\text{V}$

(2) $i_1 = 4\sin(314t + \pi/2)\text{A}$，$i_2 = 8\sin(314t - \pi/2)\text{A}$

2. 已知正弦交流电流 $i_1 = 3\sqrt{2}\sin(100\pi t + \pi/6)\text{A}$，$i_2 = 4\sqrt{2}\sin(100\pi t - \pi/3)\text{A}$，在同一坐标上画出其相量图，并计算 $i_1 + i_2$ 和 $i_1 - i_2$。

项目三 三相正弦交流电路的应用

【项目描述】

目前,国内外的电力系统中,电能的生产、输送和分配几乎全都采用三相制,容量较大的动力用电设备也大多采用三相交流电。所谓三相制,是指由频率相同、幅值相等、相位互差120°的三个正弦电动势作为电源的供电体系。三相制比单相制在电能的产生、输送和应用上具有显著的优点:三相输电比单相输电节省有色金属材料;三相交流发电机比单相交流发电机性能好,经济效益高。三相交流电路是由三相交流电源和负载按照一定方式连接起来的。

本项目分为三相交流电源的认知与检测、三相负载联结的应用和三相交流电路功率的测试三个工作任务。

通过本项目的学习掌握了三相交流电电源的产生和三相负载的连接方法;能够能静三相交流电功率的测试;培养学生善于合作,知难而进,不怕困难的职业素质。

任务1 三相交流电源的测试

【任务目标】

1. 了解三相交流电源的产生原因,掌握三相电源的连接及特点。
2. 能够测试三相交流电源。

【任务准备】

一、资料准备

电工实训台、万用表和任务评价表等与本任务相关的教学资料。

二、知识准备

发电厂里的发电机所产生的交流电，既要为家庭提供220 V的交流电压，满足照明用电，还要为工厂提供380 V的交流电压，满足动力用电。这就要求三相交流电源以特定的发电方式向外供电。

(一)三相交流电动势的产生

三相交流电是由三相交流发电机产生的。图2-51为三相交流发电机的原理示意图。它的主要结构由转子和定子构成。转子是具有一对磁极的直流电磁铁，其磁极表面的磁场按正弦规律分布。定子铁芯中嵌有三个完全相同的线圈绕组，这三个绕组的首端在空间位置上彼此相隔120°，它们的末端在空间位置上也彼此相隔120°，三个绕组的始端分别用U_1、V_1、W_1表示，末端分别用U_2、V_2、W_2表示。

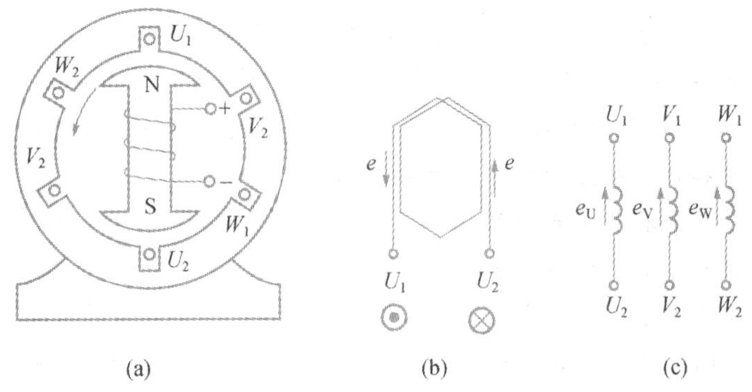

图2-51 三相交流发电机

(a)三相交流发电机示意图 (b)电枢绕组 (c)三相绕组及其电动势

当发电机的转子由原动机(水轮机、汽轮机和柴油机等)带动，以角速度ω逆时针转动时，三相定子绕组就会切割磁力线而感生电动势。由于磁场按正弦规律分布，因此感应出的电动势为正弦电动势，而三相绕组结构相同，切割磁力线的速度相同，位置互差120°，因此三相绕组感应出的电动势幅值相等，频率相同，相位互差120°。设各相电动势方向为由末端指向始端，如图2-51(b)并以e_U为参考量，则三个电动势的瞬时值表达式为

$$e_U = E_m \sin\omega t \tag{2-23}$$

$$e_V = E_m \sin(\omega t - 120°) \tag{2-24}$$

$$e_W = E_m \sin(\omega t - 240°) = E_m \sin(\omega t + 120°) \tag{2-25}$$

像这种最大值相等、频率相同、相位差120°的三个正弦电动势称为对称三相

电动势。

对称三相电动势波形图与相量图如图 2-52 所示。

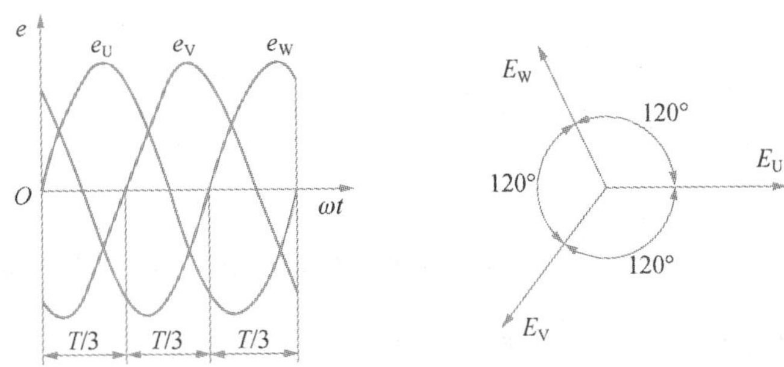

图 2-52　对称三相电动势波形图与相量图

由波形图可知，对称三相电动势在任一瞬间的代数和为零，由相量图可知，如果把三个电动势的相量加起来，相量和也为零，即

$$e_1+e_2+e_3=0 \tag{2-26}$$

三相交流电出现正幅值(或相应零值)的顺序称为相序，三相电动势到达正幅值的顺序为 e_U、e_V、e_W，其相序为 $U—V—W—U$，称为正序或顺序；若最大值出现的顺序为 $U—W—V—U$，恰好与正序相反，称为负序或逆序，工程上通用的是正序。工业上通常在交流发电机引出线及配电装置的三相母线上涂上了黄、绿、红三色，用以表示 U、V、W 三相。

(二)三相电源的连接

三相电源有星形(Y)和三角形(△)两种联结方式，以构成一定功能的供电体系向负载供电。

1. 星形联结

如图 2-53 所示，将三个电源的负极性端(三相绕组的末端)连接在一起，形成一个节点 N，称为中性点(零点)，再将三个正极性端(三相绕组的首端)U、V、W 分别引出三根输出线，称为相线(俗称火线)，就构成了三相电源的星形联结，称为三相三线制。

如果将中性点 N 也引出一根线，称为中线(零线)，与三根相线共同构成星形联结，则称为三相四线制。

在图 2-53 中，每相始端与末端间的电压，即相线与中线间的电压，称为相电压，其有效值分别用 U_U、U_V、U_W 表示，一般用 U_P 表示相电压。相线与相线间的电压称为线电压，其有效值分别用 U_{UV}、U_{VW}、U_{WU}表示，一般用 U_L 表示线电压。

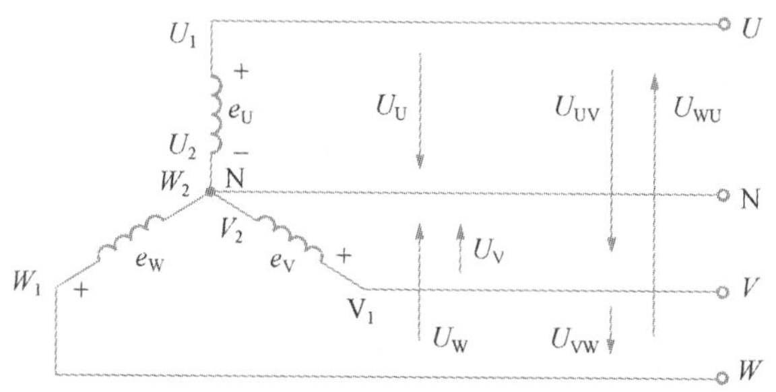

图 2-53 三相电源的星形联结

选定各相电压、线电压的参考方向如图 2-53 所示，根据 KVL，可得线电压与相电压的关系为

$$U_{UV}=U_U-U_V \quad U_{VW}=U_V-U_W \quad U_{WU}=U_W-U_U \tag{2-27}$$

相电压和线电压的相量图如图 2-54 所示，由相量图可知，由于相电压是对称的，所以线电压也是对称的。线电压在相位上超前相应两个相电压中的先行相 30°，线电压的有效值(幅值)是相电压的有效值(幅值)的$\sqrt{3}$倍，记作

$$U_L=\sqrt{3}U_P \tag{2-28}$$

可见，采用三相四线制，可供给用户两种不同的电压，这种联结常用于低压供电系统中，其相电压为 220 V，线电压为 380 V。在三相供电线路中，电源的额定电压一般都是指的线电压的有效值。

2. 三角形联结

如图 2-55 所示，将三相电源的正负极(三相绕组的首末端)依次相连接，再从三个联结点引出三根相线，这就是三相电源的三角形联结。

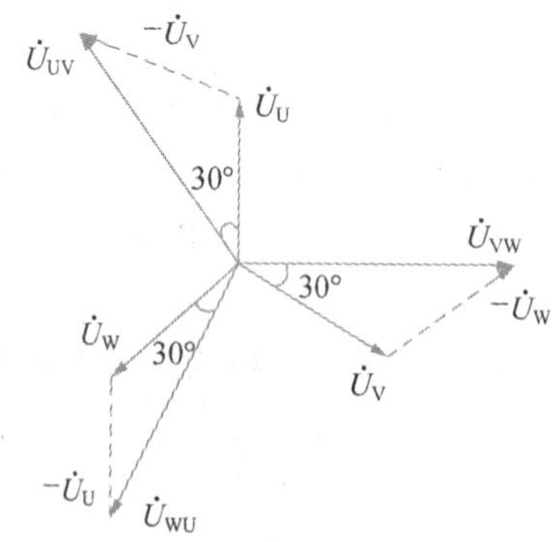

图 2-54 三相电源星形联结的相量图

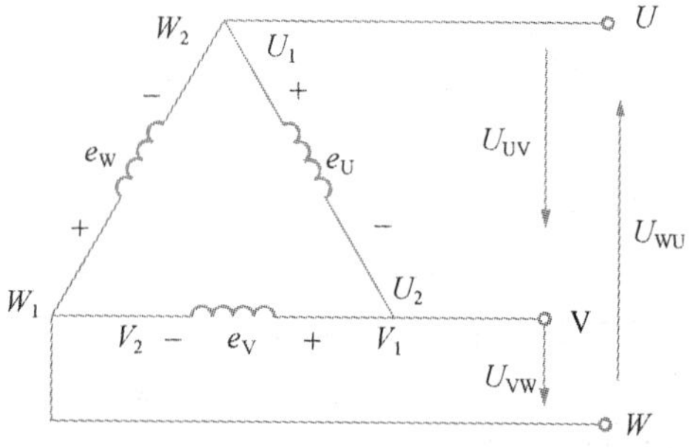

图 2-55 三相电源的三角形联结

三相电源作三角形联结时，线电压等于相电压，即

$$U_L = U_P \tag{2-29}$$

这种联结电源只能向负载提供一种电压，在实际中很少使用。

【任务实施】

三相正弦交流电源的测试

1. 测试相线与中线之间的电压，即相电压，将测试数据填入表 2-8 中。

表 2-8　相电压测量结果

相电压	U_{AN}	U_{BN}	U_{CN}
测量值			

2. 测试相线与相线之间的电压，即线电压，将测试数据填入表 2-9 中。

表 2-9　线电压测试结果

线电压	U_{AB}	U_{BC}	U_{CA}
测量值			

3. 计算 U_{AB} 与 U_{AN} 的数值关系等，并填入表 2-10 中。

表 2-10　线电压与相电压之间的数量关系计算

计算内容	计算值
U_{AB} 与 U_{AN} 的数值关系	
U_{BC} 与 U_{BN} 的数值关系	
U_{CA} 与 U_{CN} 的数值关系	

【任务拓展】

高压输电

从发电站发出的电能，一般都要通过输电线路送到各个用电地方。根据输送电能距离的远近，采用不同的高电压。从我国现在的电力情况来看，送电距离在 200～300 km 时采用 220 kV 的电压输电；在 100 km 左右时采用 110 kV；50 km 左右采用 35 kV；在 15～20 km 时采用 10 kV，有的则用 6 600 V。输电电压在

110 kV 以上的线路，称为超高压输电线路。在远距离送电时，我国还有 500 kV 的超高压输电线路。

1. 高压输电

为什么要采用高压输电呢？这要从输电线路上损耗的电功率谈起，当电流通过导线时，就会有一部分电能变为热能而损耗掉了。我国目前普遍采用的三相三线制交流输电线路上损耗的电功率为从减少输电线路上的电功率损耗和节省输电导线所用材料两个方面来说，远距离输送电能要采用高电压或超高电压。

高压输电能减少电功率的损耗，但从发电方面来看，发电机不能产生 220 千伏那样的高电压，因为发电机要产生那么高的电压，从它的用材，结构以及安全运行生产等方面都有几乎无法克服的困难。从用电方面看，绝大多数的用电设备也不能在高电压下运行。这就决定了从发电、输电到用电要用到一系列电力变压器来升高或降低电压。

2. 特高压输电

特高压输电技术是指电压等级在 750 kV 交流和±500 kV 直流之上的更高一级电压等级的输电技术，包括交流特高压输电技术和直流特高压输电技术两部分。

我国是电能的生产和使用大国，地域广阔，发电资源分布和经济发展极不平衡。全国可开发的水电资源近 2/3 在西部的四川、云南、西藏；煤炭保有量的 2/3 分布在山西、陕西、内蒙古。而全国 2/3 的用电负荷却分布在东部沿海和京广铁路沿线以东的经济发达地区。西部能源供给基地与东部能源需求中心之间的距离将达到 2 000～3 000 km。

建设特高压电网，可以适应东西部远距离、大容量电力输送需求，促进煤电就地转化和水电大规模开发，实现跨地区、跨流域的水电与火电互济，将清洁的电能从西部和北部大规模输送到中、东部地区，满足我国经济快速发展对电力的需求。

【任务巩固】

一、填空题

1. 三相交流电源是三个大小________、频率________而相位互差________的单相交流电源按一定方式的组合。

2. 由三根________线和一根________性线所组成的供电线路，称为三相四线制电网。三相电动势到达最大值的先后次序称为________。

3. 三相四线制供电系统可输出两种电压供用户选择，即________电压和________电压。这两种电压的数值关系是________，相位关系是________。

4. 如果对称三相交流电源的 U 相电动势 $e_U = E_M\sin(314t + \pi/6)$ V，那么其余两相电动势分别为 $e_V =$ ________ V，$e_W =$ ________ V。

二、判断题

1. 一个三相四线制供电线路中，若相电压为 220 V，则电路线电压为 311 V。(　　)

2. 三相负载越接近对称，中线电流就越小。(　　)

3. 两根相线之间的电压叫相电压。(　　)

4. 三相交流电源是由频率、有效值、相位都相同的三个单个交流电源按一定方式组合起来的。(　　)

三、选择题

1. 三相交流电相序 U-V-W-U 属(　　)。

A. 正序　　B. 负序　　C. 零序

2. 某三相对称电源电压为 380 V，则其线电压的最大值为(　　)V。

A. $380\sqrt{2}$　　B. $380\sqrt{3}$　　C. $380\sqrt{6}$　　D. $380\sqrt{2}/\sqrt{3}$

3. 已知在对称三相电压中，V 相电压为 $U_V = 220\sqrt{2}\sin(314t + \pi)$ V，则 U 相和 W 相电压为(　　)V。

A. $U_U = 220\sqrt{2}\sin(314t + \pi/3)$　$U_W = 220\sqrt{2}\sin(314t - \pi/3)$

B. $U_U = 220\sqrt{2}\sin(314t - \pi/3)$　$U_W = 220\sqrt{2}\sin(314t + \pi/3)$

C. $U_U = 220\sqrt{2}\sin(314t + 2\pi/3)$　$U_W = 220\sqrt{2}\sin(314t - 2\pi/3)$

4. 在如图 2-56 所示三相四线制电源中，用电压表测量电源线的电压以确定零线，测量结果 $U_{12} = 380$ V，$U_{23} = 220$ V，则(　　)。

A. 2 号为零线　　B. 3 号为零线　　C. 4 号为零线

1 ————
2 ————
3 ————
4 ————

图 2-56

5. 已知某三相发电机绕组连接成星形时的相电压 $U_U = 220\sqrt{2}\sin(314t + 30°)$ V，$U_V = 220\sqrt{2}\sin(314t - 90°)$ V，$U_W = 220\sqrt{2}\sin(314t + 150°)$ V，则当 $t = 10$ s 时，它们之和为(　　)V。

A. 380　　B. 0　　C. $380\sqrt{2}$　　D. $380\sqrt{2}/\sqrt{3}$

四、问答与计算题

1. 如果给你一个验电笔或者一个量程为 500 V 的交流电压表，你能确定三相四线制供电线路中的相线和中线吗？试说出所用方法。

2. 发电机的三相绕组接成星形，设其中某两根相线之间的电压 $U_{UV}=380\sqrt{2}\sin(\omega t-30^{\circ})$V，试写出所有相电压和线电压的解析式。

任务2 三相负载联结的应用

【任务目标】

1. 掌握三相负载的星形连接和三角形连接的特点及计算。了解两种供电方式。
2. 学会应用三相负载的星形、三角形连接解决实际问题。

【任务准备】

一、资料准备

电工试验台、三相四线制电路；任务评价表等与本任务相关的教学资料。

二、知识准备

与三相电源一样，三相负载的连接方式也有星形(Y)和三角形(△)两种。

三相电源一般是对称的。负载接入电源时要遵循两个原则：电源电压应与负载的额定电压一致；全部负载要均匀的分配给三相电源。

分析三相电路和分析单相电路一样，要先画出电路图，标出电压、电流的参考方向，再根据欧姆定律和基尔霍夫定律求出电压、电流之间的关系。

(一)负载的星形联结

负载星形联结的三相四线制电路如图2-57所示。图中三相负载 Z_u、Z_v、Z_w 分别接于电源各端线与中线之间，三相负载的公共点用 N′表示，称为负载中点。N′与电流中点 N 的联线称为中线。

负载星形联结时，电路有以下基本关系：

(1)如果忽略中线阻抗($Z_N=0$)和相线阻抗($Z_L=0$)时，负载的相(线)电压等于电源的相(线)电压，即

$$U_U=U_u \quad U_V=U_v \quad U_W=U_w \tag{2-31}$$

$$U_{UV}=U_{uv} \quad U_{VW}=U_{vw} \quad U_{WU}=U_{wu} \tag{2-32}$$

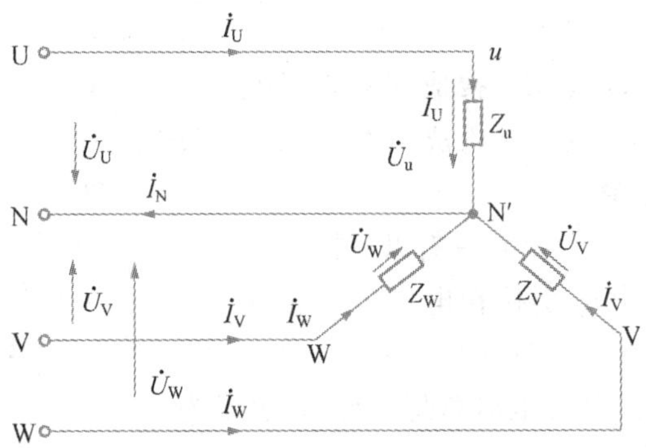

图 2-57　**负载的星形联结**

线电压的有效值 U_L 是相电压有效值 U_P 的$\sqrt{3}$倍，相位超前相应相电压 30°。

(2)流经各相负载的电流 I_u、I_v、I_w 称为相电流，每条相线中的电流 I_U、I_V、I_W 称为线电流，显然各线电流等于各相电流，即

$$I_U = I_u \quad I_V = I_v \quad I_W = I_w \tag{2-33}$$

若用 I_L 表示线电流，I_P 表示相电流，则 $I_L = I_P$

如果三相负载对称，则 $I_U + I_V + I_W = 0$。由于中线无电流，故可将中线去掉，成为三相三线制电路系统。这种系统在工业生产中应用较多。

如果三相负载不对称，则中线将会有电流通过，此时不能去掉中线，否则会造成三相负载上的电压严重不对称，使用电设备不能正常工作。所以三相四线制供电系统中，中性线是不允许接入开关或熔丝的。

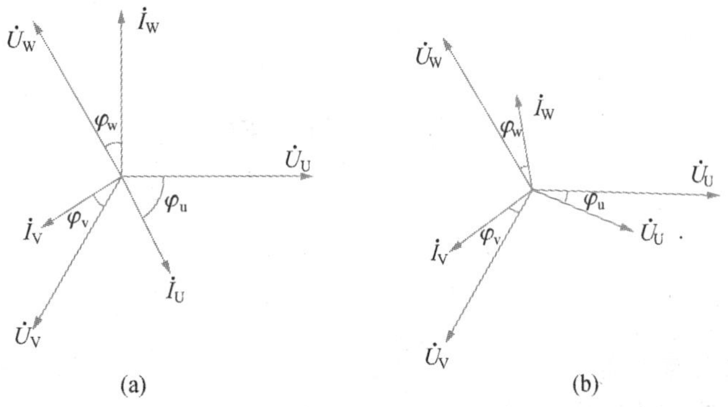

图 2-58　**负载星形联结时的相量图**

(a)三相负载不对称　(b)三相负载对称

(二)负载的三角形联结

将三相负载 Z_{uv}、Z_{vw}、Z_{wu} 接成三角形后与电源相连，如图 2-59 所示，就构成负载三角形联结的三相三线制电路。

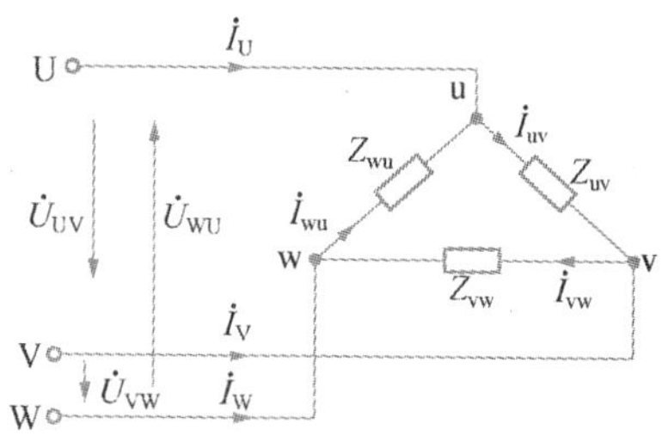

图 2-59 负载的三角形联结

负载作三角形联结时，电路具有以下特点：

(1)由于各相负载分别接在电源的两根端线之间，所以负载的相电压等于电源的线电压。即无论负载对称与否，其相电压总是对称的，表示为

$$U_{UV}=U_{uv}\quad U_{VW}=U_{vw}\quad U_{WU}=U_{wu} \tag{2-33}$$

有效值关系为 $U_P=U_L$

(2)如果负载对称，则流过对称三相负载的电流也是对称的，且相位互差 120°。如果三相负载对称，则负载的线电流也是对称的。由图 2-60 可得：线电流的有效值 I_L 是相电流的有效值 I_P 的$\sqrt{3}$倍。相位滞后于相应的相电流 30°。

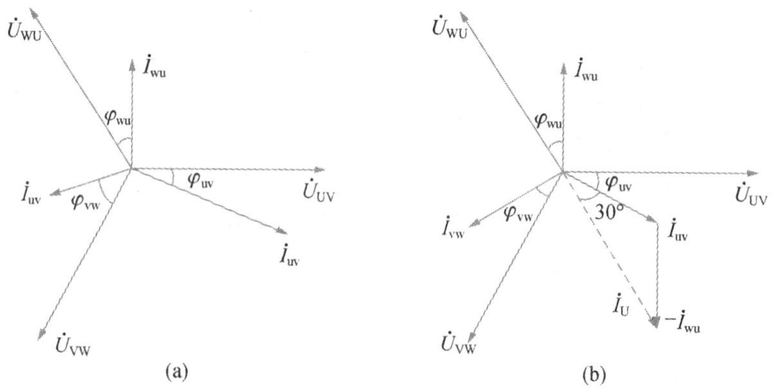

图 2-60 负载三角形联结时的相量图

(a)负载不对称 (b)负载对称

【任务实施】

一、对称负载电路安装与检测

1. 识读电气原理图

电气原理图如图 2-61 所示。

2. 安装接线

在配电盘上模拟接线。

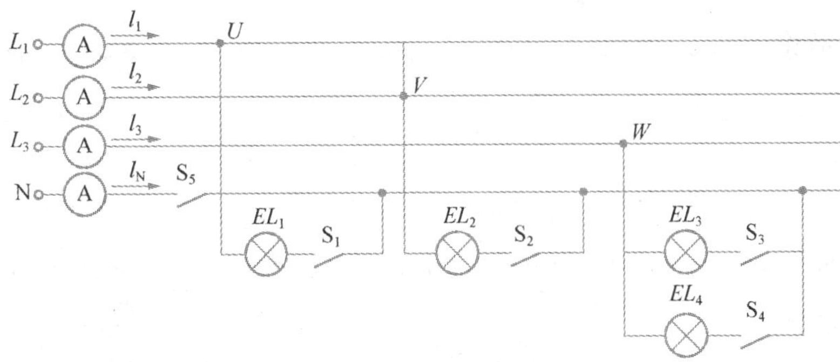

图 2-61　三相照明电路图

3. 通电检验

检查无误后，经过指导教师同意方可通电试验。

4. 测量与分析

开关 S_4 断开，闭合其余开关，通电前认真检查负载灯泡，使各相负载所用灯泡功率一致。测量相电压、线电流、中性线电流，将测量结果记入表 2-11 中。若所用的万用表没有交流电流档可用钳形电流表来测。

表 2-11　三相对称负载电路测量结果

项目 状态	相电压			线电流			中性线电流
	U_{UN}	U_{VN}	U_{WN}	I_1	I_2	I_3	I_N
有中性线							
无中性线							

二、不对称负载电路测量

将所有开关闭合，电路中三相负载不再对称，再次测量相电压、线电流、中性线电流，记入表 2-12 中，与对称负载情况对比，分析所得数据，说明中性线的作用。

表 2-12　三相不对称负载电路测量结果

项目 状态	相电压			线电流			中性线电流
	U_{UN}	U_{VN}	U_{WN}	I_1	I_2	I_3	I_N
有中性线							
无中性线							

【任务拓展】

为什么交流电源是正弦波？

因为切割磁感线的导线圈的有效面积的变化率符合正弦曲线，这就决定了交流电源是正弦波。为什么我国采用 50 Hz 交流电？50 Hz 或 60 Hz(美国、日本等国家采用)也是在考虑综合成本的情况下确定的，频率太低，电力转换成动力的效率就会太低，频率太高，变压设备的损耗会增加以及远程输电的功率因数会下降。50 Hz 的两极发电机的同步转速是 3 000 r/min，而如果频率上升一倍达到 100 Hz，那么同步转速将会是 6 000 r/min。如此高的速度将会给发电机的制造带来很多问题，特别是转子表面的线速度太高，必将大大限制容量的增加。另外，从使用角度看，频率过高，使得电抗增加，电磁损耗大，加剧了无功的数量。譬如以三相电机为例，其电流大大下降，输出功率及转矩也大大下降，实在没有益处。另外，如果采用较低的频率譬如 30 Hz，变压效率低，那么将不利于交流电的变压和传输。交流电在中国以 220 V 50 Hz 接入送电，它的 50 Hz 频率，可以使用普通的工频变压器进行变压，比较方便，而直流电想变压，则需要用开关电源，而开关电源相当贵，所以对于电网公司来说，投入太大了。

但是，为什么超高压，比如远距离送电，跨省的这些，都是直流输送？因为直流输送可以更加高效地利用导线的有效面积，主要是交流电存在感抗而影响效率的。但直流送电一般只用在远距离，比如西电东送，这样总体上看可以更加节约成本，但是两端需要建设整流设备以及逆变设备将交流变为直流以及将直流变为交流并网。所以如果是短距离传输，则成本太高了，适合长距离传输或者作为非同步联网背靠背直流输电。

【任务巩固】

1. 三相对称负载三角形电路中，线电压与相电压________。

2. 三相对称负载三角形电路中，线电流大小为相电流大小的________倍、线电流比相应的相电流________。

3. 当三相负载越接近对称时，中线电流就越接近为________。

4. 在对称三相电路中，已知电源线电压有效值为 380 V，若负载作星形联结，负载相电压为________；若负载作三角形联结，负载相电压为________。

5. 负载的连接方法有________和________两种。

6. 在三相四线制供电线路中，中线上不许接________、________。

任务3　三相交流电路功率的测试

【任务目标】

1. 掌握三相电路功率的计算方法。
2. 会计算三相电路的功率。

【任务准备】

一、资料准备

电工电路综合实训台、交流电压表、交流电流表、数字万用表；任务评价表等与本任务相关的教学资料。

二、知识准备

在三相交流电路中，无论负载采取什么样的连接方式，三相负载消耗的总功率都等于各相负载消耗功率之和。即

$$P = P_U + P_V + P_W \tag{2-34}$$

每相负载所消耗的功率，可以利用在单相正弦交流电路中学过的方法计算。

负载作星形联结时的总功率为

$$P = U_U I_U \cos\varphi_U + U_V I_V \cos\varphi_V + U_W I_W \cos\varphi_W \tag{2-35}$$

负载作三角形联结时的总功率为

$$P = U_{UV} I_{UV} \cos\varphi_U + U_{VW} I_{VW} \cos\varphi_V + U_{WU} I_{WU} \cos\varphi_W \tag{2-36}$$

在对称三相电路中,负载星形联结时：

$$U_U = U_V = U_W = U_P \quad I_U = I_V = I_W = I_P \quad \varphi_U = \varphi_V = \varphi_W = \varphi \tag{2-37}$$

负载三角形联结时：

$$U_{UV} = U_{VW} = U_{WU} = U_P \quad I_{UV} = I_{VW} = I_{WU} = I_P \quad \varphi_U = \varphi_V = \varphi_W = \varphi \tag{2-38}$$

因此,对称三相电路的总功率为

$$P = 3U_P I_P \cos\varphi \tag{2-39}$$

式中 U_P——负载的相电压(V)；

I_P——负载的相电流(A)；

φ——相电压与相电流之间的相位差；

P——三相负载的有功功率(W)。

对于三相电路,测量线电压和线电流往往比测量相电压或相电流方便。因此三相电路的总功率常用线电压和线电流来表示。

因为,负载为对称星形联结时有

$$U_L = \sqrt{3}U_P, I_L = I_P \tag{2-40}$$

负载为对称三角形联结时有

$$U_L = U_P, I_L = \sqrt{3} I_P \tag{2-41}$$

所以,对称负载不论怎样联结,总有功功率为

$$P = \sqrt{3}U_L I_L \cos\varphi \tag{2-42}$$

式中,φ 为相电压和相电流之间的相位差角。

同理,三相电路总的无功功率为

$$Q = 3U_P I_P \sin\varphi = \sqrt{3}U_L I_L \sin\varphi \tag{2-43}$$

三相电路总的视在功率为

$$S = \sqrt{P^2 + Q^2} = 3U_P I_P = \sqrt{3}U_L I_L \tag{2-44}$$

例题 2.6 对称三相电阻炉作三角形连接,每相电阻为 38 Ω,接于线电压为 380 V 的对称三相电源上,试求负载相电流 I_P、线电流 I_L 和三相有功功率 P。

解:由于三角形联接时 $U_L = U_P$

所以
$$I_P=\frac{U_P}{R_P}=\frac{380}{38}=10(\text{A})$$

$$I_L=\sqrt{3}I_P=\sqrt{3}\times 10=17.32(\text{A})$$

$$P=\sqrt{3}U_L I_L=\sqrt{3}\times 380\times 17.32=1\ 140(\text{W})$$

【任务实施】

三相负载的 Y 形联接功率的测试

一、三相负载对称电路的测试

1. 按如图 2-62 所示电路，进行电路安装。每相负载为交流照明灯泡(12 V/20 W)，交流电源的相电压为 12 V，频率为 50 Hz。

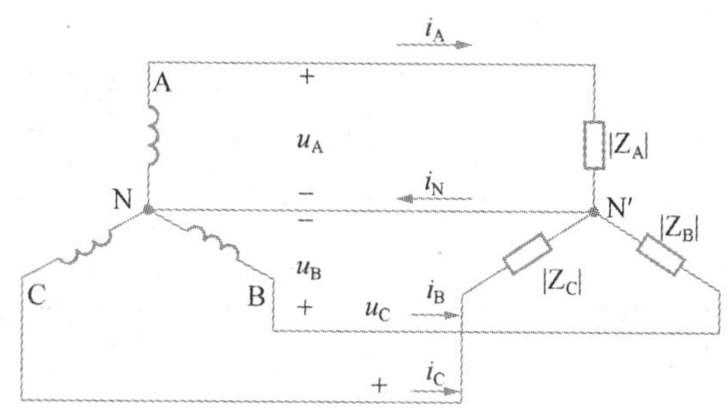

图 2-62　测试电路

2. 测试每相的相电压及线电压，将测试数据填入表 2-13 中。
3. 测试每相的相电流及线电流，将测试数据填入表 2-13 中。
4. 测试中线电流，将测试数据填入表 2-13 中。

表 2-13　测量结果

相电压/V		线电压/V		相电流/A		线电流/A	
U_A		U_{AB}		I_A		I_{AB}	
U_B		U_{BC}		I_B		I_{BC}	
U_C		U_{CA}		I_C		I_{CA}	
中线电流							

5. 计算阻抗及三相功率，将计算结果填入表 2-14 中。

表 2-14 **计算结果**

阻抗/Ω		视在功率/VA		有功功率/W		无功功率/Var	
Z_A		S_A		P_A		Q_A	
Z_B		S_B		P_B		Q_B	
Z_C		S_C		P_C		Q_C	
三相功率		S		P		Q	

二、三相负载不对称电路的测试

1. 按如图所示电路，进行电路安装。三相负载为电阻性负载，其中 A 相为一个灯泡(12 V/20 W)、B 相为二个灯泡串联、C 相为三个灯泡串联，交流电源的相电压为 12 V，频率为 50 Hz。

2. 测试每相的相电压及线电压，将测试数据填入表 2-15 中。

3. 测试每相的相电流及线电流，将测试数据填入表 2-15 中。

4. 测试中线电流，将测试数据填入表 2-15 中。

表 2-15 **测量结果**

相电压/V		线电压/V		相电流/A		线电流/A	
U_A		U_{AB}		I_A		I_{AB}	
U_B		U_{BC}		I_B		I_{BC}	
U_C		U_{CA}		I_C		I_{CA}	
中线电流							

5. 计算阻抗及三相功率，将计算结果填入表 2-16 中。

表 2-16 **计算结果**

阻抗/Ω		视在功率/VA		有功功率/W		无功功率/Var	
Z_A		S_A		P_A		Q_A	
Z_B		S_B		P_B		Q_B	
Z_C		S_C		P_C		Q_C	
三相功率		S		P		Q	

【任务拓展】

某家庭室内配线专用分支电路

家庭用电都是经过根据需要分支，从各个支路的配线用断路器向插座、开关、照明灯具及其他负荷配电。图 2-63 即为某家庭室内配线专用分支电路，从配电盘处分了四路供电，即照明、普通插座、厨房专用插座和柜式空调等大电器专用电路。

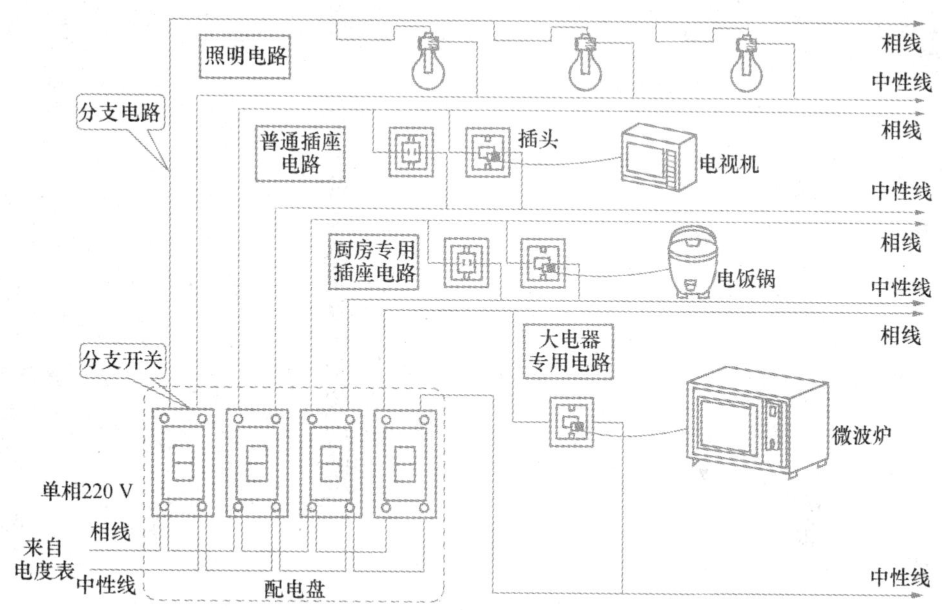

图 2-63　某家庭室内配线专用分支电路

【任务巩固】

有一对称三相负载，每相的电阻为 6 Ω，电抗为 8 Ω，电源线电压为 380 V，试计算负载星行联结和三角形联结时的有功功率。

模块三　农村常用电器的检修

本模块是本教材的重点内容，共分四个项目，项目一介绍了电器设备变压器的结构、原理及故障检修；项目二介绍电动机和发电机的诊断与排故；项目三介绍了电器元件电容的基本知识和检测方法；项目四介绍了电器元件电感的识别、选用和简易制作。

项目一　变压器的检修

项目二　电动机与发电机的检修

项目三　电容器的选用与检测

项目四　电感器的制作与检测

项目一　变压器的检修

【项目描述】

发电厂的电能要输送出去，采用的是高压输电以减少电能的损耗，而终端用户的用电设备的电压一般为 10 kV 或 380(220)V，要完成这一功能就需要一个重要的电器设备——变压器。同样在各种电子产品、电器设备中变压器也是一种重要的器件，变压器的使用和维护是我们必须掌握的一项技能。

变压器主要构件是初级线圈、次级线圈和铁芯(磁芯)；变压器主要功能有：电压转换、电流转换、阻抗变换等；变压器的分类：按电源相数分为单相和三相变压器，按冷却方式分为干式和油浸式变压器，按铁芯或线圈结构分为芯式、壳式和环式变压器，按用途分为电源、调压、中频、高频变压器等。

本项目分为变压器的认知与检测、变压器同名端的判定、小型变压器的故障与修理和认知农村常用变压器 4 个工作任务。

通过本项目学会变压器的一些基本知识，包括变压器的构造与分类、变压器的工作原理；掌握小型变压器的简单检测和典型故障的处理方法、小型变压器绕组绕制与铁芯装配工艺；培养学生规范操作、小组协作的职业素养，提高自主学习和独立分析问题的能力。

任务 1　认知变压器

【任务目标】

1. 掌握变压器的结构特点。
2. 能够对小型变压器进行检测。

【任务准备】

一、资料准备

小型双绕组变压器 1 个、兆欧表 1 只、数字式或指针式万用表 1 块、任务评价表等与任务相关的教学资料。

二、知识准备

变压器主要由铁芯、绕组和附件构成。

(一)铁芯

铁芯构成变压器磁路系统,并作为变压器的机械骨架。

铁芯由铁芯柱和铁轭两部分组成,铁芯柱上套装变压器绕组,铁轭起连接铁芯柱使磁路闭合的作用。对铁芯的要求是导磁性能要好,磁滞损耗及涡流损耗要尽量小,因此均采用 0.35 mm 厚的硅钢片制作。目前国产硅钢片有热轧硅钢片、冷轧无取向硅钢片、冷轧晶粒取向硅钢片。20 世纪 60～70 年代我国生产的电力变压器主要用热轧硅钢片,由于其铁损耗较大,导磁性能相应地比较差,且铁芯叠装系数低(因硅钢片两面均涂有绝缘漆),现已不用。目前国产低损耗节能变压器均用冷轧晶粒取向硅钢片,其铁损耗低,且铁芯叠装系数高(因硅钢片表面有氧化膜绝缘,不必再涂绝缘漆)。

根据变压器铁芯的结构形式可分为心式变压器和壳式变压器两大类。心式变压器是在两侧的铁芯柱上放置绕组,形成绕组包围铁芯的形式,如图 3-1(a)所示。壳式变压器则是在中间的铁芯柱上放置绕组,形成铁芯包围绕组的形状,如图 3-1(b)所示。

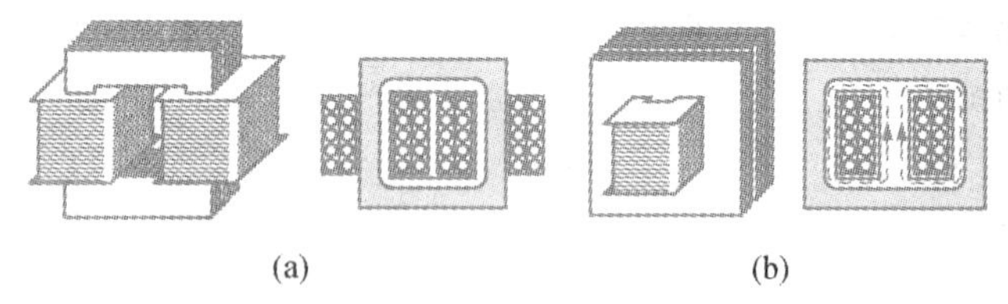

(a) (b)

图 3-1 心式和壳式变压器

(二)绕组(线圈)

变压器的线圈通常称为绕组,它是变压器中的电路部分,小型变压器一般用具有绝缘的漆包圆铜线绕制而成,对容量稍大的变压器则用扁铜线或扁铝线绕制。

在变压器中,接到高压电网的绕组称高压绕组,接到低压电网的绕组称低压绕组。按高压绕组和低压绕组的相互位置和形状不同，绕组可分为同心式和交叠式两种。

1.同心式绕组

同心式绕组是将高、低压绕组同心地套装在铁芯柱上，如图 3-2(a)所示。为了便于与铁芯绝缘，把低压绕组套装在里面，高压绕组套装在外面。对低压大电流大容量的变压器，由于低压绕组引出线很粗，也可以把它放在外面。高、低压绕组之间留有空隙，可作为油浸式变压器的油道，既利于绕组散热，又作为两绕组之间的绝缘。

同心式绕组按其绕制方法的不同又可分为圆筒式、螺旋式和连续式等多种。同心式绕组的结构简单、制造容易，常用于心式变压器中，这是一种最常见的绕组结构形式，国产电力变压器基本上均采用这种结构。

2.交叠式绕组

交叠式绕组又称饼式绕组，它是将高压绕组及低压绕组分成若干个线饼，沿着铁芯柱的高度交替排列着。为了便于绝缘，一般最上层和最下层安放低压绕组，如图 3-2(b)所示。这种安装方式比较牢固、引线也很方便，主要用在低电压、大电流的变压器上，如容量较大的电炉变压器、电阻电焊机(如点焊、滚焊和对焊电焊机)变压器等。

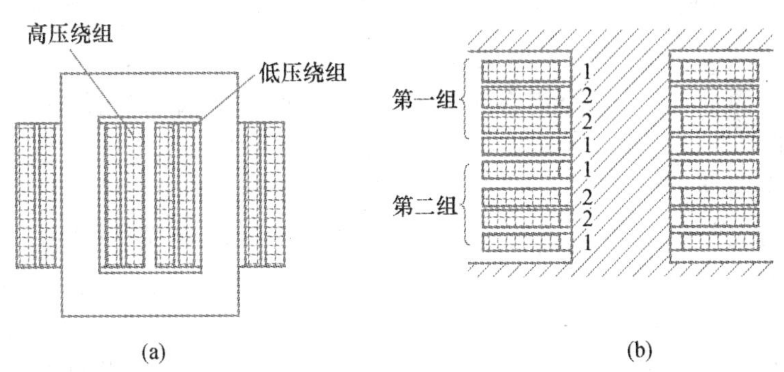

图 3-2 同心式和交叠式绕组

(a)同心式绕组 (b)交叠式绕组

(三)附件

小型变压器所用的附件主要有绝缘材料、屏蔽罩和绕组骨架等。

【任务实施】

小型变压器通电前的检测

一、识读变压器铭牌

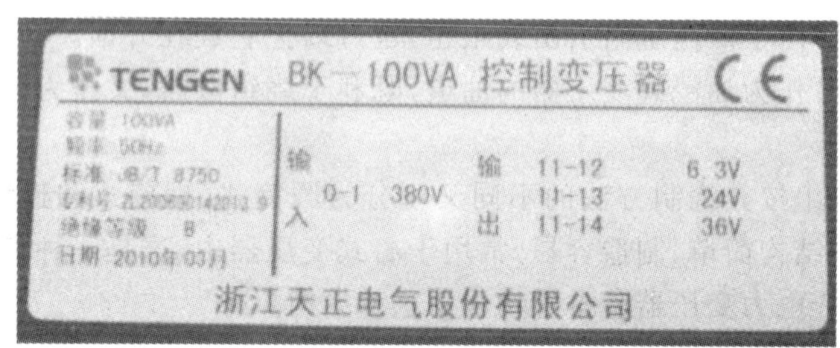

根据变压器铭牌，写出各参数的含义：

二、小型变压器通电前的检测

1. 根据标记判别一次、二次绕组

小型电源变压器一次绕组多标有 220 V 或 380 V 字样，二次绕组则标出额定电压值，如 15 V、24 V、36 V 等。

2. 外观检查

检查变压器铁芯、绕组、绕组骨架、引出线及其套管、绝缘材料有无机械损伤；检查绕组有无断线、脱焊、烧焦的痕迹；检查绝缘材料是否老化、发脆、剥落等。

3. 绕组通断的检测

根据绕组直流电阻的大小选择万用表进行检测，将测量电阻的电阻值填入表 3-1 中。

表 3-1 变压器各个绕组的电阻值

绕组	万用表所选档位	绕组阻值

测试中，若某个绕组的电阻值为无穷大，说明此绕组有断路故障。当电阻值较小，不能用万用表测量，应用单臂或双臂电桥进行测量。

4. 绝缘检测

用兆欧表对变压器进行绝缘测试，兆欧表的使用知识见本节的知识拓展。

小技巧

没有兆欧表的情况下用万用表 R×10 K 档，分别测量与一次、二次绕组与铁芯，各绕组之间的电阻值，万用表指针均应指在无穷大位置不动。否则说明变压器绝缘性能不良。

【任务拓展】

兆欧表的使用

兆欧表又称摇表，是用来测量被测设备的绝缘电阻和高值电阻的仪表，它由一个手摇发电机、表头和三个接线柱（即 l：线路端；e：接地端；g：屏蔽端）组成。

1. 兆欧表的选用

主要是选择其电压及测量范围，高压电气设备需使用电压高的兆欧表。低压电气设备需使用电压低的兆欧表。一般选择原则是：500 V 以下的电气设备选用 500～1 000 V 的兆欧表；瓷瓶、母线、刀闸应选用 2 500 V 以上的兆欧表。

2. 兆欧表测量绝缘电阻的具体步骤：

(1)将被测设备脱离电源，并进行放电，再把设备清扫干净。（双回线，双母线，当一路带电时，不得测量另一路的绝缘电阻）。

(2)测量前应先对兆欧表做一次开路试验（测量线开路，摇动手柄，指针应指“∞”）和一次短路试验（测量线直接短接一下，摇动手柄，指针应指“0”），两测量线不准相互缠交。

(3)在测量时，兆欧表必须放平。以 120 r/min 的恒定速度转动手柄，使表指针逐渐上升，直到出现稳定值后，再读取绝缘电阻值（严禁在有人工作的设备上进行测量）。

(4)对于电容量大的设备，在测量完毕后，必须将被测设备进行对地放电（兆欧表没停止转动时及放电设备切勿用手触及）。

(5)记录被测设备的温度和当时的天气情况。

【任务巩固】

1. 变压器按铁芯结构形式分________变压器和________变压器 。

2.变压器主要由________、________和________等组成。

3.变压器工作时与电源联接的绕组叫________，与负载联接的绕组叫________。变压器的绕组必须有良好的________。

任务2 变压器同名端的判定

【任务目标】

1.掌握变压器变电压、变电流和变阻抗的作用。

2.学会绕组极性的正确接法和同名端的检测方法。

【任务准备】

一、资料准备

小型双绕组变压器 1 个、交流电压表 1 只、电流表(检流计)1 只、开关 1 只、直流稳压电源 1 个、数字式或指针式万用表 1 只、任务评价表等与任务相关的教学资料。

二、知识准备

变压器是一种静止的电磁装置，它是输配电中不可缺少的设备，它对电能的经济传输、灵活分配与安全使用具有重要的意义。它主要用来改变电压，也可以用来改变电流，改变阻抗或在控制系统中变换传递信号。

(一)电压变换

若变压器一次绕组匝数为 N_1，二次绕组的匝数为 N_2，一次、二次绕组的匝数比用 n 表示，当变压器二次绕组开路，一次侧接通电源，变压器空载运行，经推导可得电压比为

$$\frac{U_1}{U_2}=\frac{N_1}{N_2}=n \tag{3-1}$$

当 $n>1$ 时，是降压变压器，当 $n<1$ 时是升压变压器。在实际应用中，常在二

次绕组留有抽头，换接不同的抽头，可获得不同数值的输出电压。

例题 3.1　已知某小型电源变压器的一次电压为 220 V，二次电压为 36 V，一次匝数为 1 100 匝，试求其电压比和二次的匝数。

解：由式(3-1)可得变压器的电压比

$$n=\frac{U_1}{U_2}=\frac{N_1}{N_2}=\frac{220}{36}=6.1$$

变压器的二次匝数　$$N_2=\frac{1\ 100}{6.1}=18(\text{匝})$$

(二)电流变换

变压器带负载工作时，一次绕组、二次绕组的电流比为

$$\frac{I_1}{I_2}=\frac{N_2}{N_1}=\frac{1}{n} \tag{3-2}$$

电流比等于一次、二次绕组匝数的反比。变压器在变换电压的同时也变换了电流。

(三)阻抗变换

变压器带负载工作时，负载阻抗$|Z_L|$决定二次绕组电流 I_2 的大小，I_2 的大小又决定一次绕组电流 I_1 的大小。若一次侧等效阻抗为$|Z'|$，经推导可得

$$\frac{|Z'|}{|Z_L|}=\left(\frac{N_1}{N_2}\right)^2=n^2 \tag{3-3}$$

当变压器的负载阻抗$|Z_L|$一定时，改变一次、二次绕组的匝数，可获得所需的阻抗。阻抗匹配是变压器一个很重要的应用。当负载阻抗与电源阻抗匹配时，电源输出的功率最大。

通过选择变压器的变比，可使晶体管放大器的阻抗与扬声器的阻抗相匹配。

【任务实施】

一、绕组的极性与正确接法

若两线圈的电流分别从线圈 1 和线圈 3 流入时，每个线圈的磁通的方向一致，即磁通是加强的，则 1、3 就称为同极性端(或称同名端)；否则若两个线圈的磁通方向相反，即磁通减弱，则 1、3 称为异极性端(或称异名端)，如图 3-3(a)所示。同极性端用符号“ * ”、“△”或“＋”标记。

两个绕组串联，如图 3-3(a)所示。两个绕组并联，如图 3-3(b)所示。

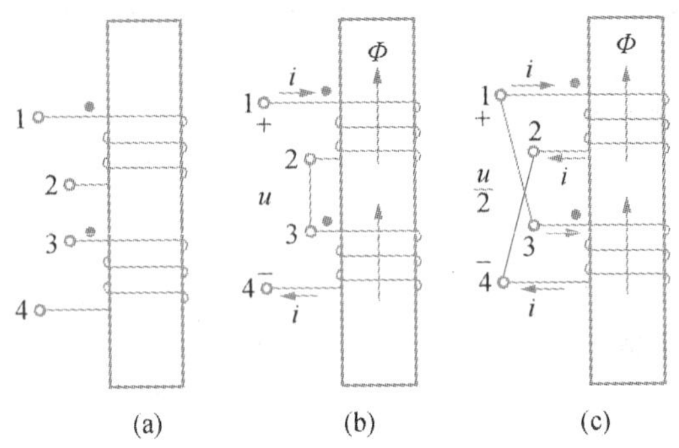

图 3-3 变压器绕组的正确连接

二、同名端的测定

1. 交流法(电压表法)

将 2 和 4 点连起来。在它的原绕组上加适当的交流电压，副绕组开路。工厂中常用 36 V 照明变压器输出的 36 V 交流电压进行测试，测试时方便又安全。用电压表分别测出原边电压 U_{12}、副边电压 U_{34} 和 1-3 两端电压 U_{13}。

当 $U_{13}=U_{12}-U_{34}$ 时，1 和 3 是同名端；当 $U_{13}=U_{12}+U_{34}$ 时 1 和 4 是同名端。

采用这种方法，应使电压表的量限大于 $U_{12}+U_{34}$。

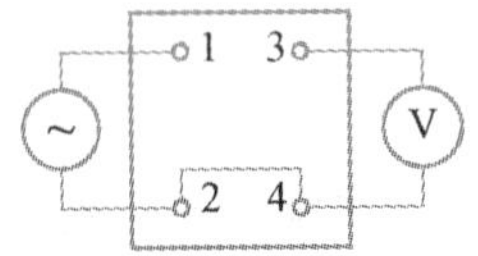

图 3-4 交流法测变压器绕组极性

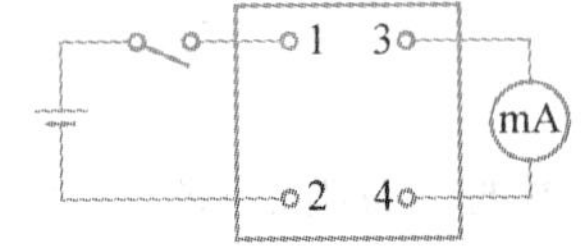

图 3-5 直流法测变压器绕组极性

2. 直流法

接通开关，在通电瞬间，注意观察电流计指针的偏转方向，如果电流计的指针正方向偏转，则表示变压器接电池正极的端头和接电流计正极的端头为同名端(1、3)；如果电流计的指针负方向偏转，则表示变压器接电池正极的端头和接电流计负极的端头为同名端(2、4)。

采用这种方法，应将高压绕组接电池，以减少电能的消耗，而将低压绕组接电流计，减少对电流计的冲击。

3.同名端的说明

无论单相变压器的高、低压绕组还是三相变压器同一相的高、低压绕组都是绕在同一铁芯柱上的。它们是被同一主磁通所交链，高、低压绕组的感应电势的相位关系只能有两种可能，一种同相，一种反相（差 180°）。

【任务拓展】

自耦变压器

1. 结构特点

变压器的一次、二次绕组合二为一，使二次绕组成为一次绕组的一部分，这种变压器称为自耦变压器，如图 3-6 所示。可见自耦变压器的一次、二次绕组之间除了有磁的耦合外，还有电的直接联系。

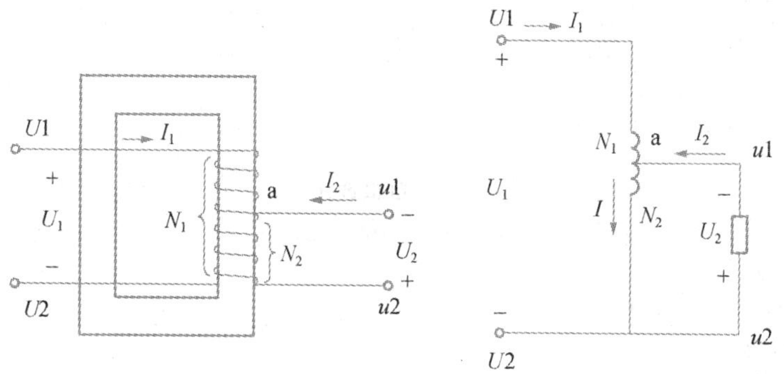

图 3-6　自耦变压器原理图

2.电压、电流关系

自耦变压器的变比 K 为

$$K=\frac{E_1}{E_2}=\frac{N_1}{N_2}\approx\frac{U_1}{U_2}$$

流经公共绕组中的电流 I 的大小为

$$I=I_2-I_1$$

可见，流经公共绕组中的电流总是小于输出电流 I_2。当变比 K 接近于 1 时，则 I_1 与 I_2 的数值相差不大，即公共绕组中的电流 I 很小，因而这部分绕组可用截面较小的导线绕制，以节约用铜量，并减小自耦变压器的体积与重量。

3.自耦调压器

如果把自耦变压器的抽头做成滑动触点，就可构成输出电压可调的自耦变压器，称为自耦调压器，其外形图和电路原理如图 3-7 所示。常用的单相调压器，一

次绕组输入电压 $U_1=220$ V，二次绕组输出电压 $U_2=0$ ∶ 250 V，在使用时，要注意：一次、二次绕组的公共端 $U2$ 或 $u2$ 接中性线（零线），$U1$ 端接电源相线（火线），$u1$ 和 $u2$ 作为输出端。此外还必须注意自耦调压器在接电源之前，必须把手柄转到零位，使输出为零，以后再慢慢顺时针转动手柄，使输出电压逐步上升。

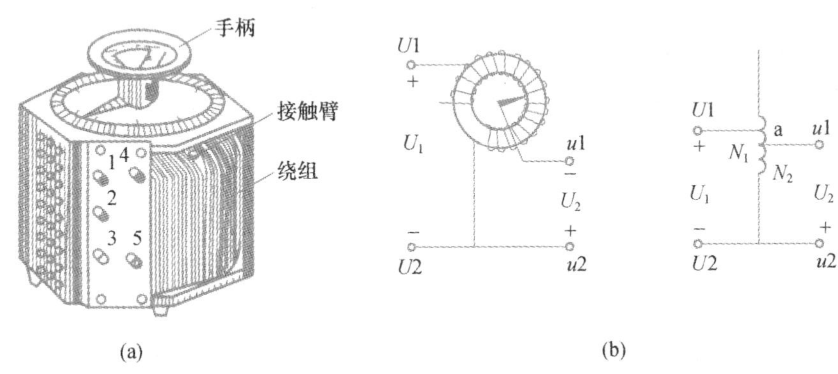

图 3-7 **自耦调压器**

(a)外形图 (b)原理电路图

【任务巩固】

1.判断题

(1)电路中所需的各种直流电压可以通过变压器变换获得。(   )

(2) 变压器用作改变电压时，电压比是原、副边匝数的平方比。(   )

2. 选择题

(1)有一台变压器，额定电压为 220/36 V，接入 220 V 的直流电源，变压器(   )。

A. 输出 36 V 直流电压

B. 输出 36 V 直流电压，但一次绕组因严重过热而烧毁

C. 无电压输出

D. 无电压输出，一次绕组因严重过热而烧毁

(2)适用于变压器铁芯的材料是(   )。

A. 软磁材料　　B. 硬磁材料　　C. 矩磁材料　　D. 顺磁材料

3.计算题

某小型电源变压器的一次电压为 220 V，二次电压为 36 V，一次匝数为 1 100 匝，试求其二次绕组的匝数和电压比？

任务3　小型变压器的检修

【任务目标】

1.了解小型变压器常见的故障现象及分析方法。

2. 会进行小型变压器的简单拆装。

【任务准备】

一、资料准备

杨木或杉木作一长方体木芯、漆包线、砂纸、绕线机、青壳纸或白纸、500 V 兆欧表 1 只、万用表 1 块和任务评价表等与任务相关的教学资料。

二、知识准备

小功率电源变压器是专门用作某些小功率负载的供电电源之用，按工作频率的不同可分工频电源变压器、中频电源变压器和高频电源变压器。按铁芯结构形式的不同可分为 E 形及 E1 形变压器、C 形变压器、R 形变压器、O 形(环形)变压器。在使用和维护中，经常会碰到变压器出现故障而需要进行检修的问题。现介绍 E 形变压器的检修。

变压器发生故障的原因很多，为正确、顺利地判断、排除故障，可按表 3-2 所列的几方面进行分析和处理。

表 3-2　小型变压器常见故障的判断及修复方法

故障现象	故障分析	修复办法
接通电源后无电压输出	1. 一次或二次绕组开路 2. 引出线脱焊 3. 电源插头接触不良	1. 拆换处理开路点或重绕绕组，焊牢引出线头 2. 检查、修理或更换插头电源线
空载电流偏大	1. 铁芯叠厚不够 2. 硅钢片质量差 3. 一次绕组匝数不足 4. 一次、二次局部匝间短路	1. 有可能增加铁芯厚度 2. 更换高质量硅钢片 3. 增加一次绕组匝数 4. 拆开绕组，排除短路故障

续表3-2

故障现象	故障分析	修复办法
运行中响声大	1. 铁芯未插紧或插错位 2. 电源电压过高 3. 负荷过重或有短路现象	1. 插紧夹紧铁芯，纠正错位硅钢片 2. 检查、处理电源电压 3. 减轻负载，排除短路故障
温升过高或冒烟	1. 负载过重，输出端有短路现象 2. 铁芯厚度不够，硅钢片质量差 3. 硅钢片涡流过大 4. 层间绝缘老化 5. 绕组有局部短路现象	1. 减轻负载，排除短路故障 2. 加足厚度或更换高质量硅钢片 3. 重新处理硅钢片绝缘 4. 浸漆、烘干增强绝缘或重绕绕组 5. 检查、处理短路点或更换新绕组
电压过高或过低	1. 电压过高或过低 2. 一次或二次匝数绕错	1. 检查、处理电源电压 2. 重新绕制线包
铁芯或底板带电	1. 一次或二次对地绝缘损坏或老化 2. 引出线碰触铁芯或底板	3. 绝缘处理或更换重绕绕组 4. 排除碰触点，做好绝缘处理

【任务实施】

小型变压器的故障与修理

一、小型变压器的拆卸

由于小型变压器铁芯一般采用交错式叠片方法进行叠制，因此它的拆卸难度比较大。它的铁芯又分为E形及F形两种，E形铁芯的拆卸较F形稍微容易，下面以E形铁芯为例介绍。

(1)将铁芯四角的紧固螺钉拆去。

(2)用电工刀撬开E形铁芯片和I形铁芯之间的缝隙，再逐步取出I形铁芯片，如图3-8所示。

(3)全部(或大部分)I形铁芯片取出后，再用敲打法设法取出E形铁芯片，E形铁芯片的取出难度一般较大，要耐心细致，不能损坏铁芯片，如果实在无法取出，则只有在绕组的侧面把损坏的绕组锯开，再取出铁芯片。

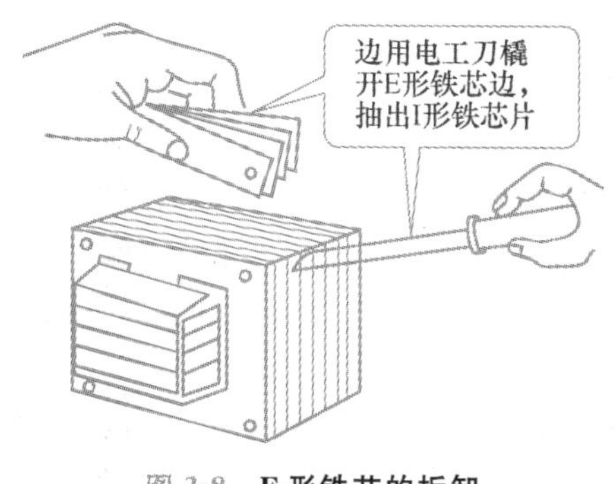

图 3-8　**E 形铁芯的拆卸**

二、小型变压器绕组的重绕

（一）框架的制作

按该变压器的绕组参数在绕组框架上重绕绕组，如框架已损坏，则可按原框架尺寸形状用绝缘纸板重做，或重新计算制作框架。其步骤如下：

1. 木芯制作

为了便于绕线，通常用杨木或杉木作一长方体木芯，用来套在绕线机转轴上支撑线圈骨架。木芯的宽度和长度要比硅钢片的舌宽和长度略大（一般约大 0.2 mm 即可），高度则比硅钢片窗口的高度高 2 mm。木芯四个相邻的周边必须互相垂直，表面要光滑，木芯的边角用砂纸磨成略带圆角。木芯的中间有供绕线机轴穿过的孔，孔直径要与绕线机轴径相配合，为 10.2 mm。孔必须钻得正中和平直，要打在正中心，不能偏斜，否则会由于偏心造成绕线不平稳而影响线包的质量。

2. 骨架制作

一般我们在自行绕制变压器时制作一简易骨架即可。用青壳纸或反白纸在木芯上绕上几圈，用胶水粘牢，待其干燥以后就可使用。这种简易骨架在绕制时要十分小心，线圈绕到两端时，层数较多时容易散塌，造成返工。

（二）选择导线和绝缘材料

变压器绕制主要数据是导线的直径和匝数。导线直径可用螺旋测微器或游标卡尺测量原线圈导线获得。绕组匝数可用绕线机退圈计数，也可数一下每层的匝数和总层数，大致计算出总匝数。各线圈间的绝缘一般用聚酯薄膜青壳绝缘纸，层间绝缘用电容纸、白蜡纸等。

（三）线圈绕制

开始绕线前，用木芯将骨架固定在绕线机轴上，如图 3-9(a)所示。若采用无框骨架，起绕时在导线引线头压入一条绝缘带的折条，以便抽紧起始线头，如图 3-9(b)所示。导线起绕点不可过于靠近骨架边缘，以免绕线时导线滑出。若采用有框骨架，导线要紧靠边框，不必留出空间。导线要求绕得紧密、整齐，不允许有叠线现象。绕线的要领是绕时将导线稍微拉向绕线前进的相反方向约 5°，拉线的手顺绕线前进的方向而移动，拉力大小要适当，这样导线就容易排齐。绕线的顺序按一次侧绕组、静电屏蔽、二次侧高压绕组、低压绕组依次叠绕。每绕完一组绕组后，要衬垫绕组间绝缘材料。

当二次绕组数较多时，每绕一组后，用万用表测量是否通路，检查有无断线。最后将整个绕组包好对铁芯绝缘，用胶水粘牢。当一组绕组的绕制接近结束时，要垫上一条绝缘带的折条，继续绕线至结束，将线尾插入绝缘带的折缝中，抽紧绝缘带，线尾便固定了。

有些用于电子设备中的电源变压器，需在一次、二次侧绕组间放置静电屏蔽层。屏蔽层可用厚约 0.1 mm 的铜箔或其他金属箔制成，其宽度比骨架长度稍短 1～3 mm，长度比一次侧绕组的周长短 5 mm 左右。必须注意：衬垫在屏蔽层上下的绝缘必须可靠，耐压应足够；屏蔽层不能碰到导线或自行短路。可用 0.12～0.15 mm 的漆包线密绕一层，一端埋在绝缘层内，另一端引出作为接地引出线，接地引出线必须置于线圈的另一侧，不可与线圈引出线混在一起。当线径大于 0.2 mm 时，绕组的引线可利用原线，按图 3-9(c)所示的方法绞合后引出即可。线径小于 0.2 mm 时，应采用多股软线焊接后引出，焊剂应采用松香焊剂。引出线的套管应按耐压等级选用。线包绕好后，外层用青壳纸绕 2～3 层，用胶水粘牢作为外层绝缘。

小型变压器绕组在绕完后，也有采用浸漆处理的，也有不再做绝缘处理的，可视需要选取。

三、小型变压器的装配

按拆卸相反的步骤进行装配，装配时应注意 E 形铁芯片与 I 形铁芯片的接缝(间隙)应越小越好。通常将 2～3 片 E 形铁芯片叠合在一起，再交错进行装配。

四、小型变压器的测试

1. 绝缘电阻值的测定

修后或重绕的变压器线圈，用 500 V 兆欧表检查各绕组间及对地绝缘电阻应大于 1 MΩ。

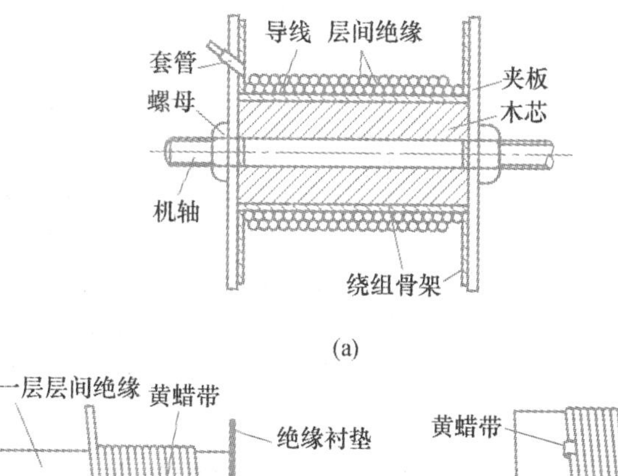

(a)

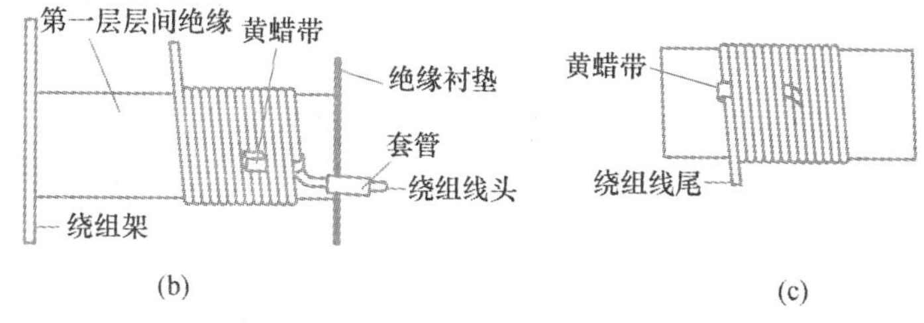

(b) (c)

图 3-9 绕制绕组时的安装与紧固方法

(a)绕组框架在绕线机上的安装 (b)绕组线头的紧固 (c)绕组线尾的紧固

2. 各绕组电压值的测量

将被测变压器一次绕组接入可调电源,并调至额定电压值,再测量二次绕组电压值,应符合原变压器电压值。

3. 满载电流试验

将一次绕组接额定电压,二次绕组接满负荷,输出额定电流,然后检查变压器各部温升情况,60℃以下为正常。如果温升超过 60℃,则有可能是变压器线圈内部有短路现象,或线圈匝数不够。

【任务拓展】

三相电力变压器铭牌认识

在每台电力变压器的油箱上都有一块铭牌,标志其型号和主要参数,作为正确使用变压器的依据,如图 3-10 所示。

1. 型号认识 如图 3-11 所示。

2. 额定电压和高压侧(一次绕组)额定电压 是指加在一次绕组上的正常工作电压值;低压侧(二次绕组)额定电压 是指变压器在空载时,高压侧加上额定电压后,二次绕组两端的电压值。

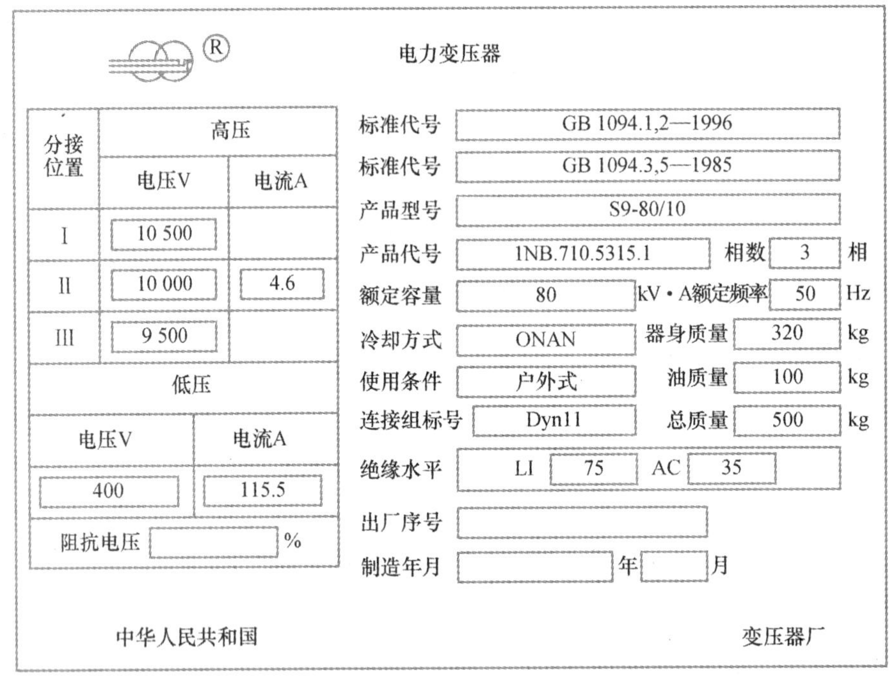

图 3-10 三相电力变压器铭牌

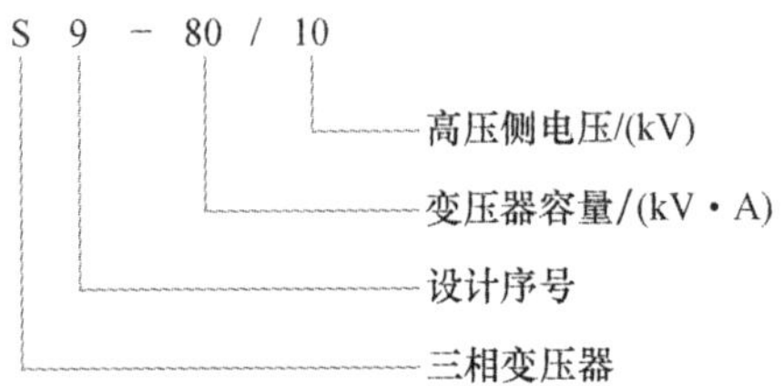

图 3-11 三相变压器型号

变压器接上负载后，二次绕组的输出电压 U_2 将随负载电流的增加而下降，为保证在额定负载时能输出 380 V 的电压，考虑到电压调整率为 5%，故该变压器空载时二次绕组的额定电压为 400 V。

3. 额定电流 I_{1N} 和额定电流 I_{2N} 是指根据变压器容许发热的条件而规定的满载电流值。在三相变压器中额定电流是指线电流。

4. 额定容量 额定容量是指变压器在额定工作状态下，二次绕组的视在功率，其单位为 kV·A。

单相变压器的额定容量为

U_{2N}

$$S_N=\frac{U_{2N}I_{2N}}{1\ 000}\ \text{kV}\cdot\text{A}$$

三相变压器的额定容量为

$$S_N=\frac{\sqrt{3}U_{2N}I_{2N}}{1\ 000}\text{kV}\cdot\text{A}$$

5. 联结组标号　指三相变压器一次、二次绕组的连接方式，可根据实际需要采用星形联结或三角形联结。Y(高压绕组作星形联结)、y(低压绕组作星形联结)；D(高压绕组作三角形联结)、d(低压绕组作三角形联结)；N(高压绕组作星形联结时的中性线)、n(低压绕组作星形联结时的中性线)。

6. 阻抗电压　阻抗电压又称为短路电压，它标志在额定电流时变压器阻抗压降的大小。通常用它与额定电压的百分比来表示。

【任务巩固】

1. 变压器一次线圈若接在直流电源上，二次线圈会有稳定直流电压吗？为什么？

2. 铜损耗和铁损耗有什么区别？

任务 4　认知农村常用变压器

【任务目标】

1. 了解供电过程。

2. 知道常见农村用变压器的结构组成。

【任务准备】

一、资料准备

电力变压器的使用说明书 1 份、任务评价表等于任务相关的教学资料。

二、知识准备

现代电力系统都采用三相制供电，因而广泛采用三相变压器来实现电压的转换。作为电能传输过程中使用的电力变压器，其传输过程如图 3-12 所示。

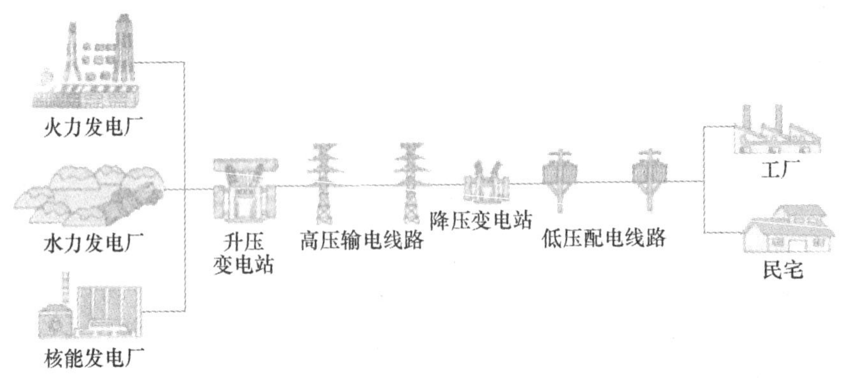

图 3-12 电能的输送

小型变压器按用途分为电力变压器、特种变压器、耦合变压器和隔离变压器；按绕组型式分为双绕组变压器和多绕组变压器；按相数分类 有单相变压器、三相变压器和多相变压器；按冷却方式分有干式变压器、油浸自冷变压器、油浸风冷变压器、强迫油循环变压器等；按铁芯结构形式分为心式变压器和壳式变压器。

农村用的三相电力变压器主要有油浸式和干式两种。

(一)油浸式变压器

农村用变压器中，目前使用最广的是油浸式电力变压器，它主要由铁芯、绕组、油箱和冷却装置、保护装置等部件组成，其外形如图 3-13 所示。

1.铁芯

铁芯是三相电力变压器的磁路部分，与单相变压器一样，它也是由 0.35 mm 厚的硅钢片叠呀(或卷制)而成。三相电力变压器铁芯均采用心式结构，如图 3-14 所示。

2.绕组

绕组一般用绝缘纸包的扁铜线或扁铝线绕制而成，为便于绝缘起见，一般低压绕组套在里面，高压绕组套在外面。同心式绕组按其绕制方法的不同，又分为圆筒式、螺旋式、分段式和连续式 4 种。图 3-15 为常用的圆筒式和连续式绕组结构图。

3. 油箱和冷却装置

由于三相变压器主要用于电力系统进行电能的传输，因此其容量都比较大，电压也比较高，为了铁芯和绕组的散热和绝缘，均将其置于绝缘的变压器油箱内，如图 3-13 所示。为了增加散热面积，一般在油箱四周加装散热装置，老型号电力变压器采用在油箱四周加焊扁形散热油管，如图 3-13(a)所示。新型电力变压器以采用片式散热器散热为多，见图 3-13(b)。

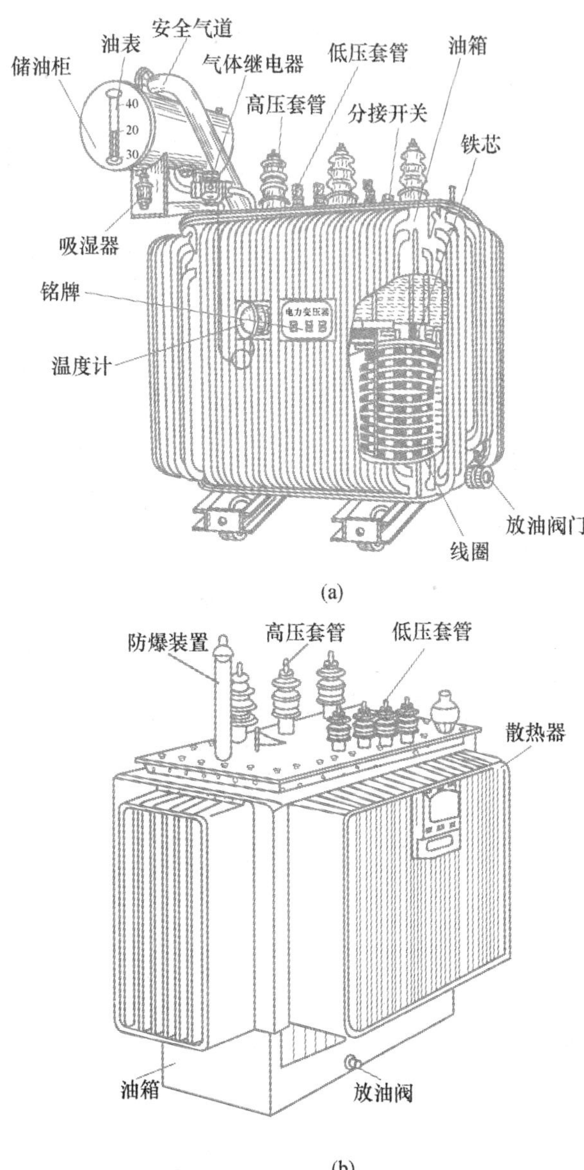

图 3-13　**三相电力变压器**

(a)SJ1 系列变压器　(b)S 系列变压器

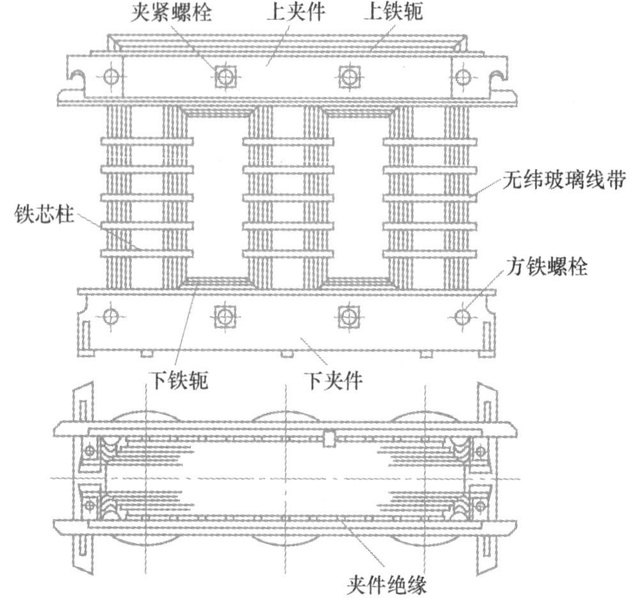

图 3-14　三相三铁芯柱铁芯结构图

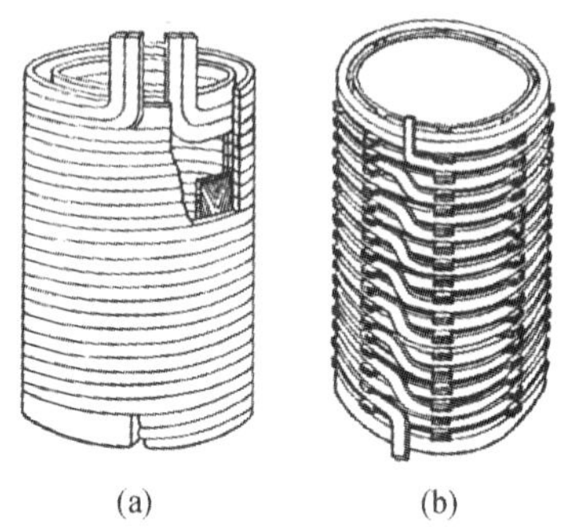

图 3-15　三相变压器绕组外形图

(a)圆筒式绕组　(b)连续式绕组

4. 保护装置

(1)气体继电器。在油箱和储油柜之间的连接管中装有气体继电器,当变压器发生故障时,内部绝缘物汽化,使气体继电器动作,发出信号或使开关跳闸。

(2)防爆管(安全气道)。装在油箱顶部,它是一个长的圆形钢筒,上端用酚醛纸板密封,下端与油箱连通。若变压器发生故障,使油箱内压力骤增时,油流冲破酚醛纸板,以免造成变压器箱体爆裂。

(二)干式变压器分类

1.干式变压器分类

干式变压器是依靠空气对流进行冷却，一般用于局部照明、电子线路等小容量变压器，在电力系统中，一般汽机变、锅炉变、除灰变、除尘变、脱硫变等都是干式变，变比为 6 000 V/400 V，用于带额定电压 380 V 的负载。简单地说干式变压器就是指铁芯和绕组不浸渍在绝缘油中的变压器。在结构上可分为两种类型：固体绝缘包封绕组和不包封绕组。如图 3-16 所示。

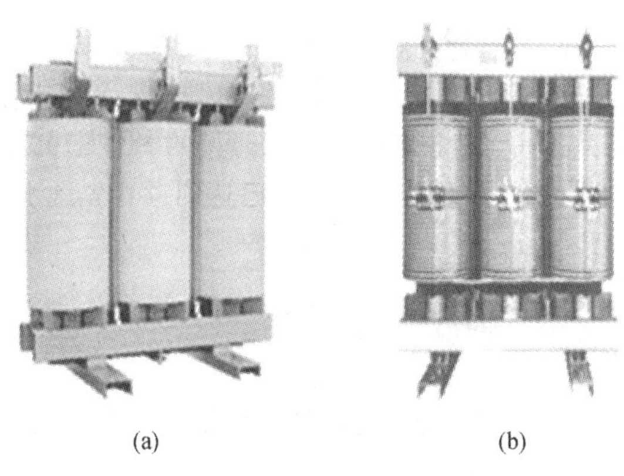

(a)　　　　　　　　(b)

图 3-16　圆筒式和连续式绕组

(a)圆筒式绕组　(b)连续式绕组

2. 干式变压器的特点及结构

相对于油式变压器，干式变压器因没有油，也就没有火灾、爆炸、污染等问题，故电气规范、规程等均不要求干式变压器置于单独房间内。特别是新的系列，损耗和噪声降到了新的水平，更为变压器与低压屏置于同一配电室内创造了条件。

(1)干式变压器的温度控制系统。干式变压器的安全运行和使用寿命，很大程度上取决于变压器绕组绝缘的安全可靠。绕组温度超过绝缘耐受温度使绝缘破坏，是导致变压器不能正常工作的主要原因之一，因此对变压器的运行温度的监测及其报警控制是十分重要的。

(2)干式变压器的防护方式。根据使用环境特征及防护要求，干式变压器可选择不同的外壳。通常选用 IP23 防护外壳，可防止直径大于 12 mm 的固体异物及鼠、蛇、猫、雀等小动物进入，造成短路停电等恶性故障，为带电部分提供安全屏障。若需将变压器安装在户外，则可选用 IP23 防护外壳，除上述 IP20 防护功能外，更可防止与垂直线呈 60°角以内的水滴入。但 IP23 外壳会使变压器冷却能力下降，选用时要注意其运行容量的降低。

(3)干式变压器的冷却方式。干式变压器冷却方式分为自然空气冷却(AN)和强迫空气冷却(AF)。自然空冷时,变压器可在额定容量下长期连续运行。强迫风冷时,变压器输出容量可提高50%。适用于断续过负荷运行,或应急事故过负荷运行;由于过负荷时负载损耗和阻抗电压增幅较大,处于非经济运行状态,故不应使其处于长时间连续过负荷运行。

(4)干式变压器的过载能力。干式变压器的过载能力与环境温度、过载前的负载情况(起始负载)、变压器的绝缘散热情况和发热时间常数等有关,若有需要,可向生产厂索取干变的过负荷曲线。

目前,我国树脂绝缘干式变压器年产量已达10 000 MV·A,成为世界上干式变压器产销量最大的国家之一。随着低噪(2 500 kV·A以下配电变压器噪声已控制在50 dB以内)、节能(空载损耗降低达25%)的SC(B)9系列的推广应用,使得我国干式变压器的性能指标及其制造技术已达到世界先进水平。

【任务实施】

一、举例分析

说出学校用变压器是什么类型,能做简单介绍。

二、阅读电力变压器的使用说明书

阅读电力变压器的使用说明书,了解其结构、技术参数、使用条件及注意事项。

三、分析和总结问题

通过对油浸式和干式变压器的简单了解,说出两者之间的区别?

【任务拓展】

油浸式和干式变压器区别

干式变压器和油式变压器相比,除工作原理相同外,最大的区别就是变压器内部有没有油,同时还有许多区别:

(1)从外观上看,封装形式不同,干式变压器能直接看到铁芯和线圈,而油式变压器只能看到变压器的外壳。

(2)引线形式不一样,干式变压器大多使用硅橡胶套管,而油式变压器大部分使用瓷套管。

(3)容量及电压不同,干式变压器一般适用于配电用,容量一般在2 000 kV·A

以下，电压在 35 kV 以下，也有个别做到 110 kV 电压等级的；而油式变压器却可以从小到大做到全部容量，电压等级也做到了所有电压。

(4)绝缘和散热不一样，干式变压器一般用树脂绝缘，靠自然风冷，大容量靠风机冷却，而油式变压器靠绝缘油进行绝缘，靠绝缘油在变压器内部的循环将线圈产生的热带到变压器的散热器(片)上进行散热。

(5)从应用场所上说，干式变压器大多应用在需要“防火、防爆”的场所，一般大型建筑、高层建筑上易采用；而油式变压器由于“出事”后可能有油喷出或泄漏，造成火灾，大多应用在室外，且有场地挖设“事故油池”的场所。

(6)对负荷的承受能力不同，一般干式变压器应在额定容量下运行，而油式变压器过载能力比较好。

(7)造价不一样，对同容量变压器来说，干式变压器的采购价格比油式变压器价格要高许多。

【任务巩固】

1. 在电能的输送过程中为什么都采用高电压输送？

2. 观察附近的变压器是哪种变压器，如有实物，说出其内部结构及各部件作用？

项目二　电动机与发电机的检修

【项目描述】

在现代化农业生产中，电力排灌、播种、收割等农用机械都需要规格不同的电动机去拖动，在电力工业中，发电机是电站的主要设备，利用发电机可将原始能源转换为电能。

电动机与发电机的主要构成都是定子和转子两大部分，其运行原理也都是基于电磁感应定律。

本项目分为单线圈直流电动机的制作、三相异步电动机的检测、单相异步电动机的故障分析与检修、通用电动机的拆装、农用车发电机的拆装 5 个工作任务。

通过本项目学习，引导学生了解电动机和发电机的分类、铭牌及应用，掌握其主要结构与基本工作原理，培养学生认真严谨的职业素养与自主学习的能力。

任务 1　单线圈直流电动机的制作

【任务目标】

1. 掌握直流电动机的基本工作原理，理解直流电动机铭牌数据的含义。

2.能够描述直流电动机的结构和分类，能够制作单线圈直流电动机，并会通电测试。

【任务准备】

一、资料准备

8 cm×12 cm 木板一块、1 mm 直径漆包线 1 m、5 号电池夹 1 个、鳄鱼夹 2 只、曲别针 2 个、小螺丝钉 2 个、磁铁 1 块、万用表、电烙铁、螺丝刀、尖嘴钳、斜口钳、壁纸刀、双面胶、任务评价表等与本任务相关的教学资料。

二、知识准备

直流电动机是将直流电能转换为机械能的电动机。与交流电动机相比，具有较宽的调速范围，均匀、平滑的无级调速特性，可实现频繁的无级快速启动、制动和反转，且过载能力大，在电力拖动中得到广泛应用。如电动自行车、地铁列车、城市电车、矿井卷扬机、龙门刨床和大型起重机等生产机械中。

图 3-17 **直流电动机的应用实例**

(一)直流电动机的工作原理

图 3-18 是最简单的直流电动机的物理模型，它的固定部分(定子)上，装设了一对直流励磁的静止的主磁极 N 和 S，在旋转部分(转子)上装设电枢铁芯。定子与转子之间有一气隙。在电枢铁芯上放置了由 a 和 b 两根导体连成的电枢线圈，线圈的首端和末端分别连到两个相互绝缘的两个圆弧形铜片 A 和 B 上，此铜片称为换向片，由换向片构成的整体称为换向器。在换向片上放置着一对固定不动的

电刷，当电枢旋转时，电枢线圈通过换向片和电刷与外电路接通。

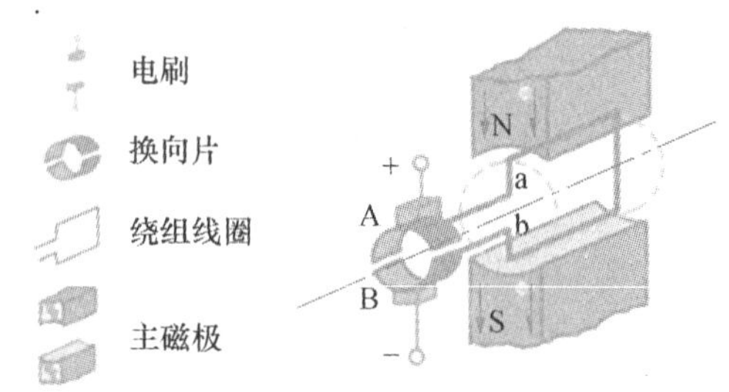

图 3-18 **最简单的直流电动机的物理模型**

当接通电源 U 时，直流电流将从 a 边流入，b 边流出，由电磁力定律可知线圈 a 边和 b 边将受到一对大小相等、方向相反的电磁力作用，由于这对电磁力不在一条直线上，因此它们将形成一个电磁转矩，使电动机的转子沿逆时针方向旋转。

由于换向片随转子一起转动，当线圈转到水平位置时，换向器与电源断开，线圈中没有电流流过，此时线圈没有转矩，但因其惯性作用，使电枢连续运转。当线圈 a 边旋转至 S 磁极附近，b 边旋转至 N 磁极附近时，电枢线圈 ab 中的直流电流将改变方向。此时，电流从线圈 a 边流出，b 边流入，而电磁力和电磁转矩的方向不变，这就保证了转子的连续转动。这就是直流电动机的转动原理。

（二）直流电动机的结构与分类

电磁式直流电机其结构示意图如图 3-19 所示。其定子部分由机座、主磁极、换向磁极、端盖和电刷装置等部分构成，转子部分由电枢铁芯、电枢绕组、换向器、转轴和风扇等组成。

直流电动机运行时静止不动的部分称为定子，主要作用是产生磁场；运行时转动的部分称为转子，其主要作用是产生电磁转矩和感应电动势，是直流电动机进行能量转换的枢纽，所以通常又称为电枢。

定子产生磁场的方式称为励磁，直流电动机根据其励磁方式的不同，可分为永磁式和电磁式两种。所谓永磁式电动机，指定子磁场是由永久磁铁产生的，如玩具电动机；所谓电磁式电动机，就是在电机的定子内放有励磁绕组，定子磁场是由励磁绕组通上电源电流而产生的。

直流电动机按定子励磁绕组的励磁方式不同可分为四类：他励电动机、并励电动机、串励电动机和复励电动机。它们的结构和特点如表 3-3 所示：

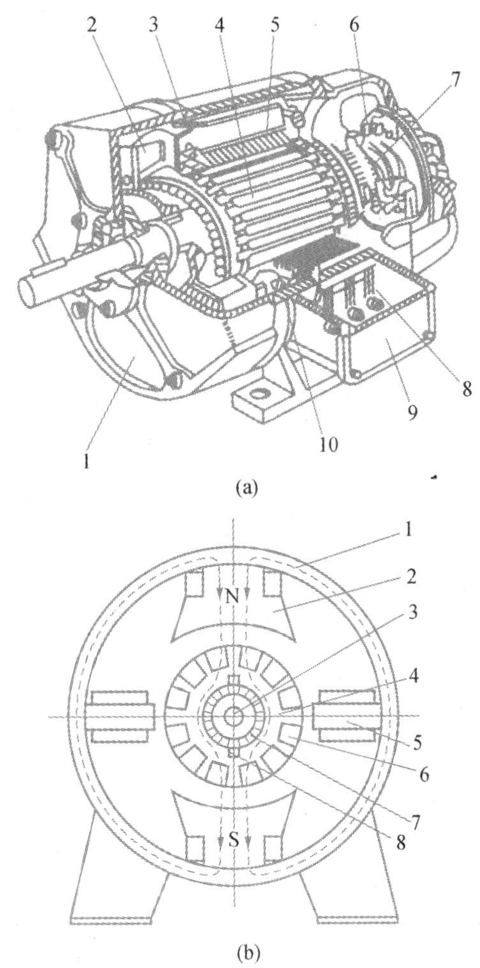

图 3-19　直流电机结构示意图

(a)装配图　1—端盖　2—风扇　3—机座　4—电枢　5—主磁极　6—刷架　7—换向器　8—接线板　9—出线盒　10—换向器

(b)截面图　1—机座　2—主磁极　3—转轴　4—电枢铁芯　5—换向磁极　6—电枢绕组　7—换向器　8—电刷

表 3-3 直流电动机按励磁方式不同的分类

类别	特点	结构原理图
他励电动机	励磁绕组由外加电源单独供电，励磁电流的大小与电枢两端电压或电枢电流的大小无关	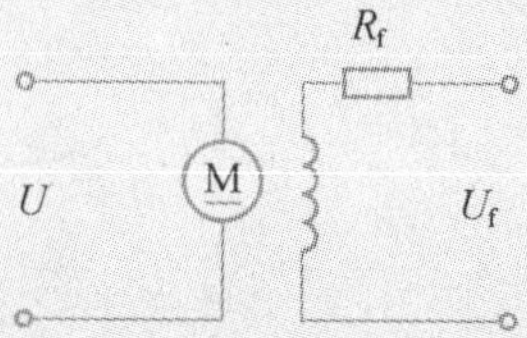 R_f M U U_f
并励电动机	励磁绕组与电枢绕组并联连接，由外部电源一起供电，励磁电流的大小与电枢两端电压或电枢电流的大小有关	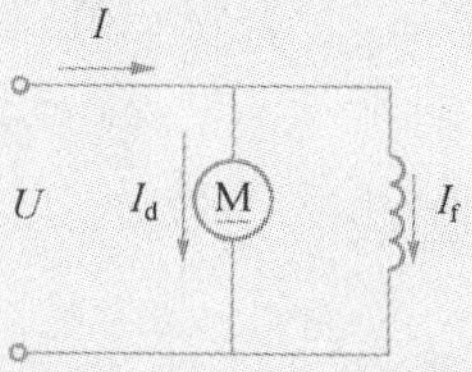 I U I_d M I_f
串励电动机	励磁绕组与电枢绕组串联连接，由外部电源一起供电，励磁电流的大小与两端电压或电枢电流的大小有关	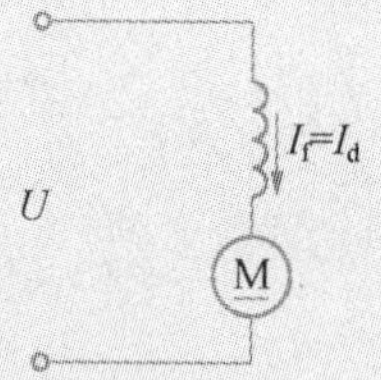 $I_f=I_d$ U M
复励电动机	励磁绕组分为两部分，一部分与电枢绕组并联连接，另一部分与电枢绕组并联连接，励磁电流的大小与电枢两端电压或电枢电流的大小有关	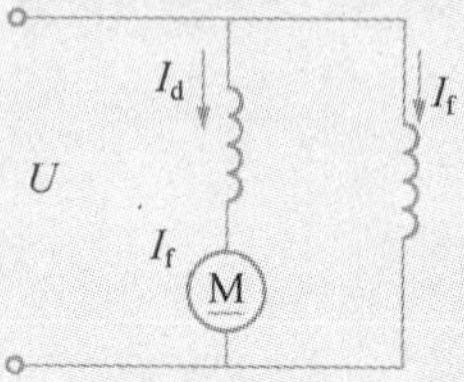 I_d I_f U I_f M

(三)直流电动机的铭牌数据

电机制造厂按照国家标准，根据电机的设计和试验数据所规定的每台电机的主要数据称为电机的额定值。额定值一般标在电机的铭牌或产品说明书上。图 3-20 为某台直流电动机的铭牌。

1. 型号

型号表明该电机所属的系列及主要特点。含义如图 3-21 所示。

2. 额定值

(1)额定功率 P_N。指电机在额定运行时的输出功率，对发电机是指输出的电功率，对电动机是指输出的机械功率(W 或 kW)。图 3-20 中为 75 kW。

直流电动机		
型号Z4-200-21	功率75 kW	电压440 V
电流188 A	额定转速1 500 r/min	励磁方式他励
励磁功率1 170 W		
绝缘等级F	定额S1	重量515 kg
产品编号　　　　生产日期		
××电机厂		

图 3-20　**直流电动机铭牌举例**

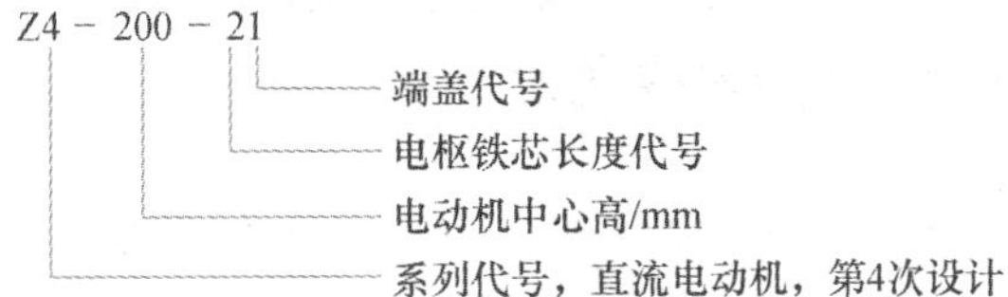

图 3-21　**直流电机型号举例**

(2)额定电压 U_N。指在额定运行状况下，直流发电机的输出电压或直流电动机的输入电压(V 或 kV)。图 3-20 中为 440 V。

(3)额定电流 I_N。指额定电压和额定负载时，允许电机长期输出(发电机)或输入(电动机)的电流(A)。图 3-20 中为 188 A。

对电动机，有

$$P_N = U_N I_N \eta_N$$

式中　η_N——额定效率。

(4)额定转速 n_N。指电机在额定电压和额定负载时的旋转速度(r/min)。图 3-20 中为 1 500 r/min。

3. 励磁方式

励磁绕组获得电流的方式称为励磁方式。图 3-20 中为他励。

4. 绝缘等级

绝缘等级表示电机各绕组及其他绝缘部件所用绝缘材料的等级。绝缘材料按耐热性能可分为 7 个等级，如表 3-4 所示。

5. 定额工作制

定额工作制指电机按铭牌值工作时，可以持续运行的时间和顺序。定额分连续定额、短时定额和断续定额三种，分别用 S1、S2、S3 表示。

表 3-4 绝缘材料耐热性能等级

绝缘等级	Y	A	E	B	F	H	C
最高允许温度/℃	90	105	120	130	155	180	大于 180

【任务实施】

单线圈直流电动机的制作

1. 绕制线圈

戴手套把漆包线抻直,根据磁铁形状把漆包线绕制成长方形或圆形,漆包线两头各剩 10 cm 左右时把线圈缠紧,留下 2～3 cm。

2. 电源制作

先用斜口钳把电池夹上的导线头剥掉,取下鳄鱼夹上的护套,预先套在导线上,然后可以焊接了;焊接完成后,把护套安装在鳄鱼夹上,电源部分就制作完成了。

3. 制作支架

用尖嘴钳把曲别针弯成图片最下端的样子,如图 3-22(a)所示;把线圈套在磁体上来确定支架的位置,如图 3-22(b)所示,确定下来后用螺丝钉固定结实;确定

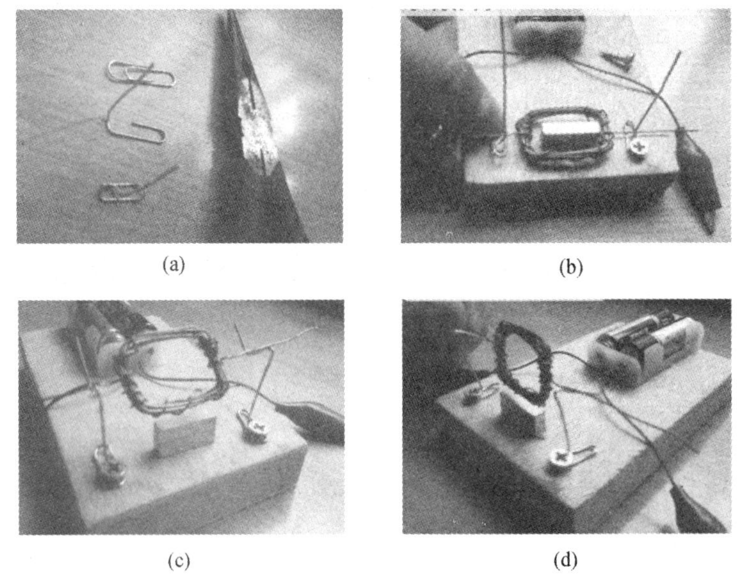

(a) (b) (c) (d)

图 3-22 线圈支架制作过程

(a)曲别针 (b)确定位置 (c)确定高度 (d)调整

支架的高度，如图 3-22(c)所示，要求线圈尽量贴近下面的磁铁又不发生刮碰；在支架上确定好的位置用尖嘴钳弯一下，支架就做好了，放上线圈，如果位置不合适再做进一步的调整，如图 3-22(d)所示。

4. 刮绝缘漆

用壁纸刀刮掉线圈与支架接触位置上的漆包线上的绝缘漆。一端全部去掉，另一端只去掉与线圈平面垂直方向上的半个面。

【任务拓展】

单线圈直流电动机的通电测试

装上电池，用万用表测量是否有输出，如图 3-24(a)所示，测量的结果是两节 5 号电池输出电压为 2.458 V，因为是旧电池，所以电压有点低；用双面胶把电源和磁铁固定在木板上，把线圈放在支架上，要求去漆的部分与支架良好接触，并轻轻一碰就能轻松转动；把两个鳄鱼夹分别夹在两个曲别针做成的支架上，然后轻轻转动线圈，你就会发现线圈自己轻快地转动起来，如图 3-23(b)所示。如果电池是新的，你可能会觉得这个电动机的转动之快出乎你的想象。

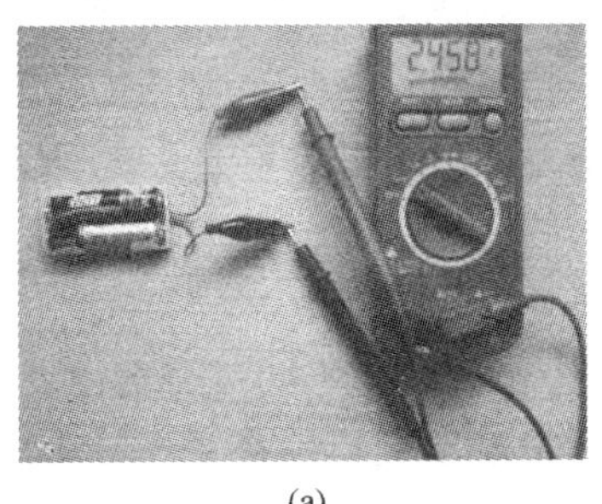

(a)

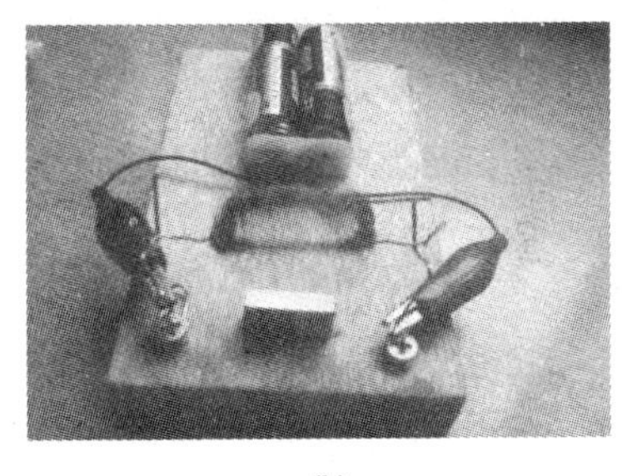

(b)

图 3-23　通电测试

(a)测电池电压　(b)线圈通电旋转

通电测试中可能出现下列问题：线圈不转动；线圈转动快慢不均；线圈转动方向不固定；调换鳄鱼夹或磁铁磁极或线圈两边观察转动方向等。

影响转动效果的因素有：线圈匝数多少；电池电压大小与电量；电池连接情况；永久磁铁磁场强弱；漆包线漆是否刮干净；半面漆刮的宽窄与位置；线圈与磁铁之间的距离；线圈形状是否平衡；线圈两边是否在轴线上；支架两边高度是否相同。

观察你制作的单线圈直流电动机在通电测试时存在哪种问题，思考引起这种问题的原因，并对单线圈直流电动机进行修正、改进，直到它能够轻松快速地转动起来。

【任务巩固】

1. 电枢铁芯为什么必须用薄铁片叠成？薄铁片之间绝缘吗？需要改进吗？

2. 电枢铁芯或外壳换成木心或为塑料材料，或把转子抽掉，电动机会怎样？

3. 电动机能够发电是基于什么道理？发电电压大小与哪些因素有关？发电时的电压极性由谁来决定？

任务2 三相异步电动机的检测

【任务目标】

1. 理解三相异步电动机的型号，掌握三相异步电动机的基本工作原理。

2.能够区分不同类型三相异步电动机的转子结构，会用万用表判断三相异步电动机的额定转速。

【任务准备】

一、资料准备

万用表、三相笼形异步电动机、任务评价表等与本任务相关的教学资料。

二、知识准备

三相异步电动机由三相交流电源供电，按转子结构不同可分为三相笼形异步电动机和三相绕线转子异步电动机。三相异步电动机特别是笼形异步电动机，由于其结构简单、坚固耐用、运行可靠、价格低廉、维护方便等优点，被广泛应用到工农业生产中，如驱动各种金属切削机床、起重机、锻压机、传送带、铸造机械、功率不大的通风机及水泵等。

(一)三相异步电动机的结构

三相异步电动机主要由的两个基本部分组成，固定不动的部分叫定子，转动的部分叫转子，三相异步电动机的基本结构图如图 3-24 所示。

1.定子

三相异步电动机的定子主要由以下三部分组成：

定子铁芯：由厚度为 0.5 mm 的，相互绝缘的硅钢片叠成，硅钢片内圆上有均匀分布的槽，其作用是嵌放定子三相绕组 AX、BY、CZ。

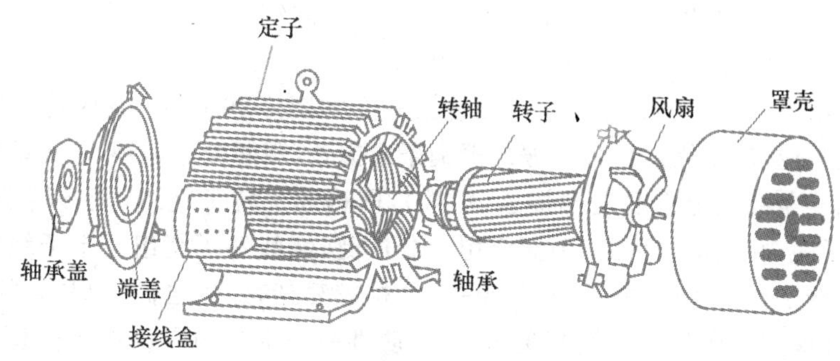

图 3-24　三相电动机的结构示意图

定子绕组:三组用漆包线绕制好的,对称地嵌入定子铁芯槽内的相同的线圈。这三相绕组可接成星形或三角形。

机座:机座用铸铁或铸钢制成,其作用是固定铁芯和绕组。

定子三相绕组与三相交流电源的连接方法也是电动机的接法,如图 3-25 为三相定子绕组的联接方式示意图。定子绕组三相共 6 个出线端,引出到机座接线盒内的接线板上,首端分别为 U_1、V_1、W_1,尾端分别为 U_2、V_2、W_2。可按要求接成星形(Y)联结或三角形(△)联结。

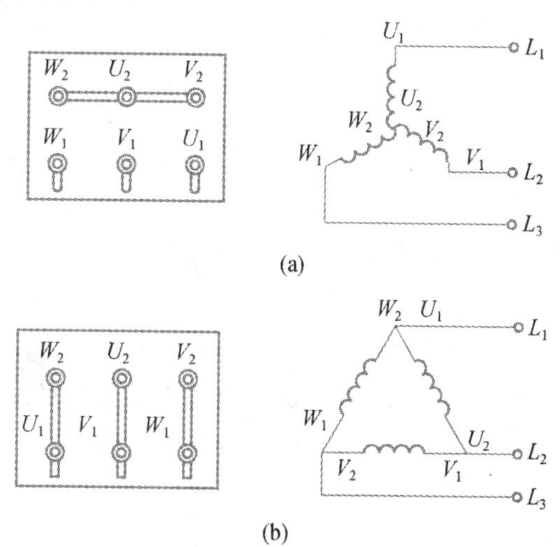

图 3-25　三相定子绕组的联结方式

(a)星形(Y)联结　(b)三角形(△)联结

2.转子

三相异步电动机的转子主要由以下三部分组成:

转子铁芯：由厚度为 0.5 mm 的，相互绝缘的硅钢片叠成，硅钢片外圆上有均匀分布的槽，其作用是嵌放转子三相绕组。

转子绕组：转子绕组有鼠笼式和绕线式。如图 3-26 所示，笼形转子绕组（也称为导条）是在转子铁芯的槽里嵌放裸铜条或铝条，用两个金属环（称为端环）分别在裸金属导条两端把它们全部接通（短接），即构成了转子绕组，笼形转子结构简单，造价低廉，并且运行可靠，因而应用十分广泛；绕线转子绕组与定子绕组类似，由镶嵌在转子铁芯槽中的三相绕组组成，结构较复杂，造价也高，但是它的起动性能较好，并能利用变阻器阻值的变化，使电动机在一定范围内调速。在起动频繁、需要较大起动转矩的生产机械中常常被采用。

转轴：用以拖动机械负载。

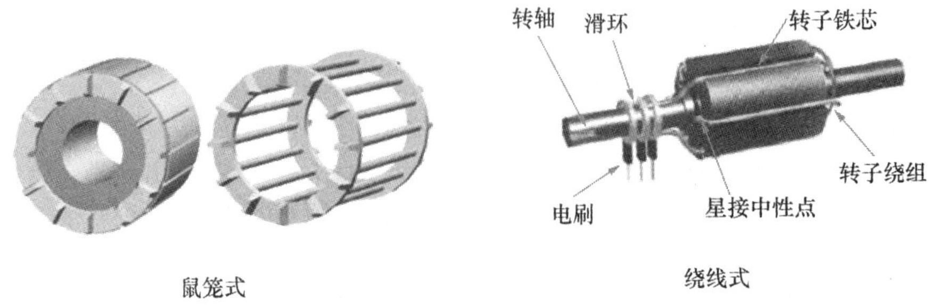

图 3-26 转子

(二)三相异步电动机的基本工作原理

1. 旋转磁场的产生

以定子三相绕组的基本形式为例进行考察，如图 3-28 所示。三个完全相同的线圈 U_1-U_2、V_1-V_2、W_1-W_2 空间互差 120°，分布在定子铁芯内圆的圆周上，构成了三相对称绕组。将三相绕组接成星形，尾端 U_2、W_2 和 V_2 相连，首端 U_1、V_1 和 W_1 分别连接三相对称电源，此时，在绕组中将流过三相对称电流。

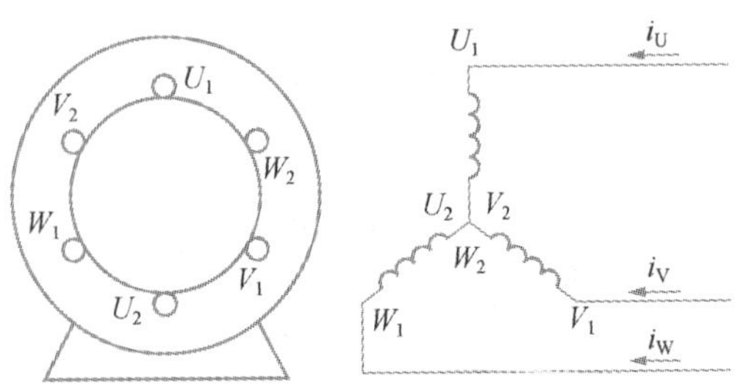

图 3-27 三相对称绕组通入三相对称电流

三相对称电流的变化曲线如图 3-28(a)所示，规定：电流瞬时值为正时，电流从绕组的首端 U_1、V_1、W_1 流入，用“×”号表示，同时从绕组尾端流出，用“U”号表示。

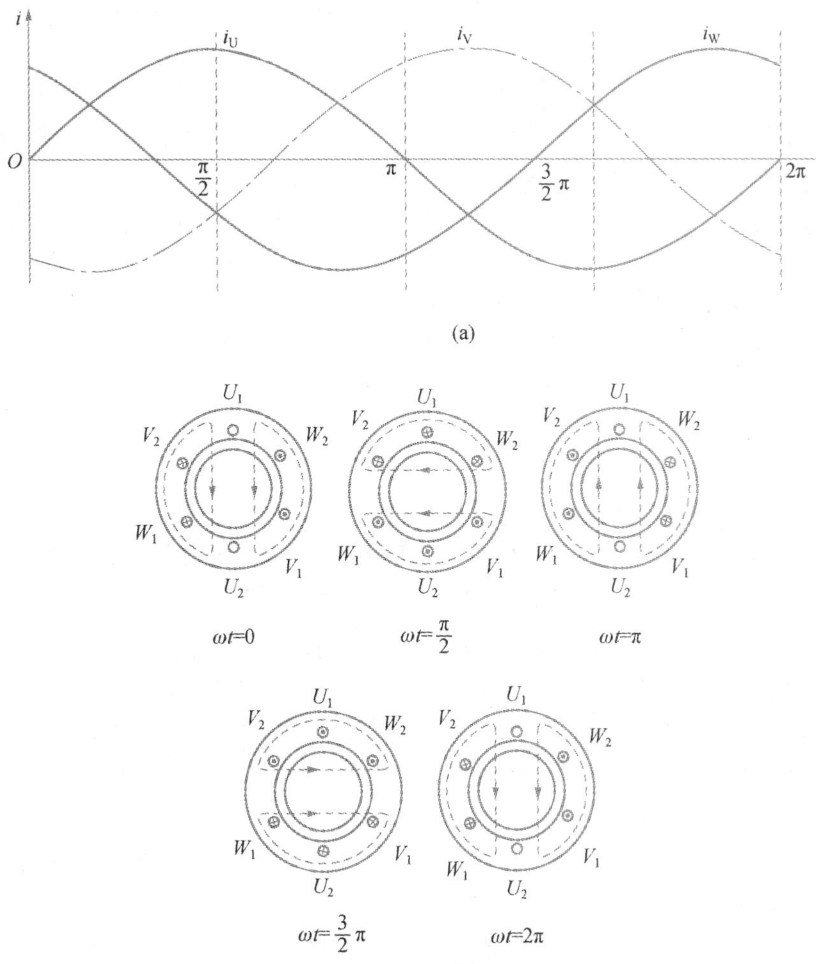

图 3-28　**三相电动机旋转磁场的产生**

(a)三相对称电流　(b)两极旋转磁场

三相对称绕组通入三相对称电流时，如图 3-29(b)所示，会产生一个三相合成且随时间变化的旋转磁场。磁场有一对磁极，因此，又叫两极旋转磁场。当某相电流达最大值时，三相合成磁场轴线转到该相绕组的轴线处，当电流变化一周时，磁场转过 360°。

在三相定子绕组空间排序不变的条件下，旋转磁场的转向取决于三相电流的相序，即从电流超前相转向电流滞后相。若要改变旋转磁场的方向，只需将电源进线中的任意两相对调即可，同时也改变了三相异步电动机的旋转方向。

2. 旋转磁场的转速

旋转磁场的转速也称为“同步转速”，用 n_1 表示。磁极对数 $p=1$ 的磁场，也就是两极旋转磁场与正弦电流同步。对工频电流，其频率为 50 Hz，旋转磁场在空间上每秒钟转 50 周，即电流每秒变化 f_1 周期，则旋转磁场的转速 n_1 为每秒 f_1 转或每分钟 $60f_1$ 转。当磁极对数 $p=2$ 时，交流电变化一周，旋转磁场只转过 1/2 周，可推出 4 极旋转磁场转速 $n_1=60f_1/2$。

由此类推，当旋转磁场具有 p 对磁极时，交流电每变化一个周期，磁场就在空间转过 $1/p$ 转。故旋转磁场的转速（同步转速）n_1 为

$$n_1=60f_1/p \tag{3-4}$$

式中 n_1——同步转速（r/min）；

f_1——交流电的频率（Hz）；

p——电动机的磁极对数。

当三相电源的频率为 50 Hz 时，一对磁极旋转磁场的转速就是（50×60）r/min=3 000 r/min。同步转速 n_1 与磁极对数 p 对应关系见表 3-5。

表 3-5 同步转速 n_1 与磁极对数 p 对应关系表（$f_1=50$ Hz）

p	1	2	3	4	5	6
n_1/(r/min)	3 000	1 500	1 000	750	600	500

3.三相异步电动机的旋转原理

当三相笼形异步电动机的定子绕组接上对称三相交流电源时，如图 3-29 所示，在定子空间中产生旋转磁场，由于此时转子处于静止状态，旋转磁场切割转子导体，从而在转子导体中产生感应电动势和感应电流，一旦转子中有电流，便会在其周围产生磁场。转子磁场受定子磁场的吸引，产生电磁力 F（也可用左手定则判断方向），因此转子开始沿与旋转磁场相同的方向旋转。

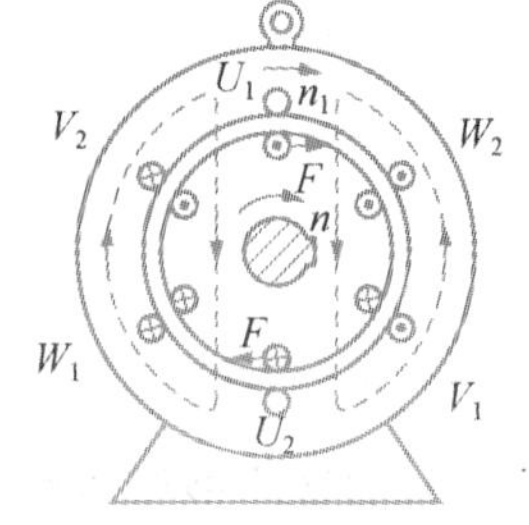

图 3-29 笼型异步电动机原理图

随着转子转速 n 的增加，旋转磁场与转子的相对运动减小，转子导体切割磁感线的速度减慢，产生的感应电动势和感应电流也随之减小。当转子继续加速，达到同

步转速时，则转子导体与旋转磁场之间不存在相对运动，那么在转子中便没有了感应电动势，随之感应电流消失，转子导体周围的磁场也就消失了。没有了电磁转矩，转子的旋转速度便会逐渐下降，这时，转子与旋转磁场间的相对运动又开始逐渐加强，电磁转矩加大，使转子转速加快。因此，转子转速与同步转速总是存在一定的转速差，"异步电动机"的名称也是由此而来，由于这种电动机是应用电磁感应原理制成的，所以也叫感应电动机。

4. 转差率 s

从上述分析可见，异步电动机转动是由于转子绕组受到旋转磁场"感应"产生电流而引起的，其转动的必要条件是转子的转速 n 和定子旋转磁场转速 n_1 之间存在着差异，此转速差 (n_1-n) 正是定子旋转磁场切割转子导体的速度，它的大小决定着转子电动势及其频率的大小，直接影响到异步电机的工作状态。同步转速 n_1 与电动机转速 n 之差与 n_1 之比称为异步电动机的转差率 s，即

$$s=(n_1-n)/n_1 \tag{3-5}$$

当电动机在静止状态或刚接上电源的一瞬间，转子转速 $n=0$，则对应的转差率 $s=1$；如转子转速 $n=n_1$，则转差率 $s=0$；异步电动机在正常状态下运行时，s 为 0～1 变化，额定转差率 s_N 为 0.01～0.05。

(三)三相异步电动机的型号

电动机的型号 用以表明电动机的系列、几何尺寸和极数。由汉语拼音字母、国际通用符号和阿拉伯数字组成。型号组成的含义如图 3-30 所示。

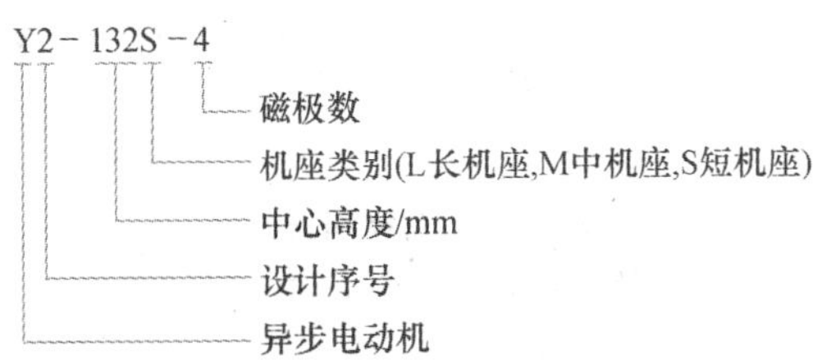

图 3-30　三相异步电动机型号组成含义

【任务实施】

用万用表判断三相异步电动机的额定转速

如果电动机上的铭牌模糊不清，无法了解电动机的技术数据，可以使用万用表来进行额定转速的判断。具体步骤如下：

(1)拆开电动机接线盒的 6 个接线端子,利用万用表测量电阻值的方法找出其中的一相绕组。

(2)将万用表调至交流毫安档,把两支表笔分别连接绕组的两根引出线。

(3)面对电动机风叶,将电动机转子顺时针转动一周,同时仔细观察万用表指针的摆动情况,并记录指针摆动的次数,这个次数就是该电动机的磁极对数。

(4)确定磁极对数后,根据转速计算公式就可以计算出电动机的额定转速值。

【任务拓展】

用万用表判别三相异步电动机定子绕组首尾端

电动机的绕组有 6 个引出端,每个线端上都标明了各相绕组的符号。如果标记丢失或标错,就会出现如图 3-31 所示的情况。这种情况的出现,会给电动机的运转带来严重的后果,如定子绕组发热、不转、转速降低、三相电流不平衡,严重者将会烧断熔体或烧毁定子绕组。因此在 6 个线端首尾不明的情况下,必须首先查明。

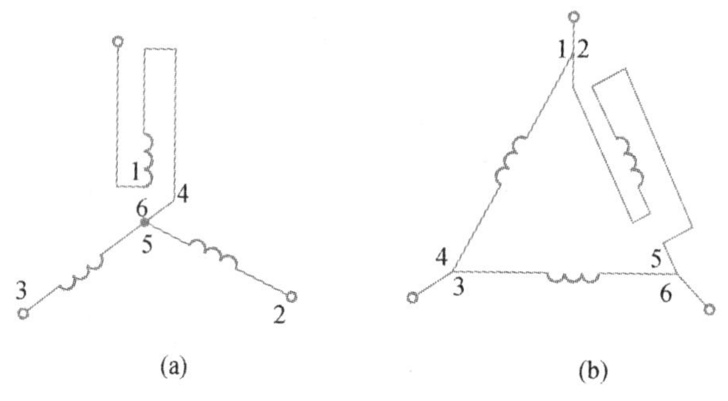

图 3-31 **首尾端接反**

(a)Y 联结首尾端接反 (b)△联结首尾端接反

1. 首先用万用表“Ω”档找出三相绕组每相的两个引出线头。
2. 给分开后的三相绕组假设编号,分别为 U_1、U_2、V_1、V_2、W_1、W_2。
3. 按图 3-32 所示接线,用手转动电动机的转子。若此时连接在绕组两端的微安表(或万用表微安档)指针不动,则说明假设的编号是正确的;若指针摆动,说明假设编号的首尾端有错,应逐相对调重测,直至正确为止。

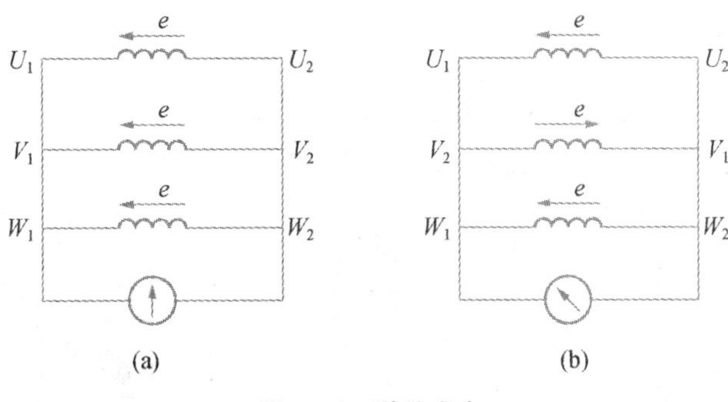

图 3-32　剩磁感应

(a)首尾正确　(b)首尾接反

【任务巩固】

1.三相异步电动机的转速越高，则其转差率绝对值越________。

2．三相异步电动机的同步转速与电源频率 f 磁极对数 p 的关系是________。

3. 三相异步电动机处于电动机工作状态时，其转差率一定为________。

A. $s>1$　　B. $s=0$　　C. $0<s<1$　　D. $s<0$

4. 三相对称电流电加在三相异步电动机的定子端，将会产生________。

A.静止磁场　　B.脉动磁场

C.旋转圆形磁场　　D.旋转椭圆形磁场

任务3　单相异步电动机的故障检修

【任务目标】

1. 了解单相异步电动机的基本工作原理，理解直流电动机名牌数据的含义。

2.能够进行单相异步电动机的故障分析及简单制作。

【任务准备】

一、资料准备

万用表、三相笼形异步电动机、单相异步电动机、改锥、任务评价表等与本任务相关的教学资料。

二、知识准备

单相异步电动机是用单相交流电供电的异步电动机，其结构简单，成本低廉，使用方便广泛应用于办公室、家庭和医院等只有单相电源的场合，如图 3-33 所示。

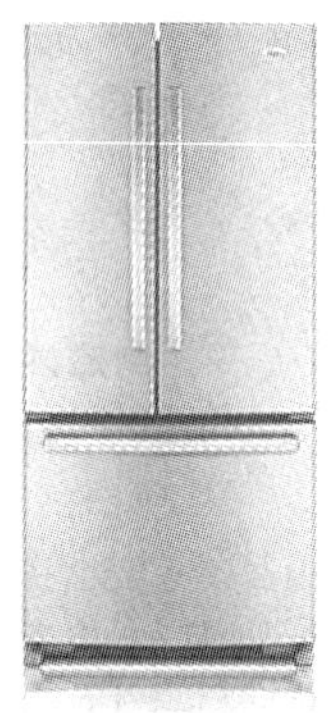
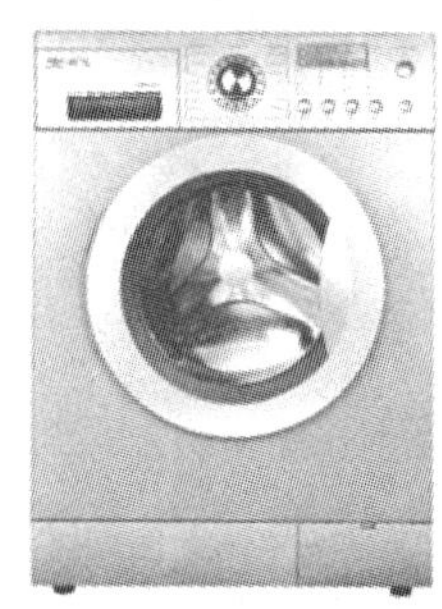

图 3-33 **单相异步电动机**

(一)单向异步电动机的结构

单相异步电动机的种类不同，它们的结构各有特点，形式繁多。但就其共性而言，电动机的结构都由固定部分(定子)、转动部分(转子)和支撑部分(端盖和轴承等)三大部分组成。单相异步电动机的结构如图 3-34 所示。

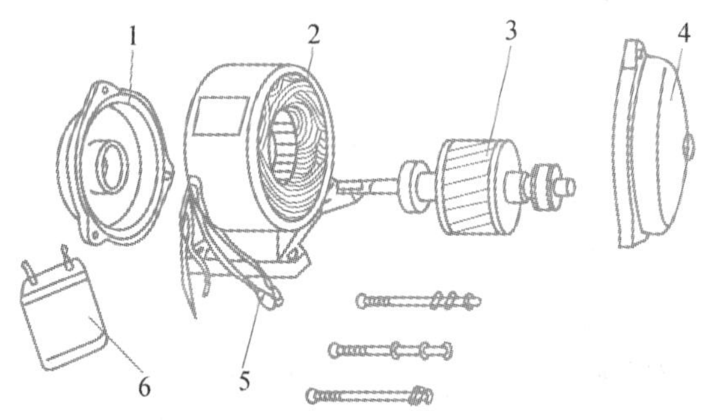

图 3-34 **单相异步电动机结构图**

1—前端盖 2—定子 3—转子 4—后端盖 5—引出线 6—电容器

定子铁芯和转子铁芯，其结构和作用与三相异步电动机一样，是用来构成电动机磁路的；定子绕组多采用高强度聚酯漆包线绕制，转子绕组一般采用笼型绕组，常用铝压铸而成；对应于不同的机座材料，端盖也有铸铁件、铸铝件和钢板冲压件；轴承有滚珠轴承和含油轴承。

(二)单相异步电动机的基本原理

单向异步电动机的定子绕组通以单向电流后，电动机内就产生一交变磁场，但磁场的方向时而垂直向上，时而垂直向下，这样的磁场称为脉振磁场。当转子静止不动时转子导体的合成感应电动势和电流为零，合成转矩为零，因此转子没有起动转矩。故只有单相定子绕组的电动机如果不采取一定的措施，就不能自行起动。

要使单相异步电动机能自行起动，且沿某规定方向运行，必须施加其他措施，单相异步电动机定子绕组常做成两相：主绕组和辅助绕组，主绕组是它的工作绕组，在电动机的运行中起主导作用，辅助绕组是起动绕组，它是为电动机的起动而设置的。两种绕组的中轴线错开一定的电角度，目的是为了改善起动性能和运行性能。

根据副绕组与启动元件(电阻、电容器、离心开关)的连接方式，单相异步电动机可分为电容运转式、电容启动式、电容起动运转式和电阻启动式等。

1. 电容运转式电动机(表 3-6)

表 3-6 电容运转式电动机的结构、接线图、特点及应用

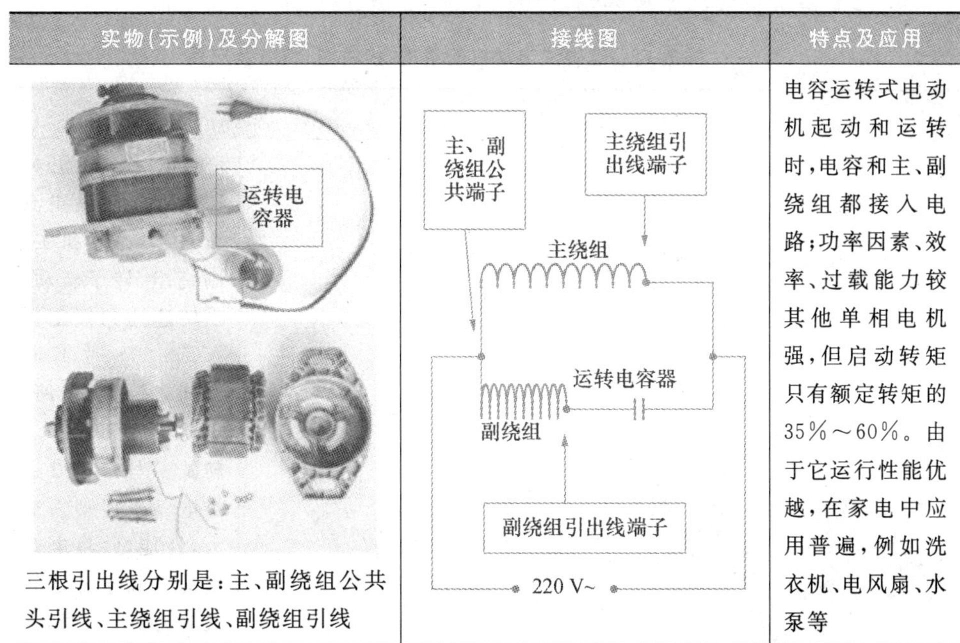

实物(示例)及分解图	接线图	特点及应用
运转电容器 三根引出线分别是：主、副绕组公共头引线、主绕组引线、副绕组引线	主、副绕组公共端子 主绕组引出线端子 主绕组 运转电容器 副绕组 副绕组引出线端子 220 V~	电容运转式电动机起动和运转时，电容和主、副绕组都接入电路；功率因素、效率、过载能力较其他单相电机强，但启动转矩只有额定转矩的35%～60%。由于它运行性能优越，在家电中应用普遍，例如洗衣机、电风扇、水泵等

2. 电容启动式电动机(表 3-7)

表 3-7 电容启动式电动机的结构、接线图、特点及应用

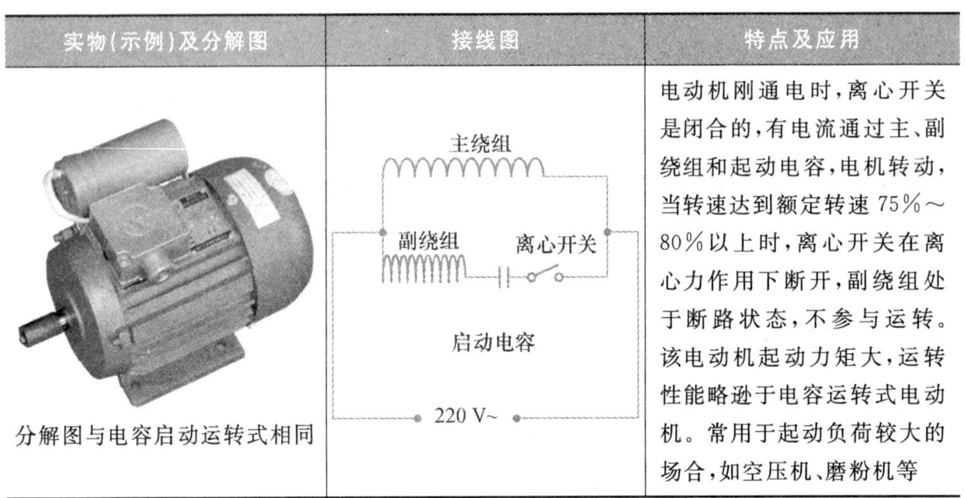

实物(示例)及分解图	接线图	特点及应用
分解图与电容启动运转式相同	主绕组、副绕组、离心开关、启动电容、220 V~	电动机刚通电时，离心开关是闭合的，有电流通过主、副绕组和起动电容，电机转动，当转速达到额定转速 75%～80% 以上时，离心开关在离心力作用下断开，副绕组处于断路状态，不参与运转。该电动机起动力矩大，运转性能略逊于电容运转式电动机。常用于起动负荷较大的场合，如空压机、磨粉机等

3. 电容启动运转式电动机(表 3-8)

表 3-8 电容启动运转式电动机的结构、接线图、特点及应用

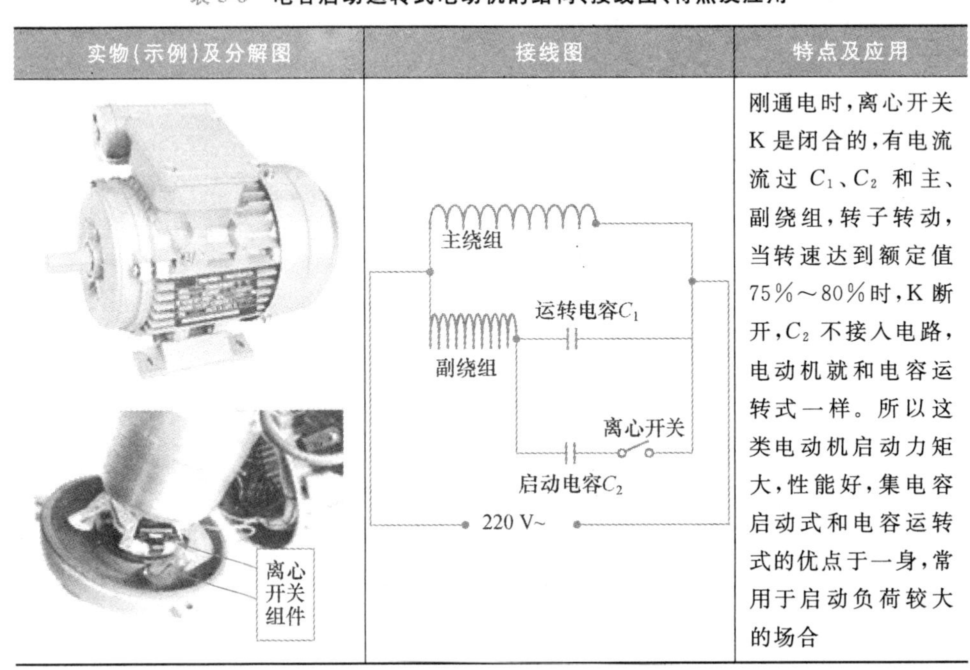

实物(示例)及分解图	接线图	特点及应用
离心开关组件	主绕组、运转电容C_1、副绕组、离心开关、启动电容C_2、220 V~	刚通电时，离心开关 K 是闭合的，有电流流过 C_1、C_2 和主、副绕组，转子转动，当转速达到额定值 75%～80%时，K 断开，C_2 不接入电路，电动机就和电容运转式一样。所以这类电动机启动力矩大，性能好，集电容启动式和电容运转式的优点于一身，常用于启动负荷较大的场合

4. 电阻启动式电动机(表 3-9)

表 3-9　**电阻启动式电动机的结构、接线图、特点及应用**

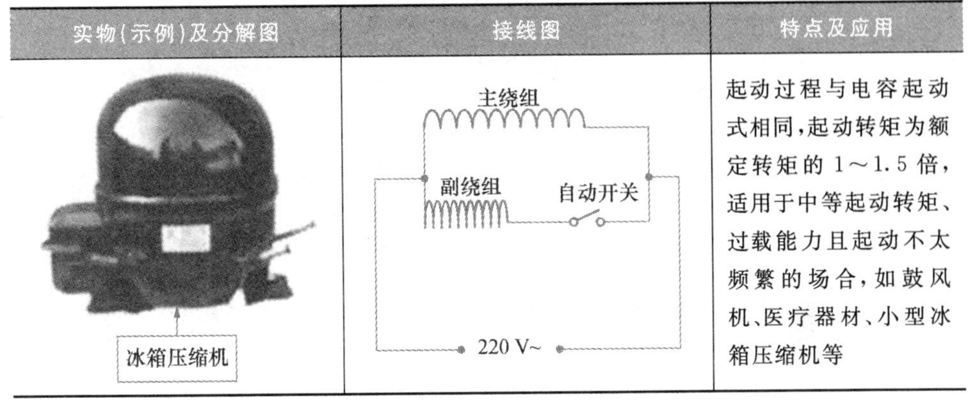

实物(示例)及分解图	接线图	特点及应用
冰箱压缩机	主绕组 副绕组 自动开关 220 V~	起动过程与电容起动式相同,起动转矩为额定转矩的 1～1.5 倍,适用于中等起动转矩、过载能力且起动不太频繁的场合,如鼓风机、医疗器材、小型冰箱压缩机等

(三)单相异步电动机的应用

1. 电风扇用的电动机

电风扇中使用的电动机是感应式电动机,如图 3-35 所示,靠电容器启动。电路中带有高、中、低三个抽头的是辅助线圈,利用调速开关选择所需抽头。开关打到高速档时,全部线圈都当作辅助线圈,所以转速快;把开关打到中速档时,一半线圈当做辅助线圈,所以转速为中速;当把开关打到低速档时,辅助线不起作用,所以转速降低。

图 3-35　**电风扇电机电路**

2. 洗衣机用的电动机

洗衣机的洗涤桶在工作时经常需改变旋转方向,由于其电动机一般均为电容运转单相异步电动机,故一般均采用将电容器从一组绕组中改接到另一组绕组中的方法来实现正反转,其电路如图 3-36(a)所示。图 3-36(b)为脱水电动机控制电路,S1 为脱水定时器的触点,脱水定时时间一般为0～5 min。S2 为脱水桶门盖的联锁触点。

(四)单相异步电动机的常见故障及排除

单相异步电动机出现异常后,要立即停机查明原因,排除故障,否则会烧毁绕组。在电源正常和负载正常的情况下,电机常见故障及排除方法如表 3-10 所示。

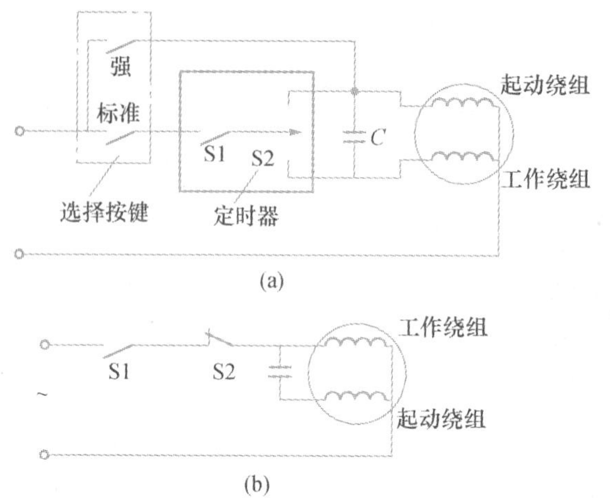

图 3-36 家用洗衣机电路

(a)洗衣机电动机电路 (b)脱水机电动机电路

表 3-10 单相异步电动机常见故障及排除

故障表现	可能原因		后果	排除方法
嗡嗡响但不转动	电气方面	①主绕组完好但电容器断路或离心开关触点损坏不能闭合或副绕组及引线断路	①烧毁主绕组 ②其他正常，但电容器短路时，会先烧副绕组，其次烧主绕组	检查可疑元件，若损坏，则更换(对离心开关触点，可用砂纸打磨)
		②副绕组及起动元件回路正常，但主绕组断路	烧毁副绕组	若能找到断路点，可焊接后加绝缘套管使用，否则，要重绕线圈
	机械方面	①轴承卡死 ②转子与定子相擦(扫膛)	最容易烧毁副绕组，也易烧主绕组	更换轴承
转速慢	电气方面	①副绕组没有脱离电源(离心开关没断开)	首先烧副绕组，其次烧主绕组	维修或更换离心开关
		②主绕组有局部短路	烧毁主绕组	重绕线圈
	机械方面	轴承磨损或轴承与轴承室配合过紧		更换轴承或重新装配

续表表 3-10

故障表现	可能原因		后果	排除方法
电动机温度过高	电气方面	绕组短路	烧毁绕组	重绕线圈
	机械方面	①轴承损坏，多油、少油、有杂质 ②冷却风道堵塞 ③风扇叶脱落		更换轴承清洁风道，或更换风扇叶

【任务实施】

单相电动机的定期维护

1．电容器的检测

（1）检测过程如图 3-37 所示。

方法：用一个数百欧的电阻将两极短路，放掉电容器储存的电荷，以免测量时损坏万用表

步骤①：给电容器放电

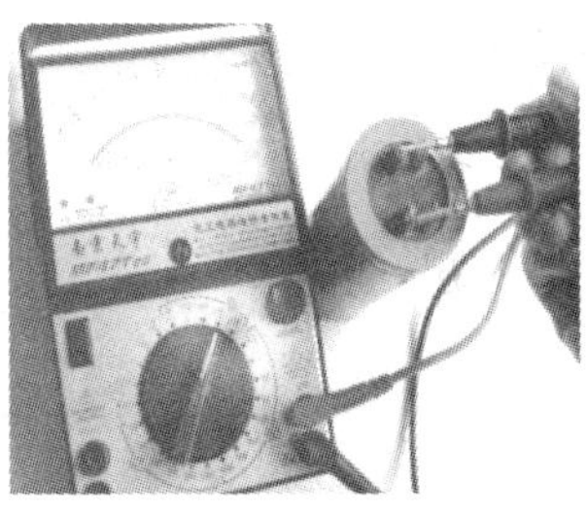

步骤②：用万用表的电阻挡，表笔接触电容器的两个引脚

(a) 开始

(b) 指针逐渐向右摆至某一角度

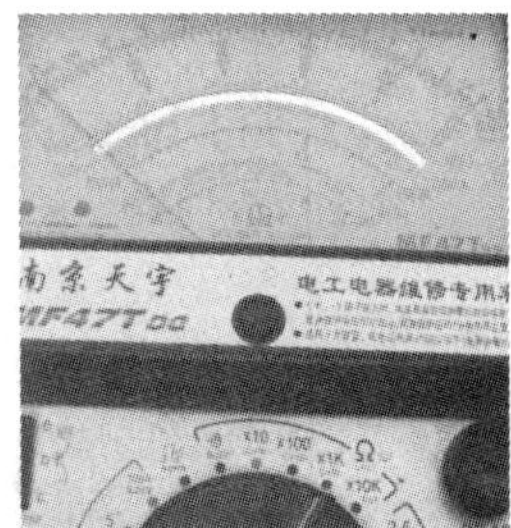

(c) 逐渐返回原处（∞处）

步骤③：观察指针的变化

图 3-37　单相电动机电容器的检测

(2)对检测结果的说明。指针逐渐向右摆至某一角度后，又逐渐返回到原处(∞处)，交换表笔测量时，指针偏角更大再回到原处，则电容器是好的；若阻值为0，说明电容器已击穿短路；若阻值为∞，说明电容器已断路。

2. 绝缘电阻、绕组电阻值、离心开关触点的检测

如表3-11所示。

表3-11 单相异步电动机绝缘电阻、绕组电阻值、离心开关触点的检测

项目	方法	图示	结果说明
测绝缘电阻(测主、副绕组间绝缘电阻和测绕组与机壳间的绝缘电阻)	用兆欧表或万用表的R×10 K档	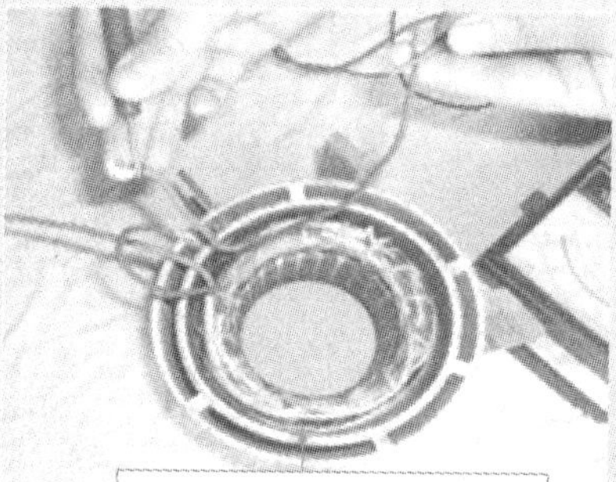 测主、副绕组间绝缘电阻	用兆欧表测得的绝缘电阻的阻值应大于2 MΩ； 用万用表测量，若测得值为∞，则正常；若为0，且能发现短路点，可用绝缘纸隔开，浸上绝缘漆后使用，否则要更换绕组； 若指针轻微摆动，则清洗、干燥绕组后，一般可使用
测绕组电阻值	找到主、副绕组的引线端子(各两个)； 用万用表R×1档测主绕组两个端子之间的电阻值和副绕组两个端子间电阻值	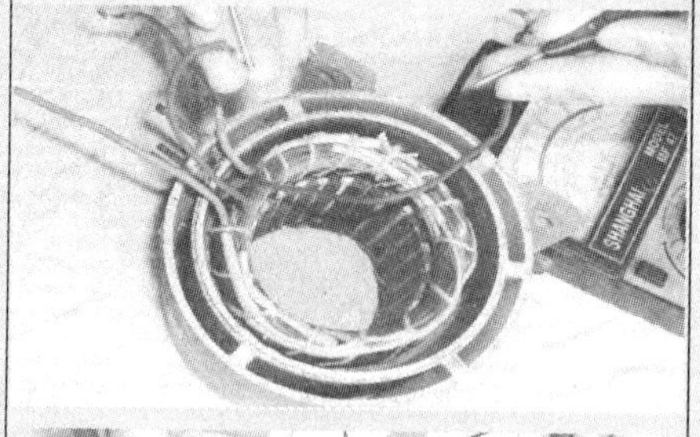 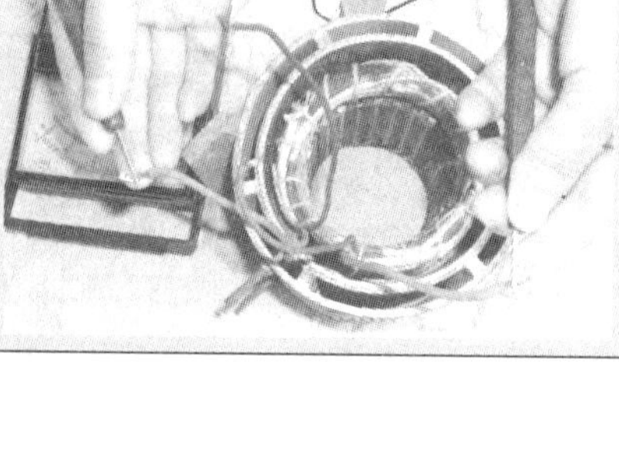	阻值为∞，则存在断路，断路点若容易发现，可焊接后加绝缘套管并浸漆后使用，若不能发现断路点，则需重绕(绕组存在短路，万用表不易测出)

续表3-11

项目	方法	图示	结果说明
检测离心开关触点	用万用表 R×1 档，两表笔接触两个触点与连接导线的焊接处		触点闭合时，阻值若接近零或为零，则触点良好，否则，应用砂纸打磨触点或更换

【任务拓展】

三相异步电动机改接成单相异步电动机

三相异步电动机作单相运行的方法有多种，最常见的是电容移相法。如鼓风机、排风扇和循环水泵等。在不改变电动机接线的情况下，可用下述方法实现单相运行，步骤如下。

1.检查电动机绝缘

首先检查电动机绕组对外壳绝缘是否良好。如图 3-38 所示，拆下电动机的接线盒，取下电动机接线柱上的连接片，将兆欧表接地端"E"的鳄鱼夹与电动机的外壳连接，将"L"端的鳄鱼夹分别与三相绕组首端(U_1、V_1、W_1)或尾端(U_2、V_2、W_2)连接。连接完毕后以 120 r/min 左右的速度摇动手柄，正常的每相绕组对地电阻值应为无穷大。

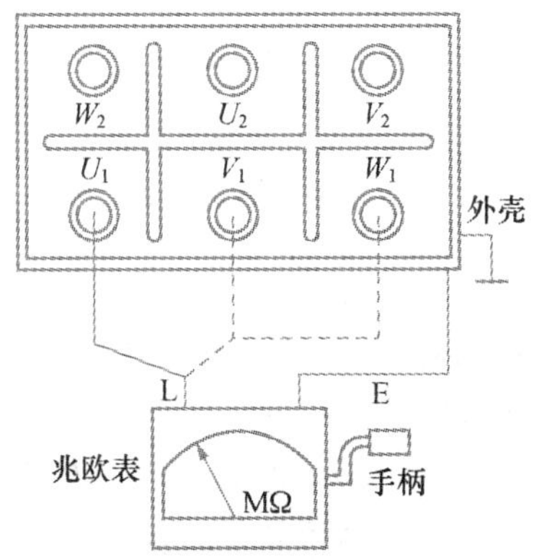

图 3-38　检测绕组对外壳绝缘情况

2. 小功率三相异步电动机单相运行时电容量选用

电动机联接方式不同与功率大小不同，所需选用的电容量也不同，如表 3-12 所示。

表 3-12 小功率三相异步电动机单相运行时电容量选用表

电动机功率/W		25	40	60	90	120	180	250	370	550	750
电容/μF	Y	1.5	2.4	3.6	5.4	7.2	11	15	22	35	45
	△	2.5	4	6	9	12.4	18	25	28	55	75

3.电动机改接方法

首先按照电动机的联结方式与表 3-10 选用合适的电容器，三角形联结时电容器并接在任意两个联接片上，将 220 V 交流电一端接到未连电容器的联结片上，另一端接到联结电容器的任意一个联结片上，如图 3-39a 所示。星形联结时将电容并接在 V_1、U_1 两端，将 220 V 交流电源接到 W_1、V_1 两端通电运行，如图 3-39(b)所示。

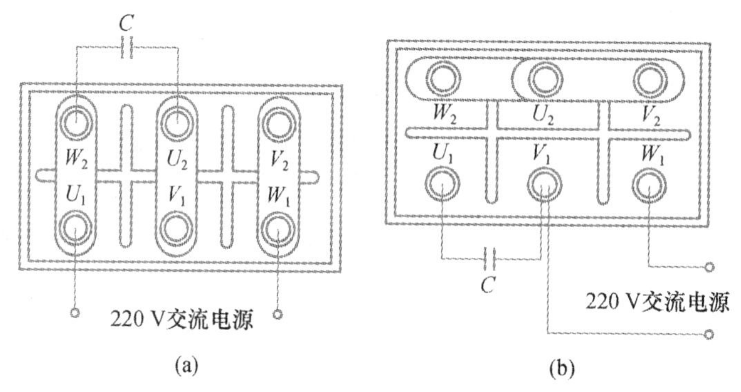

图 3-39 小功率三相异步电动机单相运行联结方法

(a)△联结 (b)Y 联结

【任务巩固】

1. 三相异步电动机改接后，分析单相运行时旋转磁场是如何产生的？与三相异步电动机的旋转磁场有何区别？

2. 电容器电容量的大小会对电动机的运行产生怎样的影响？

3. 这种电动机的输出功率为什么要比改接前电动机的额定功率要低？

任务4　通用电动机的拆装

【任务目标】

1. 了解电动工具中通用电动机的结构、特点及应用，理解其工作原理。

2.能够对常见单相电动工具中的电动机进行正确拆装，会排查常见通用电动机的简单故障。

【任务准备】

一、资料准备

手电钻、冲击钻、手砂轮、电锤、改锥、万用表、任务评价表等与本任务相关的教学资料。

二、知识准备

通用电机指的是交直流两用电动机，也就是单相串励电动机，结构上与串励直流电动机相似，其励磁绕组与电枢绕组串联，由单相交流电流励磁。它主要接单相交流电源工作，也可用作串励直流电动机。主要用于各种电动工具如手电钻、电动扳手、吸尘器等。

(一)通用电动机的工作原理

由于励磁电流为交流电，通用电动机的主磁极磁场为脉动磁场。电源接通后某瞬间，电枢绕组电流方向如图3-40(a)所示时，主磁极极性也随之确定，根据左手定则可知，电机的电磁转矩为逆时针方向；当交流电进入另半个周期时，电枢绕组和励磁绕组中电流同时改变方向，因此励磁磁场与电枢电流作用后仍产生逆时针方向的电磁转矩，如图3-40(b)所示，电机将维持逆时针方向继续转动。改变励磁绕组与电枢绕组的相对接线，电机的转向可随之改变。

(二)通用电动机的结构特点

1. 定子结构

串励电动机定子由定子线包套在定子磁极铁芯上构成，均为两极机，一般不装设换向极。与直流电动机采用实心整块铁芯不同，其定子铁芯由厚度≤0.05 mm

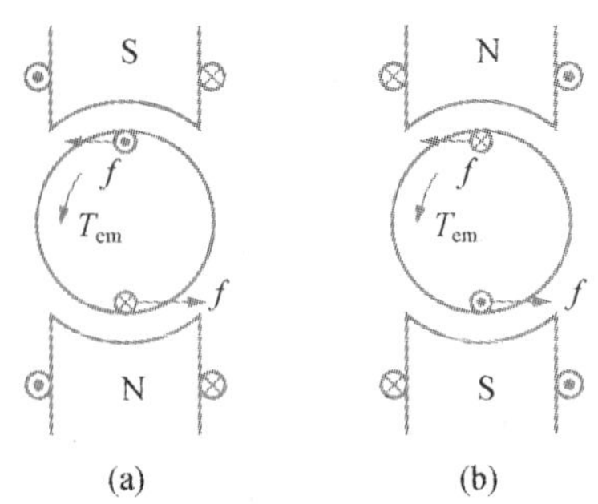

图 3-40 通用电动机转动原理

(a)电枢电流方向为正 (b)电枢电流方向反向

的硅钢片叠压成型，它的特点是磁极和铁轭制成一体，如图 3-41(a)所示。定子绕组是集中绕组，由绝缘导线在绕线模上绕成，绕成后包上绝缘就构成了定子线包，其外形如图 3-41(b)所示。

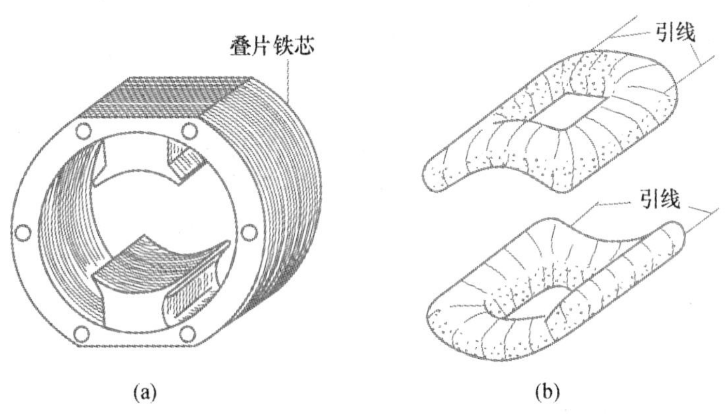

图 3-41 单相串励电动机定子结构

(a) 定子铁芯 (b) 定子线包

2.转子结构

通用电动机的转子结构如图 3-42 所示。转子总体结构与直流电动机转子类似，它的铁芯为叠片铁芯，电枢绕组为与直流电动机类似的单叠绕组，转子上也设有与直流电动机结构类似的换向器。为了防止电枢绕组端部引线甩出，换向器侧的绕组端部绕上了扎线。在转子铁芯的端面，为了加强绝缘垫上了绝缘纸板，而在绕组端部和转轴之间，为了同样的目的垫上了轴绝缘。

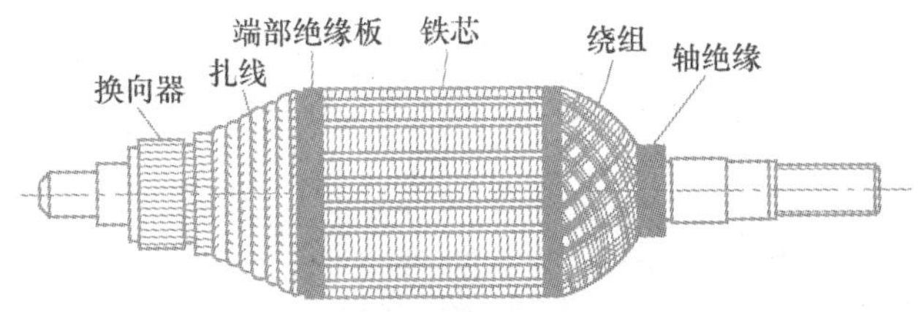

图 3-42　**单相串励电动机转子结构**

3.定子线包和电枢绕组的连接方式

通用电动机的定子线包和电枢绕组通过换向器、电刷串联，它的串联方式有两种，如图 3-43 所示，这两种串联方法并无实质性差别。连接时，注意通电后应当使两磁极极性相反。

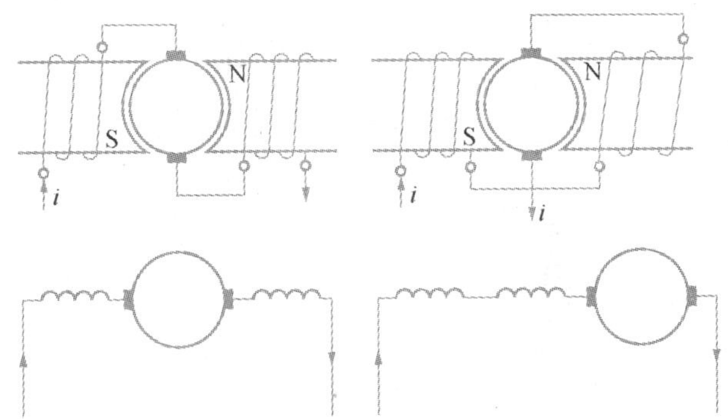

图 3-43　**单相串励电动机定、转子接线方式**

(三)通用电动机的特点及应用

通用电动机的转速与电源频率无关，这是串励交流电动机与其他交流电动机工作的主要区别。一般通用电动机的设计转速都很高，目前为 8 000～18 000 r/min。

通用电动机的电磁转矩含有很大的脉振分量，这是它与其他交流电动机的又一个显著区别。转矩的波动将导致电动机的振动，频率为工频的 2 倍。

通用电动机具有体积小、转速高、起动转矩大等优点，主要用作电动工具及家用电器(如普通电钻、冲击电钻、电刨子、吸尘器、电吹风、电动缝纫机等)的动力，已成为世界上用量最多的一种电动机。但这种电动机换向条件比直流电机更差，使用中往往会出现火花，噪声较大，对通信极易造成干扰，特别要注意使用电动工具时，应防止触电事故。

表 3-13 部分常见电动工具

名称	图片	用途
手电钻	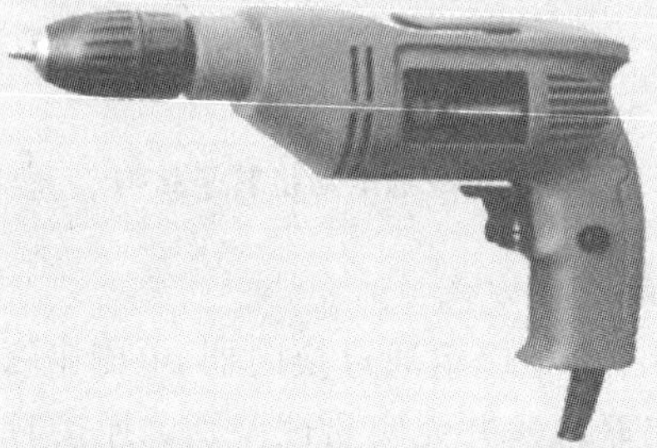	手持打孔。适用于木、塑料、金属的钻孔
冲击钻	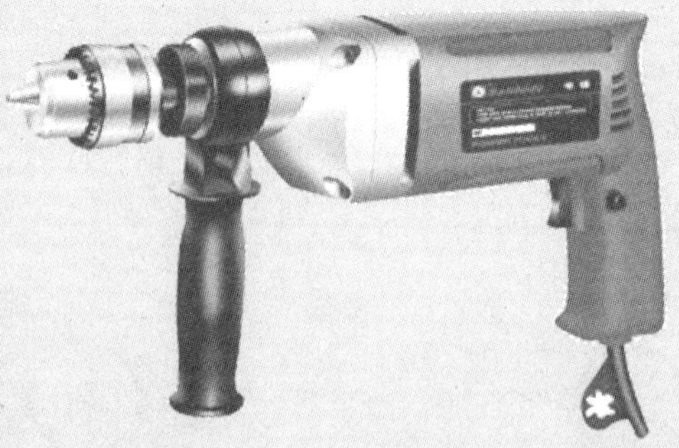	手持打孔。用于木、塑料、金属等的钻孔。用冲击档时，也可给混凝土打孔
电锤	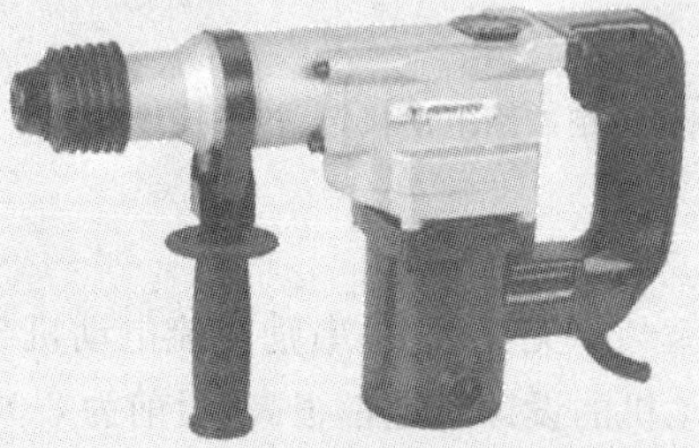	手持式，用于混凝土的打孔
手砂轮		手持式，用于金属等材料的初步磨光

【任务实施】

电动工具的拆装

完成本组使用电动工具的拆卸和装配，熟悉内部结构，完成对电动工具的各种检测，并练习打孔，然后对表 3-14 填空。

表 3-14　电动工具的拆装

①画出你所用的电动工具的内部电路图	②你所用的电动工具的碳刷与换向器间的火花是否正常？	③更换碳刷的方法	④更换轴承的方法
⑤定子绕组与机壳间电阻值是多少	⑥转子绕组与机壳的电阻值是多少	⑦定子绕组的电阻值是多少	⑧怎样判别电动工具的开关是否正常

【任务拓展】

常见单相电动工具的简单故障的排除

表 3-15　常见单相电动工具的简单故障排除

项目	易出的故障	检查方法	排除方法
电刷架组件	①电刷架绝缘下降，甚至使电刷接地（搭铁）会导致电机不易起动、达不到额定转速、振动、绕组过热、电刷火花大等现象	主要是着重外观检查，看有没有受潮后被击穿烧焦现象，有没有机械冲击引起的绝缘碎裂或编织线散开接地现象	更换

续表 3-15

项目	易出的故障	检查方法	排除方法
电刷架组件	②弹簧断裂或失去弹性,使电刷与换向器不能良好接触,导致电机不能起动	目测和挤压弹簧看压力是否正常	更换(注意:装配弹簧时,要求其压力沿径向加于碳刷上)
	③电刷磨损、残缺或编织丝松脱、断丝,都会造成电刷与换向器接触不良,产生较大火花,甚至不能运转	目测法。一般只要不产生环状火花,就能使用	注意用同型号同规格的电刷更换
电枢绕组	接地(指绕组与硅钢片之间的电阻为 0 或较小)、短路、断路会导致:① 转速慢且有较大噪声;② 起动困难;③外壳带电、熔丝爆裂;④转子振动并有较大火花,温度升高	接地、断路可用万用表电阻档检测;绕组的短路用万用表无法检测	转子绕组的维修较复杂,且工艺要求较高,所以转子出故障后一般采用更换的方法
励磁绕组(定子绕组)	可能的故障主要是接地、断路和匝间短路	是否接地可用万用表电阻档检测	①若接地点可凭外观看到且故障轻微时,可加热烘软线圈后,将接地点拔离铁芯,插新绝缘纸隔离,再装回,刷绝缘漆,烘干即可。 ②若短路点从外观可以发现,可烘软线圈后用绝缘纸隔开,刷绝缘漆,烘干后使用,若短路点不易发现则可重绕定子线圈(较容易)
开关	触点烧蚀接触不良	用万用表 R×1 档	调整、打磨或更换

【任务巩固】

1. 为什么单相串励电动机常常叫做交直流两用电动机?
2. 如何使交直流两用电动机的转向相反?
3. 当交直流两用电动机接直流电时,补偿绕组必须怎样连接?

任务5　农用车发电机的拆装

【任务目标】

1. 理解农用车交流发电机的构造,掌握发电机的基本工作原理及其分类。

2.能够对农用车交流发电机进行正确拆装。

【任务准备】

一、资料准备

农用车交流发电机、改锥、24号扳手、任务评价表等与本任务相关的教学资料。

二、知识准备

发电机是将其他形式的能源转换成电能的机械设备,在工农业生产、国防、科技及日常生活中有广泛的用途。

(一)发电机的工作原理

发电机的形式很多,但其工作原理都基于电磁感应定律和电磁力定律。因此,其构造的一般原则是:用适当的导磁和导电材料构成互相进行电磁感应的磁路和电路,以产生电磁功率,达到能量转换的目的。图3-44是一个最简单的交流发电机模型。

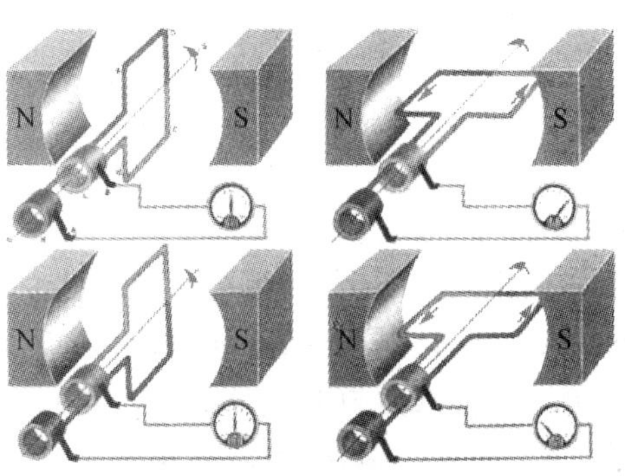

图3-44　交流发电机模型

在静止的N、S磁极(定子)之间放着圆柱形铁芯、铁芯上绕着线圈(图中只画出了一匝线圈),这个铁芯线圈可以在定子磁极之间旋转,叫做转子。当铁芯在原动机(汽轮机或水轮机等)的拖动下绕轴旋转时,线圈切割磁力线,就会在线圈中产生交变的感应电动势,如果感应电动势按照正弦规律变化,就形成了我们日常所用的正弦交流电。

(二)发电机的分类

发电机的种类有很多种。从原理上分为同步发电机、异步发电机、单相发电机、三相发电机。从产生方式上分为汽轮发电机、水轮发电机、柴油发电机、汽油发电机等。从能源上分为火力发电机、水力发电机等。如图3-45所示。

(a) (b) (c) (d)

图3-45 **发电机的种类**

(a)火力发电机组 (b)三峡水轮发电机组 (c)柴油发电机 (d)汽车发电机

(三)农用车交流发电机的构造

农用车发电机是汽车的主要电源,其功用是在发动机正常运转时(怠速以上),向所有用电设备(起动机除外)供电,同时向蓄电池充电。

农用车用发电机可分为直流发电机和交流发电机,由于交流发电机在许多方面优于直流发电机,直流发电机已被淘汰,交流发电机种类繁多,按照总体结构分为普通交流发电机、整体式交流发电机、带泵交流发电机、无刷交流发电机、永磁交流发电机；按整流器结构分为六管、八管、九管、十一管交流发电机；按磁场绕组搭铁形式分为内搭铁型和外搭铁型交流发电机。

交流发电机主要结构为转子总成、定子总成、皮带轮、风扇、前端盖、后端盖及电刷总成等，如图 3-46 所示。

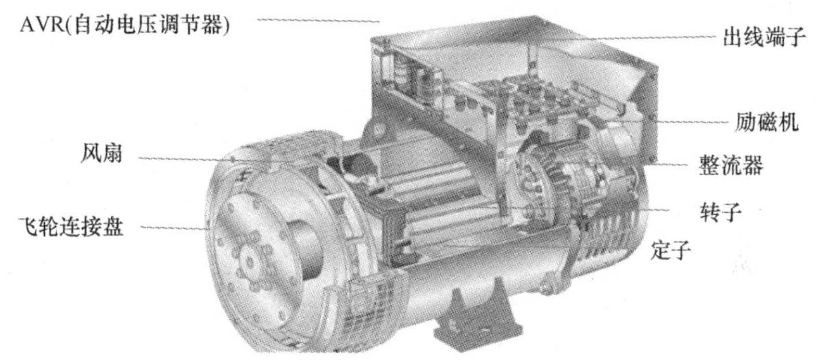

图 3-46　交流发电机模型

1.转子总成

作用是产生磁场，由转子轴、激磁绕组、爪形磁极和滑环等组成。

2.定子总成

作用是产生交流电，由定子铁芯、三相绕组组成。三相绕组对称的嵌放在定子铁芯的槽中。三相绕组的连接有星形接法和三角形连接法两种。

3.皮带轮

利用半圆键装在前端盖外侧的转子轴上，用弹簧垫片和螺母紧固。

4.风扇

一般用 1.5 mm 厚的钢板冲压而成或用铝合金铸造制成，利用半圆键装在前端盖外侧的转子轴上。

5. 前、后端盖

用非导磁性的材料铝合金制成，具有轻便、散热性好等优点。

6.电刷总成

分为外装式和内装式，装在电刷架的方孔内，并在其弹簧的压力推动下与转子滑环保持良好的接触。

【任务实施】

交流发电机的拆装

表 3-16 交流发电机的拆装步骤

步骤	内容	技术要求	图解
一	电刷架总成的拆卸	1. 清除发电机外部的灰尘泥土 2. 用螺丝刀拆下固定电刷家的两个固定螺栓，取下电刷架总成	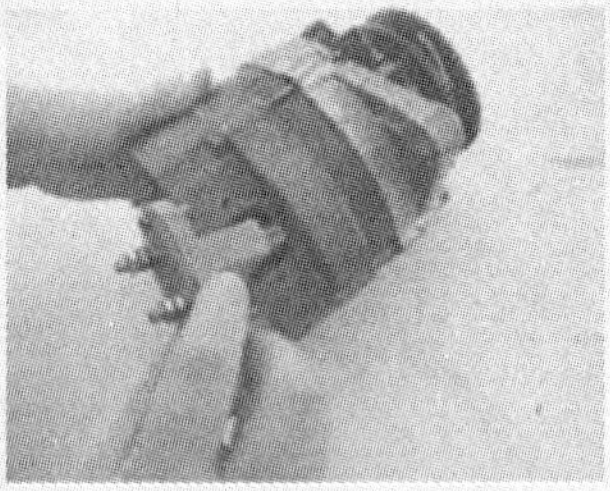
二	油封的拆卸	拆掉后端盖上的 3 个油封螺钉，取下油封盖	
三	前后端盖分离	用螺丝刀拆下前后端盖的穿心螺栓	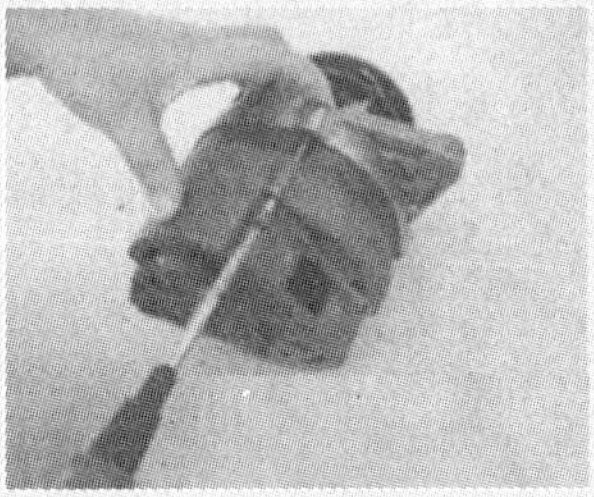
		将其分解为与转子结合的前端盖和与定子结合的后端盖两大部分。需要注意的是定子总成与后端盖应同时与前端盖分离	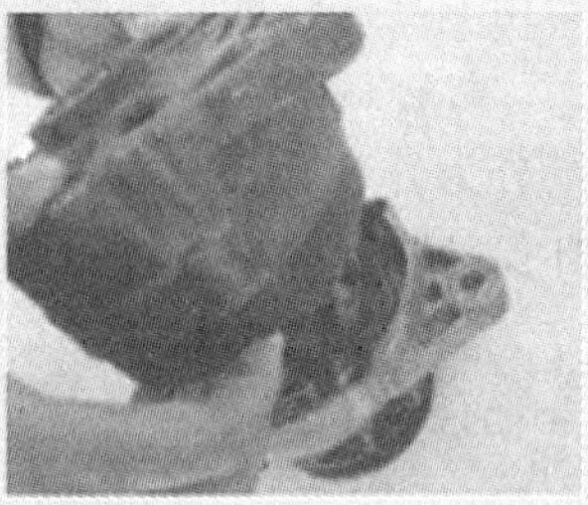

续表3-16

步骤	内容	技术要求	图解
四	皮带轮及风扇的拆卸	用螺丝刀对转子轴进行固定，用 24 号扳手松开皮带轮紧固螺母	
		顺序取下皮带轮及风扇，注意零部件按顺序摆放，如果皮带轮与转子轴装配过紧，应使用拉力器	
五	前端盖与转子总成的分离	使用平口螺丝刀撬下半圆键，并将转子总成与前端盖分离	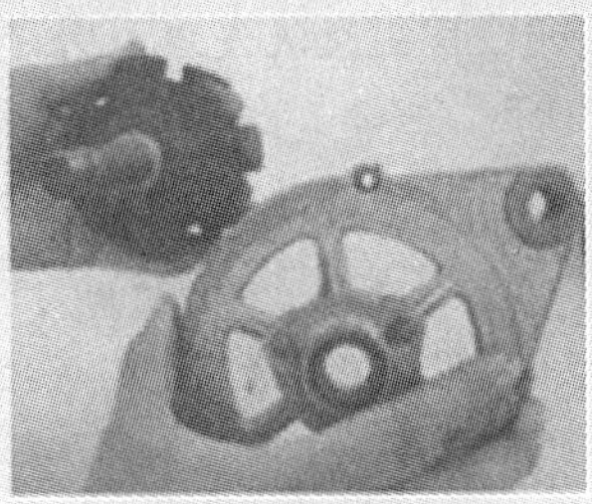
六	定子总成与后端盖分离	拆下定子上 3 个接线端在元件板上的连接螺母	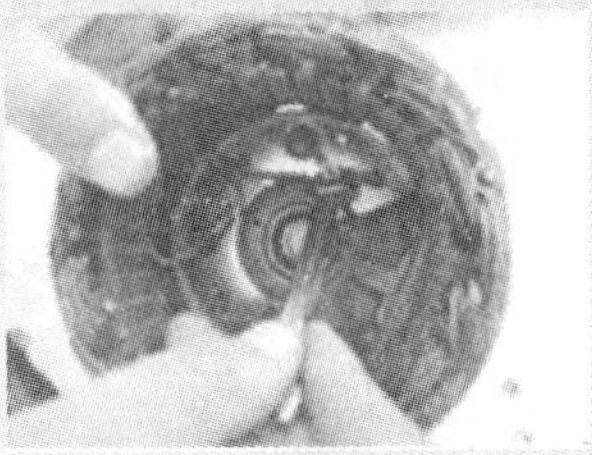
		分离定子总成与后端盖，注意操作力度，避免定子线圈引线拉断	

续表3-16

步骤	内容	技术要求	图解
七	发电机装配	零部件按拆卸顺序摆放整齐，安装顺序与拆卸顺序相反	

【任务拓展】

交流发电机的检测

交流发电机型号________

1.不解体的检查

(1)目测交流发电机外壳是否破损：

正常 □　　　　损伤 □

(2)用手转动发动机皮带轮，检查发电机轴承完好情况：

正常 □　　　　运转噪声 □

(3)用万用表检测发电机"B"端子与外壳之间的电阻，判断整流器的好坏：

正向测量值：________　　反向测量值________

正常 □　　不同极性二极管被击穿 □　　同一极性二极管被击穿 □

2.解体后的检查

(1)转子的检查

①转子绕组短路与断路的检查：

测量值：________

正常 □　　　　短路 □　　　　断路 □

②转子绕组绝缘检查：

测量值：________

正常 □　　　　不绝缘 □

③滑环的检查：

正常 □　　　　脏污 □　　　　损坏 □

(2)定子的检查

①定子绕组短路与断路的检查：

测量点	A—N	B—N	C—N
测量值			
正常			
短路			
断路			

②定子绕组绝缘检查：

测量值：________

正常 □　　　　不绝缘 □

(3)整流器的检查

①检测正极管：

正向测量值：________　反向测量值：________

正常 □　　　　损坏 □

②检测负极管：

正向测量值：________　反向测量值：________

正常 □　　　　损坏 □

(4)碳刷组件的检查

长度测量值：________长度标准值：________

异常磨损情况：________

【任务巩固】

一、填空题

1. 向交流发电机的磁场绕组供电使其产生磁场称为________。交流发电机的转子绕组的励磁方式有两种，一种由________供电称为________，另一种由________供电称为________。

2. 三相绕组的连接方式可分为________和________。

3. 交流发电机在向外供电时若突然断开，则________中的电流突然减小，会产生很高的________。

二、问答题

1. 简述普通交流发电机的组成。

2. 简述交流发电机的拆卸方法。

项目三　电容器的选用与检测

【项目描述】

电容器是用来储存电荷容纳电能的装置，是电路中的重要元件之一，应用极为广泛。举一个现实生活中的例子，我们看到整流电源在拔下插头后，上面的发光二极管还会继续亮一会儿，然后逐渐熄灭，就是因为里面的电容事先存储了电能，然后释放。在电子技术中电容器可用于隔直、旁路、选频、滤波、耦合等；在电力系统中可用来提高功率因数。

所谓电容器就是能够储存电荷的“容器”。只不过这种“容器”是一种特殊的物质——电荷，而且其所存储的正负电荷等量地分布于两块不直接导通的导体板上。至此，我们就可以描述电容器的基本结构：两块导体板（通常为金属板）中间隔以电介质，即构成电容器的基本模型。

本项目分为电容器的识别和检测、电容器充放电电路安装与检测 2 个工作任务。

通过本项目学习了解常用电容器的概念、种类、外形和参数，能利用串联、并联方式获得合适的电容；能识别常用的电容器并正确选用电容器，掌握电解电容器质量检测方法。培养学生规范操作的意识，提高学生的动手能力。

任务 1　电容器的识别和检测

【任务目标】

1. 了解常用电容器的概念、种类、外形和符号。
2. 会使用万用表检测电容器质量好坏。

【任务准备】

一、材料准备

电解电容和固定电容各5只、万用表1块、任务评价表等与本任务相关的教学资料。

二、知识准备

(一)电容器

1. 电容器的结构

任意两块导体中间用绝缘介质隔开就构成电容器。其中的导体也称为极板。平行板电容器的结构示意图如图3-47(a)所示。

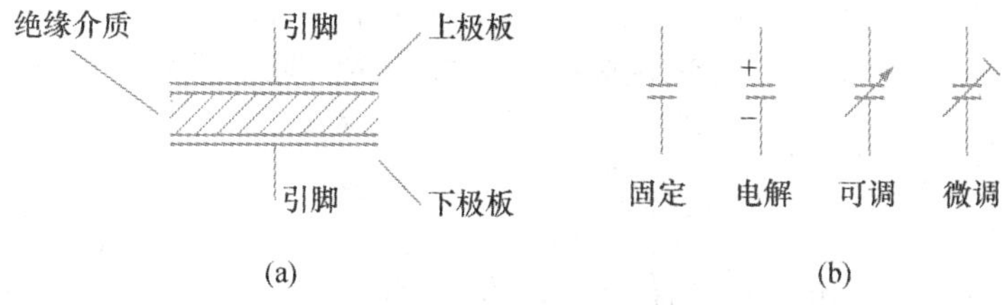

图3-47　平行板电容器的结构示意图及符号

(a)结构示意图　(b)符号

2. 电容器的分类和符号

电容器有多种类型以满足不同需要,常见电容器的分类有以下4类:

1)按照结构分三大类:固定电容器、可变电容器和微调电容器。

2)按电解质分类:有机介质电容器、无机介质电容器、电解电容器、电热电容器和空气介质电容器等。

3)按用途分有:高频旁路、低频旁路、滤波、调谐、高频耦合、低频耦合、小型电容器。

4)按制造材料的不同可以分为:瓷介电容、涤纶电容、电解电容、钽电容,还有先进的聚丙烯电容等。

在电路中,常用图3-47(b)所示的符号来表示各种不同的电容器。

3. 常见电容器的外形

常见的电容器外形如图3-48所示。

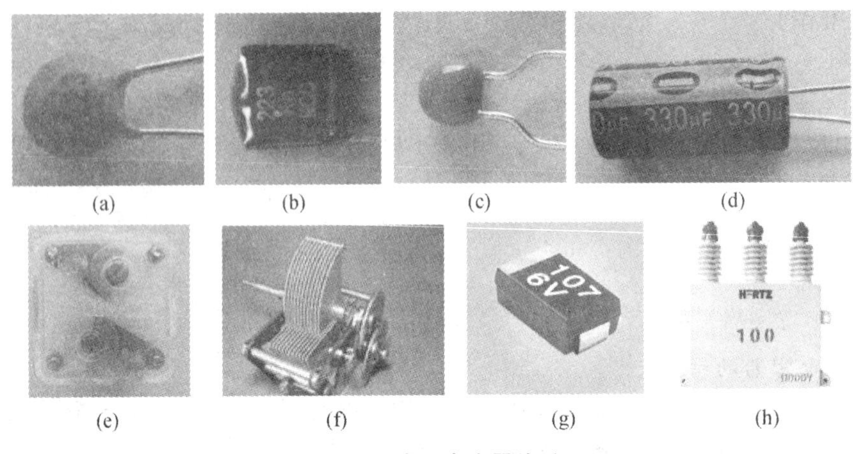

图 3-48 常见电容器外形

(a)瓷片电容 (b)涤纶电容 (c)独石电容 (d)电解电容
(e)双联可变电容 (f)空气可变电容 (g)贴片电容 (h)高压并联电力电容

(二)电容器的电容量

1. 电容量

当电容器与直流电源接通时，在电源电压的作用下，两块极板将带有等量的异号电荷。任一极板上所储存的电荷量 Q 与两极板间电压 U 的比值，称为电容量，简称电容，用符号 C 表示。公式为

$$C=\frac{Q}{U} \tag{3-6}$$

式中 Q——电极上带的电荷，单位是库仑，符号为 C；
U——两极板间的电压，单位是伏特，符号为 V；
C——电容，单位是法，符号为 F。

由上可见，电容的大小是在电容器上加单位电压时导体极板所带有的电荷量。电容是表示电容器储存电荷能力的物理量，由实验可知，它和电容器极板的尺寸、相对位置及绝缘介质的性能有关。

理论和实验证明，平行板电容器的电容量与极板 S 及电介质的介电常数 ε 成正比，与两极板的距离成反比，即

$$C=\frac{\varepsilon S}{d} \tag{3-7}$$

式中 ε——介质的介电常数，单位是法每米，符号为 F/m；

S——平行板电容器极板的有效面积，单位是平方米，符号为 m^2；

d——极板间的距离单位是米，符号为 m；

C——电容，单位是法，符号为 F。

小提示

电容器的基本特性是能够储存电荷。电容器如同我们生活中的水桶，水桶储存水，电容储存电荷；水桶容量有大小，电容器的电容有大小；水桶可以装满水当然也可以空着，电容可以充满电荷也可以没有电荷。

2. 电容的单位

电容的国际单位为法拉，简称法(F)。法的单位太大，实际应用中，电容器的容量往往比 1 F 小得多，电容的单位还常用比法(F)小的单位，如微法(μF)和皮法(pF)(皮法又称微微法)作单位，它们的关系是：

$$1\ \text{F}=10^6\ \mu\text{F};1\ \mu\text{F}=10^6\ \text{pF}$$

电容还有毫法(mF)和纳法(nF)等更小的单位，它们与法拉的关系是：

$$1\ \text{F}=10^3\ \text{mF};1\ \text{F}=10^9\ \text{nF}$$

3. 电容器的主要参数

电容器的主要参数有标称容量、耐压值和允许偏差。

标称容量：电容器上所标明的电容量的值叫做标称容量。

耐压值：耐压值是指电容器能长时间稳定工作，并且保证电介质性能良好的直流电压的数值。它是电容器能承受的最高电压，使用时实际电压不能超过耐压值。

允许偏差：实际电容量与标称容量之间允许的偏差。电容器的允许偏差有多种标注方式。

【任务实施】

指针式万用表检测电容器

1. 固定电容器的检测

(1)容量在 0.01 μF 以上固定电容的检测。将指针式万用表调至 R×10 K 欧姆档，并进行欧姆调零，然后，观察万用表指示电阻值的变化。

若表笔接通瞬间，万用表的指针应向右微小摆动，然后又回到无穷大处，调换表笔后，再次测量，指针也应该向右摆动后返回无穷大处，可以判断该电容正常；若表笔接通瞬间，万用表的指针摆动至“0”附近，可以判断该电容被击穿或严重漏电；若表笔接通瞬间，指针摆动后不再回至无穷大处，可判断该电容器漏电；若两次万用表指针均不摆动，可以判断该电容已开路。

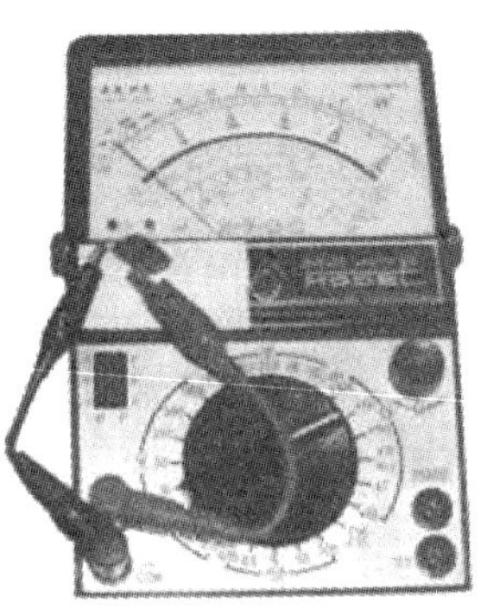

图 3-49 万用表

(2)容量小于 0.01 μF 的固定电容的检测。检测 10 pF 以下的小电容，因电容容量太小，用万用表进行测量，只能检查其是否有漏电、内部短路或击穿现象。测量时选用万用表 R×10 K 档，将两表笔分别任意接电容的两个引脚，阻值应为无穷大。如果测出阻值为零，可以判定该电容漏电损坏或内部击穿。

教师准备 5 只不同大小的固定电容，识别出标称值并用万用表进行检测其质量好坏，注意选用合适的倍率。将识别和检测结果填入表 3-17 中。

表 3-17 固定电容测量

编号	标称值	质量
1		
2		
3		
4		
5		

2. 电解电容器的检测

电解电容的容量较一般固定电容大得多，测量时，针对不同容量选用合适的量程。测量前应让电容充分放电，如图 3-50 所示，将电解电容的两根引脚短路，把电容内的残余电荷放掉。电容充分放电后，将指针万用表的红表笔接负极，黑表笔接正极。在刚接通的瞬间，万用表指针应向右偏转较大角度，然后逐渐向左返回，直到停在某一位置。如图 3-51 所示，此时的阻值便是电解电容的正向绝缘电阻，一般应在几百千欧姆以上；调换表笔测量，指针重复前边现象，最后指示的阻值是电容的反向绝缘电阻，应略小于正向绝缘电阻。

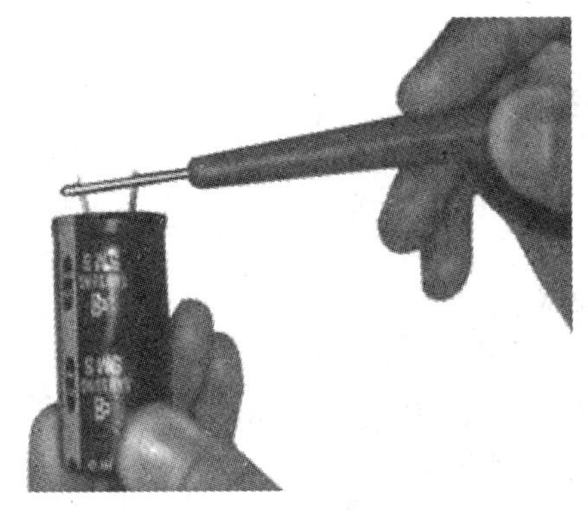

图 3-50 引脚短接

图 3-51 测量

教师准备 5 只不同大小的电解电容，识别出电解电容的正负极、标称值并用万用表进行检测其质量好坏，注意选用合适的倍率。将识别和检测结果填入表 3-18 中。

表 3-18 电解电容测量

编号	正、负极	标称值	质量
1			
2			
3			
4			
5			

3. 可变电容器的检测

可变电容容量通常都较小，主要是检测电容动片和定片之间是否有短路情况。用手缓慢旋转转轴，应感觉十分平滑，不应有时松时紧甚至卡滞现象。将转轴向前、后、上、下、左、右各方向推动时，转轴不应有摇动。转轴与动片之间接触不良的可变电容，不能继续使用。将万用表置于 R×10 k 档，一只手将两个表笔分别接可变电容的动片和定片的引出端，另一只手将转轴缓慢来回转动，万用表的指针都应在无穷大位置不动。如果指针有时指向零，说明可变电容动片和定片之间存在短路点；如果旋到某一角度，万用表读数不是无穷大而是有限阻值，说明可变电容动片和定片之间存在漏电现象。

【任务拓展】

电容的型号命名法

一、电容器的型号命名

电容器的型号命名一般由四部分组成。

示例：

(1)CD-11：铝电解电容(箔式)，序号为11；

(2)CC1-1：圆片形瓷介电容，序号为1；

(3)CZJX：纸介金属膜电容，序号为X。

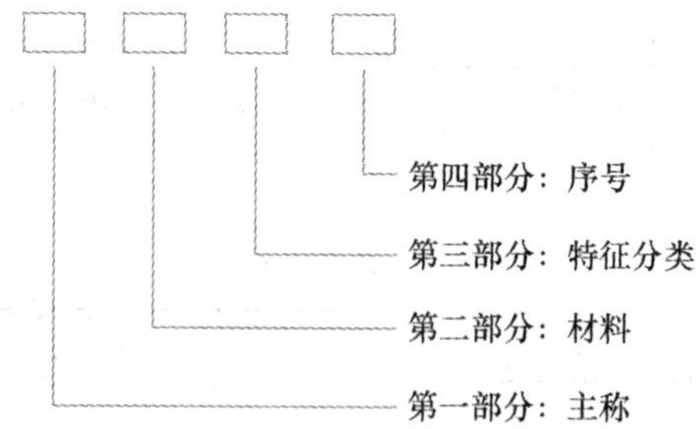

二、电容的表示方法

1. 直标法

直标法是将电容的标称容量、耐压及偏差直接标在电容体上，如图3-52所示。例如：4 700 μF 25 V。若是零点零几，常把整数位的"0"省去，如01 μF表示0.01 μF。

图3-52 直标法

2. 数字表示法

数字表示法是只标数字不标单位的直接表示法，采用此种方法的仅限于单位为pF和μF两种，一般无极性电容默认单位为pF，电解电容默认单位为μF。如图

3-53 所示。

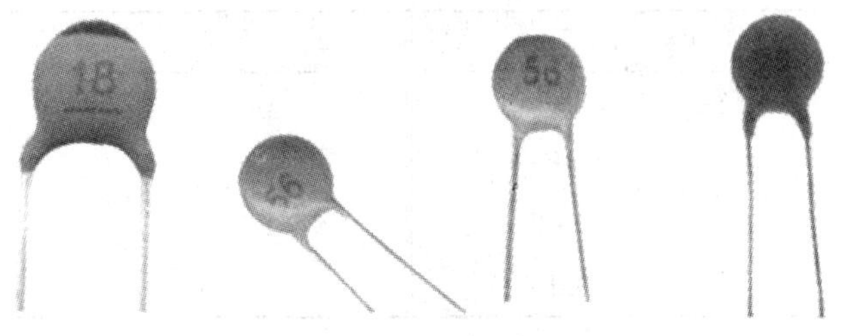

图 3-53　数字表示法

3. 数码表示法

数码表示法一般用三位数字来表示容量的大小，单位为 pF，其中前两位为有效数字，后一位表示倍率，即乘以 10i，i 为第三位数字，若第三位数字 9，则乘 10—1。如图 3-54 所示。

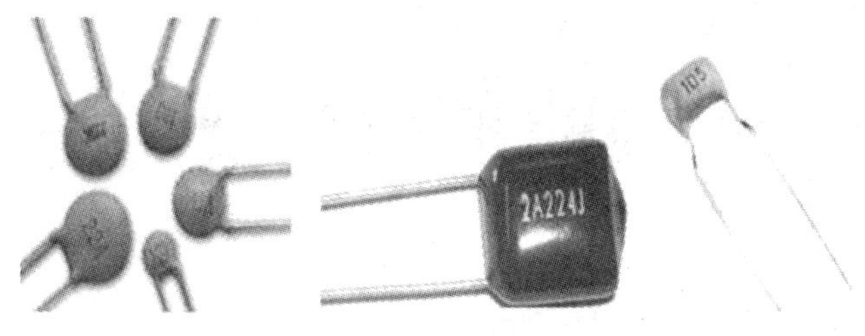

图 3-54　数码表示法

4. 色码表示法

色码表示法与电阻器的色环表示法类似，颜色涂于电容器的一端或从顶端向引线排列。色码一般只有三种颜色，前两环为有效数字，第三环为位率，容量单位为 pF，如图 3-55 所示。

图 3-55　色码表示法

5. 字母数字混合表示法

字母数字混合表示法用 2～4 位数字和一个字母表示标称容量，其中数字表示有效数值，字母表示数值的单位。字母有时既表示单位也表示小数点。常见字母数字混合标注法见表 3-19。

表 3-19 电容器常见字母数字混合标法

表示方法	标称电容量	表示方法	标称电容量
P1 或 p10	0.1 pF	10 n	10 nF
1P0	1 pF	33	3 300 pF
1P2	1.2 pF	R33	0.33 μF
1 m	1 mF	5μ9	5.9 μF

【任务巩固】

1. 电容器的容量越大，它储存电荷的能力________。

2. 电容器是________元件。

3. 1 F= ________ μF；330 μF= ________ F；1 μF= ________ pF；1 pF= ________ μF

任务 2 电容充放电电路安装与检测

【任务目标】

1. 了解常用电容器的概念、种类、外形和参数。

2. 会使用面包板搭接电容器充放电电路。

【任务准备】

一、资料准备

3 V 直流电源 1 个、限流电阻 2 只、发光二极管 2 只、电容和拨动开关各 1 个、面包板 1 块、导线若干、任务评价表等与本任务相关的教学资料。

二、知识准备

(一)电容器的充、放电

使电容器两极板带上等量异性电荷的过程叫做电容器的充电，使电容器两极板所带正负电荷中和的过程叫做电容器的放电。电容充放电电路如图 3-56 所示，将开关 S 置于位置 1 时，电源 U_S 对电容充电，电容上的电荷逐渐增加，直到 U_C 和

U_S 相等为止。开关 S 由位置 1 切换到位置 2 时，电容将通过电阻器 R 放电，直到电容器上无电荷为止。

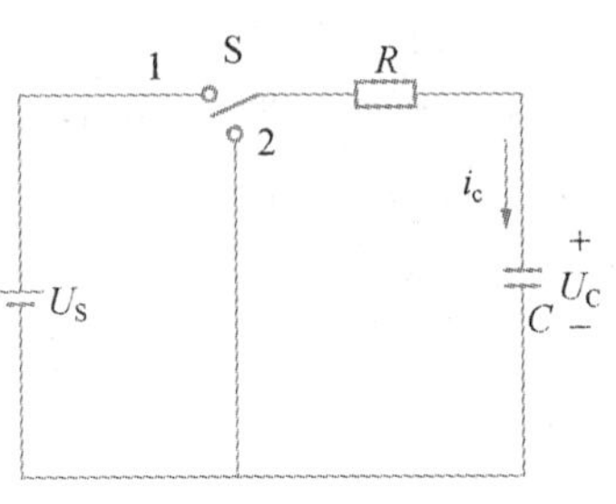

图 3-56　**电容器充放电电路**

用示波器可以观测充电过程和放电过程的波形，电容器充放电波形如图 3-57 所示。

从充电波形可以看出：充电和放电时电容器两端的电压均按指数规律变化。

过程分析：刚开始充电时，电容 C 上无电荷，电容两端的电压 U_C 为 0 V，R 两端电位差较大，充电电流大，U_C 上升较快，随着充电的进行，电压 U_C 不断升高，R 两端电位差下降，充电电流减小，U_C 上升变慢，直到 C 两端电压 U_C 与电源电压 U_S 相等，C 上电荷不再增加，U_C 不再上升，充电结束。

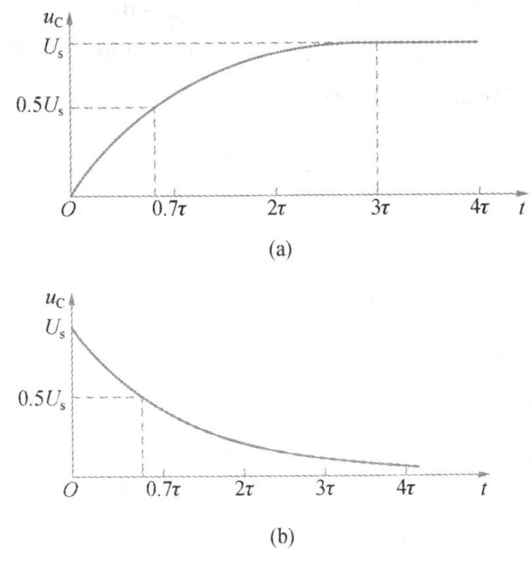

图 3-57　**电容器充放电波形**

(a)充电波形　(b)放电波形

放电过程请读者自行分析。

(二)电容器的串、并联

在实际应用中，选择电容器时要考虑耐压和容量，当遇到一个电容器耐压不够或容量不能满足要求时，可以把几个电容器串联或并联起来使用。电容器串联可以提高耐压，电容器并联可以增加容量。

1. 电容器的串联

两个或两个以上的电容器依次相连，只有一条通路的连接方式，称为电容器的串联，如图 3-58 所示。

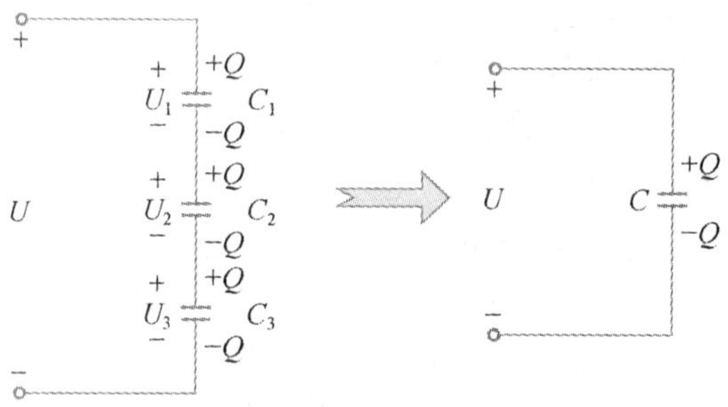

图 3-58 **电容器的串联**

当电容器串联时，实际上增加了电介质的厚度，由于电容量的大小与两极板间的距离成正比，因而总等效电容器的电容量减小了。电容器串联总电容的计算与电阻并联总电阻的计算公式相仿，为

$$\frac{1}{C}=\frac{1}{C_1}+\frac{1}{C_2}+\frac{1}{C_3}$$

电容器串联还有以下特点：

$$Q=Q_1=Q_2=Q_3$$

根据电容器的定义 $C=\dfrac{Q}{U}$可得

$$U_1=\frac{Q}{C_1}\quad U_2=\frac{Q}{C_2}\quad U_3=\frac{Q}{C_3}$$

由基尔霍夫电压定律可知

$$U=U_1+U_2+U_3$$

电容器串联的结果：

1)总电容减小，总的耐压增大。所以当单个电容耐压小于外电压时，可通过多个电容的串联获得较大耐压。

2)当不同容量的电容器串联时，容量最小的电容器所承受的电压最高。

例题 3.2 在图 3-59 中，已知 $U=50\ \text{V}$，$C_1=20\ \mu\text{F}$，$C_2=30\ \mu\text{F}$，求等效电容 C 多大？C_1和 C_2 上的电压各多少？

解：电容器串联，有$\frac{1}{C}=\frac{1}{C_1}+\frac{1}{C_2}$

则 $C=\frac{C_1C_2}{C_1+C_2}=\frac{20\times30}{20+30}\mu\text{F}=12\ \mu\text{F}$

$$Q=CU=12\times50\text{C}=600\text{C}$$

$$Q=Q_1=Q_2$$

所以 $U_1=\frac{Q}{C_1}=\frac{600}{20}\text{V}=30\ \text{V}$；$U_2=\frac{Q}{C_2}=\frac{600}{30}\text{V}=20\ \text{V}$

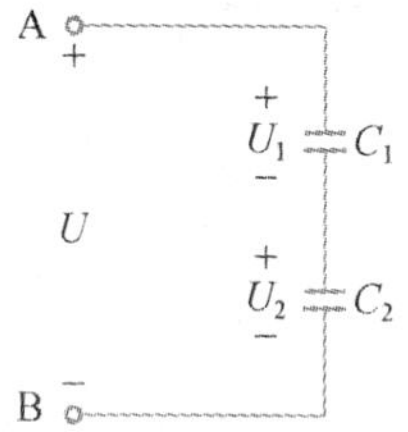

图 3-59

2. 电容器的并联

把几只电容器接到两个节点之间的连接方式，称为电容器的并联，如图 3-60 所示。

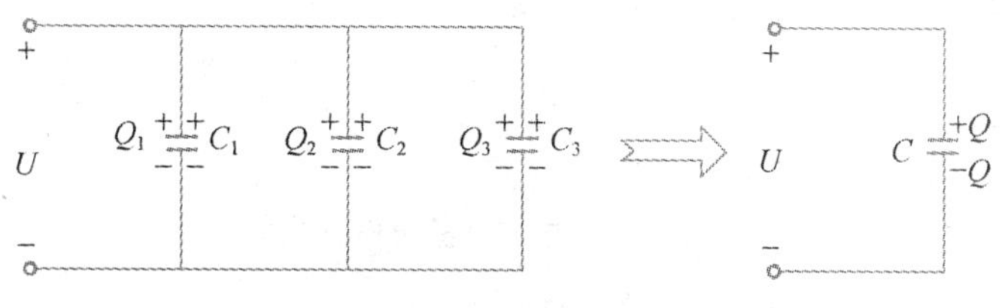

图 3-60　**电容器的并联**

将电容器并联能有效地增加极板的面积，由于电容量的大小与两极板间的有效面积成反比，因而总等效电容器的电容量增加了。并联电容器的总电容值等于各个电容值之和。

$$C=C_1+C_2+C_3$$

电容器并联电路中，各个电容所承受的电压相等，总电容增大。等效电容的耐压值为电路中耐压最小的电容耐压值。

例题 3.3　有两只电容器，一只电容 $C_1=330\ \mu\text{F}$，耐压 50 V，另一只电容$C_2=330\ \mu\text{F}$，耐压 25 V，将两只电容器并联使用，求并联后的电容总容量和耐压值。

解：电容器并联总电容为

$$C=C_1+C_2=330+330=660\ \mu\text{F}$$

电容 C_2 耐压值较小，因而并联后电路两端所加的电压值不能超过 25 V，即并联后电路的耐压值为 25 V。

【任务实施】

电容器充放电电路安装与检测

一、识读电路图

电容充放电电路原理图如图 3-61 所示。

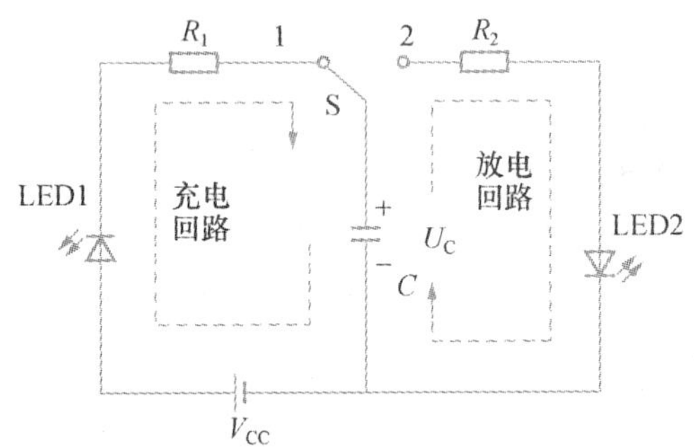

图 3-61 电容充放电电路

该电路由 3 V 直流电源、限流电阻、发光二极管、电容和拨动开关组成。电容充放电电路所用元器件明细表见表 3-20。

表 3-20 电容充放电电路元器件识别与检测

图形符号	名称	实物图	规格	检测结果	
LED1 LED2	发光二极管		红色 $\phi 10\times 2$	正向电阻：	
				反向电阻：	
R	电阻器		100 Ω	实测值	R_1：
					R_2：
C	电容		2 200 μF	极性判别：	
				质量：	

续表3-20

图形符号	名称	实物图	规格	检测结果
S	拨动开关			常开常闭检测： 质量：
V_{CC}	面包板、电池、导线		SYB－120 1.5 V×2	

二、元器件识别

在安装电器元件之前，用万用表检测所用到的电阻和发光二极管。

1. 电解电容极性判别

电解电容有两个引脚，在使用中应注意正负极性。一般长引脚为正极，短引脚为负极。另外，从电容器的外壳也可判断其正、负极性，标有"－"的一端为负极，另一端为正极。

2. 质量检测

检测较大容量的电容器(1 μF 以上)：

(1)量程选择 一般情况下，1～47 μF 的电容，可用 R×1 k 档测量，大于 47 μF 的电容可用 R×100 档测量。

(2)将万用表红、黑表笔分别与电容器的两个电极相接触。

①在刚接触的瞬间，万用表指针即向右偏转较大幅度(对于同一电阻档，容量越大，摆幅越大)，接着逐渐向左回转，直到停在某一位置。此时的阻值便是电解电容的正向漏电阻。此值越大，说明漏电流越小，电容性能越好。然后，将红、黑表笔对调，万用表指针将重复上述摆动现象。但此时所测阻值为电解电容的反向漏电阻，此值略小于正向漏电阻。实际使用经验表明，电解电容的漏电阻一般应在几百千欧以上，否则，将不能正常工作。

②在测试中，若正向、反向均无充电现象，即针不动，则说明容量消失或内部

短路；

③如果所测阻值很小或为零，说明电容漏电大或已击穿损坏，不能再使用。

对耐压值比较大的电容器，可以用 R×10 K 档来检测。根据表针的摆动幅度还可根据经验判断电容器容量的大小。根据表针复原时停的位置可以判断电容漏电流的大小。电阻值越大，漏电流越小。对于不能用欧姆档进行估测的小容量电容器，只能用专门仪器进行检测。

三、电路安装与检测

在面包板上按电路图 3-57 插接器件。

1. 检测各个回路安装的正确性

2. 合上电源开关，通电观察实验现象

(1)将开关拨在位置 1，观察发光二极管的点亮情况，注意亮度变化。

(2)将开关拨在位置 2，观察发光二极管的熄灭情况。

3. 通过调试，调整电路所用元器件的参数

调整电路所用元器件的参数，观察充放电过程中发光二极管的亮灭情况。

(1)更换不同容量的电容器，观察充放电进行的快慢与容量的关系。

(2)更换不同阻值的电阻器，观察充放电进行的快慢与电路阻值的关系。

将你认为充、放电现象比较明显的一次，电路所采用的参数记录下来，填入表 3-21 中。

表 3-21 电容充放电电路参数调试

U_S/V	R_1/Ω	R_2/Ω	C/μF

【任务拓展】

电容器参数的表示方法

固定电容器的参数表示方法主要有：直标法、字母数字混标法、数字表示法、色标法等多种。

1. 直标法

直标法在电容器中应用最广泛。直标法是在电容器上直接标注出标称容量、耐压等，如 10 μF/16 V，2 200 μF/50 V。

2. 字母数字混标法

电容器常见字母数字混合标法举例，见表 3-22。

表 3-22　**电容器常见字母数字混合标法**

表示方法	标称电容量	表示方法	标称电容量
P1 或 P10	0.1 PF	10n	10 nF
1P0	1 PF	3n3	3 300 PF
1P2	1.2 PF	μ33 或 R33	0.33μF
1m	1 mF	5μ9	5.9 μF

特别的，凡是零点几 μF 的电容器，可在数字前加上 R 来表示。

3. 数字表示法

(1)不带小数点又无单位的为 pF(三位数字的除外)，如“12”为 12 pF，“5100”为 5 100 pF。

(2)带小数点但无单位的为 μF，如“0.047”(或 047)为 0.047 μF，“0.01”为 0.01 μF。

(3)三位数字的表示法。三位数字的前两位数字为标称容量的有效数字，第三位数字表示有效数字后面零的个数(或$\times 10^n$)，它们的单位是 pF。

如：102 表示标称容量为 10×10^2 pF=1 000 pF，221 表示标称容量为 220 pF，224 表示标称容量为 22×10^4 pF。

在这种表示法中有一个特殊情况，就是当第三位数字用“9”表示时，是用有效数字乘上 10^{-1} 来表示容量大小。如：229 表示标称容量为 22×10^{-1} pF=2.2 pF。

4. 色标法

电容色环的颜色代表的数字同色环电阻中颜色含义一样。色环读取时要由顶部向引脚方向读，第一、二色环表示电容容量的有效数字，第三环表示有效数字后零的个数，容量单位为 PF。例如：第一、二、三色环依次为棕、绿、黄，其标称容量为 15×10^4=150 000 pF =0.15 μF。

【任务巩固】

1. 填空题

(1)一个 10 μF 的电容器和一个 20 μF 的电容器串联，等效电容为________。

(2)一个 10 μF 的电容器和一个 20 μF 的电容器并联，等效电容为________。

2. 选择题

(1)一个电容为 3 μF 的电容器和一个电容为 6 μF 电容器串联，总电容为(　　)。

A. 9 μF　　B. 6 μF　　C. 3 μF　　D. 2 μF

(2)电容器的电容量越大,它储存电荷的能力(　　)。

A. 越强　　B. 越弱　　C. 不变　　D. 无法判断

(3)一个已经充好电的电容器,将其两个引脚通过一个电阻短接,这时该电容器两端的电压将(　　)。

A. 立即变为零　　B. 随时间按正比下降

C. 随时间按指数规律下降　　D. 不变

(4)对平板电容器来说,其极板间的距离越小,电容量(　　)

A. 越大　　B. 越恒定　　C. 越小　　D. 越不稳定

项目四　电感器的制作与检测

【项目描述】

小型电感器在手机、数字机顶盒、蓝牙耳机、液晶电视、汽车电子、工业控制等领域，应用广泛，存在着巨大的市场潜力。随着市场的不断细分，逐步出现了多种针对特定应用领域的小型电感器。人们还利用电感的特性，制造了阻流圈、变压器、继电器等。

电感的特性与电容的特性正好相反，它具有阻止交流电通过而让直流电顺利通过的特性。电感的特性是通直流、阻交流，频率越高，线圈阻抗越大。电感器在电路中经常和电容一起工作构成 LC 滤波器、LC 振荡器等。

本项目分为认知电感器、电感器的识别与检测和电感线圈的制作 3 个工作任务。

通过本项目的学习，了解常用电容器的概念、种类、外形和参数，识别常用的电感器并能根据电路正确选用电感器；掌握电感线圈的制作和检测方法。培养学生独立思考、善于发现问题和解决问题的能力。

任务 1　认知电感器

【任务目标】

1. 了解常用电感器的概念、种类、外形和参数。
2. 会识别电感器。

【任务准备】

一、材料准备

空心电感器 1 只、铁芯电感器 1 只、磁芯可调电感器 1 只、任务评价表等与本任务相关的教学资料。

二、知识准备

(一)电感器

电感器,简称电感,是将电能转换为磁能并储存起来的元件,用字母 L 表示。

电感是一种线圈,电感线圈是将绝缘的导线在绝缘的骨架上绕一定的圈数制成。本身可以建立(或感应)电压,以此反映通过线圈的电流的变化。也就是说,随着流过线圈的电流的变化,线圈内部会感应某个方向的电压以反映通过线圈的电流的变化。

1. 电感器的特性

电感具有储存磁场能量的作用,在电路中电感器有通直流阻交流、通低频阻高频、变压、传送信号等作用,它在调谐、振荡、耦合、匹配、滤波、陷波、延迟、补偿及偏转等电路中都是必不可少的。

(1)作为滤波线圈阻止交流干扰(隔交通直)。

(2)可起隔离作用。

(3)与电容组成谐振电路。

(4)构成各种滤波器、选频电路等,这是电路中应用最多的方面。

(5)利用电磁感应特性制成磁性元件。如磁头和电磁铁。

(6)进行阻抗匹配。

(7)制成变压器传递交流信号,并实现电压的升、降。

2. 电感器的电路符号

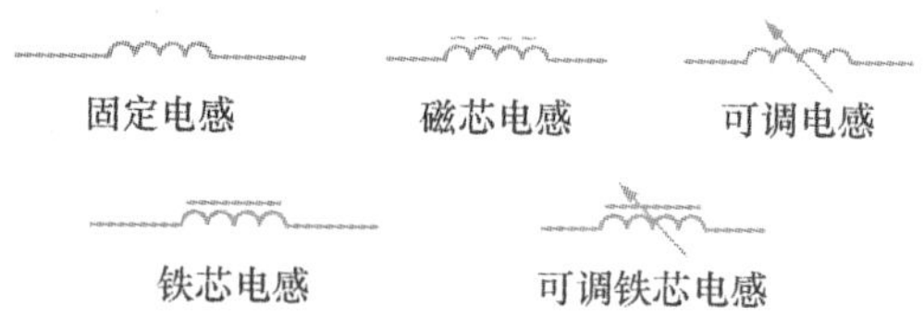

3. 电感器的主要参数

(1)标称电感量。它表示线圈产生自感电动式的大小,电感(L)的国际单位为亨利(H)简称亨,常用的单位还有毫亨(mH)和,μH(微亨),nH(纳亨)。

电感器的单位换算是:

$$1\ \mathrm{H}=10^{3}\ \mathrm{mH}=10^{6}\ \mu\mathrm{H}=10^{9}\ \mathrm{nH}$$

(2)品质因数。它是衡量线圈品质好坏的一个物理量,用字母"Q"表示。Q 值越高，表明电感线圈功耗越小，效率越高，则“品质”越好。Q 值与线圈的结构（导线粗细、多股或单股、绕法、磁芯）有关。

（3）分布电容。线圈的匝与匝间、线圈与屏蔽罩间、线圈与底版间存在的电容被称为分布电容。分布电容的存在使线圈的 Q 值减小，稳定性变差，因而线圈的分布电容越小越好。

（4）额定电流。指线圈正常工作允许通过电流的最大值，常以字母 A、B、C、D、E 来代表，标称电流分别为 50 mA、150 mA、300 mA、700 mA、1 600 mA。大体积的电感器，标称电流及电感量都在外壳上标明。

（二）电感器的分类

按工作频率分类电感按工作频率可分为高频电感器、中频电感器和低频电感器。空心电感器、磁心电感器和铜心电感器一般为中频或高频电感器，而铁芯电感器多数为低频电感器。按结构分有固定电感、可调电感。

1. 固定电感器

为了增加电感量和 Q 值并缩小体积，线圈中常放置软磁材料制作的磁心或硅钢片制作的铁芯，故又有空心电感器、磁心电感器和铁芯电感器。

空心电感器：用导线绕制在纸筒、塑料筒上组成的线圈或脱胎而成的线圈。中间没有磁心或铁芯，故电感量很小，通过增减匝数或调节匝距来调节电感量。一般用在高频电路中。

磁心电感器：用导线在磁心上绕制成线圈或在空心线圈中插入磁心组成的线圈。通过调节磁心在线圈中的位置来调节电感量。

铁芯电感器：在空心线圈中插入硅钢片组成铁芯线圈，电感量大，一般为数亨，常称为低频扼流圈。其作用是阻止残余交流电通过，而让直流电通过。常用于音频或电源滤波电路中，如扩音机电源电路。

铁芯电感器常应用于工作频率较低的电路中，磁芯电感器常应用于工作频率较高的电路中。

色码电感器：用漆包线绕制在磁心上，再用环氧树脂封装起来，外壳标以色环（单位 μH）或直接由数字标明电感量。工作频率为 19～200 kHz，电感范围 0.1～33 000 μH，额定工作电流 0.05～1.6 A。有卧式（如 LGI 和 LGX）和立式（如 LG400）。主要用在滤波、振荡、陷波和延迟电路中。电视机、录像机等电子产品中用得多，高频小型电感器采用镍锌铁氧体材料磁心，低频小型电感器采用锰镍铁氧体材料磁心。

2. 微调电感器

在线圈中插入磁心，并通过调节其在线圈中的位置来改变电感量。如收音机中磁棒天线就是改变微调电感器，与可变电容组成谐振电路，从而实现对所选电台信号频率的选择。

可调式电感器又分为磁芯可调电感器、铜芯可调电感器、滑动接点可调电感器、串联互感可调电感器和多抽头可调电感器。

(三)常见电感器

常见的几种电感器如图 3-62 所示。

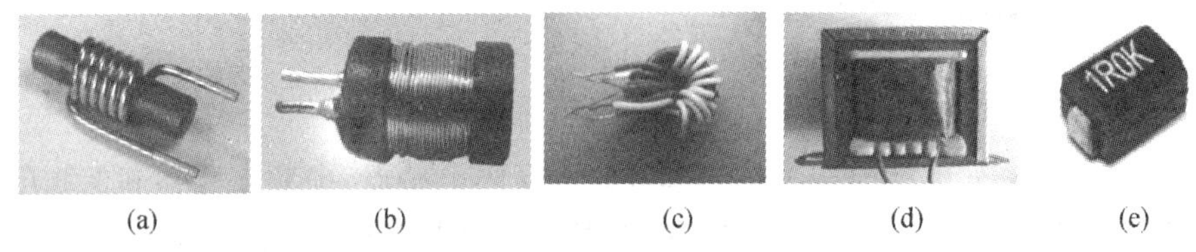

(a) (b) (c) (d) (e)

图 3-62 常见几种电感器的外形

(a)空芯电感器 (b)工字磁芯电感 (c)磁环线圈 (d)扼流圈 (e)贴片电感器

【任务实施】

一、观察电感器

教师提供不同型号的电感器，读出电感器的主要参数。

二、找出电感器

家庭照明用的荧光灯大多采用电子镇流器，打开盒盖(如下图)，找出电感器，并说明在电路中的作用。

【任务拓展】

电子式荧光灯

电子式荧光灯利用电子式镇流器产生的谐振脉冲启辉，电感式荧光灯利用电感式镇流器产生的高压自感电势启辉。电子式镇流器的外形及内部实物图如图 3-63 所示。

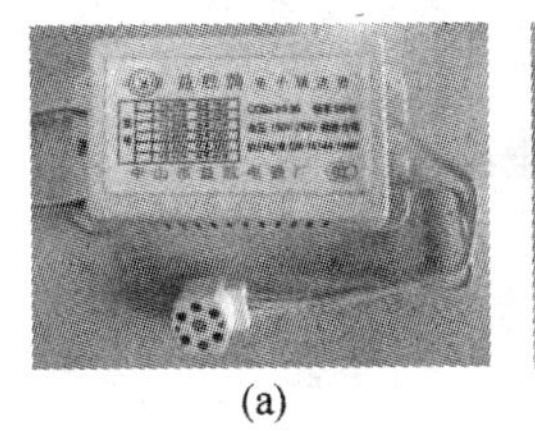
(a)

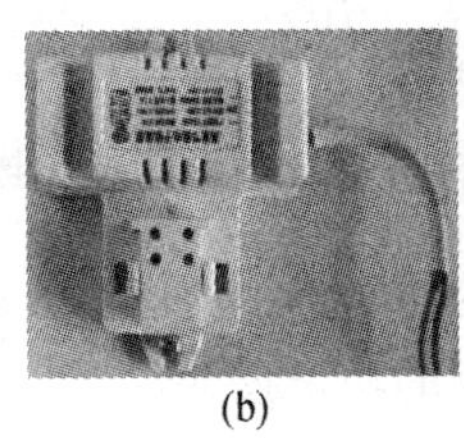
(b)

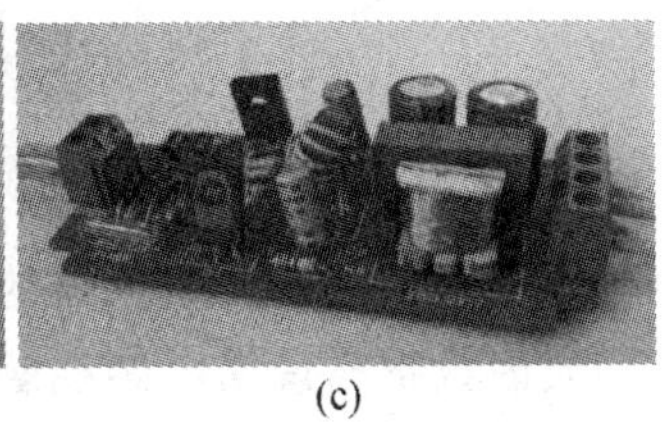
(c)

图 3-63　电子镇流器

(a)普通型　(b)节能型　(c)电子镇流器内部实物

电子式镇流器的内部电路通常由整流滤波电路、高频振荡电路以及 LC 输出电路等四部分构成，结构框图如图 3-64 所示。基本原理是使电路产生高频自激振荡，通过谐振电路使灯管两端得到高频高压，因而不再需要辉光启动器。

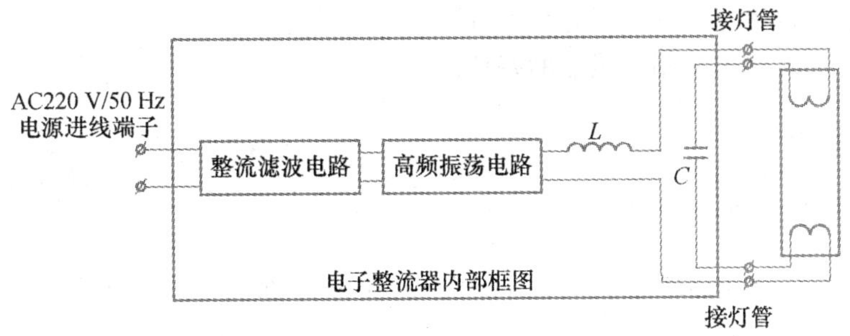

图 3-64　电子式镇流器结构图

电子式镇流器功耗低(自身损耗通常在 1 W 左右)、效率高、电路连接简单、不用辉光启动器、工作时无噪声、功率因数高(大于 0.9，甚至接近于 1)、灯管使用寿命长。因而受到人们的欢迎。电子式荧光灯电路图如图 3-65 所示。

【任务巩固】

1. 电感器的电感大小与线圈的结构有关，线圈匝数越多，电感量越________，在同样匝数的情况下，线圈加了磁芯后，电感量________。

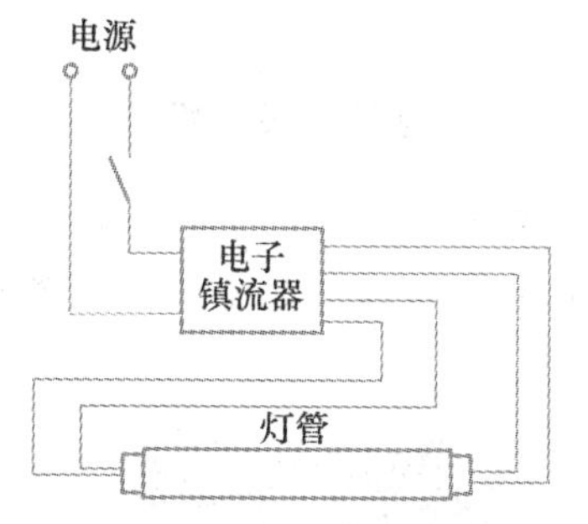

图 3-65 带电子镇流器的荧光灯电路

2. 标称电感量表示了电感器的________。

3. 品质因数越高说明电感线圈的功率损耗________，效率越________。

任务 2 电感器的识别与检测

【任务目标】

1. 了解常用电感器的标志识别方法及应用场合。

2. 会用万用表检测电感器的好坏。

【任务准备】

一、材料准备

不同型号的电感器 5 只、万用表 1 块、任务评价表等与本任务相关的教学资料。

二、知识准备

(一)电感器的标志识别

电感一般有直标法、文字符号法、色标法、数码表示法，电感在电路中常用“L”加数字表示，如：L6 表示编号为 6 的电感。

1. 直标法

直标法是将电感器的标称电感量用数字和文字符号直接标在电感器外壁上，电感量单位后面用一个英文字母表示其允许偏差。如图 3-66 所示。例如：560 μH 表示标称电感量为 560 μH，允许偏差为±10%。

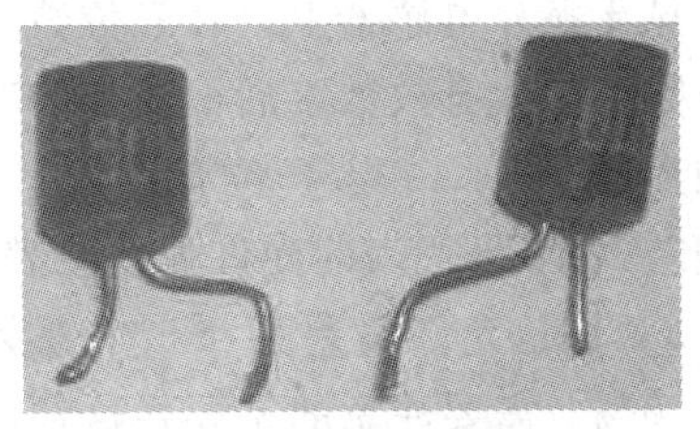

图 3-66　直标法的电感器

2. 文字符号法

文字符号法是将电感器的标称值和允许偏差值用数字和文字符号按一定的规律组合标志在电感体上，如图 3-67 所示。采用这种标示方法的通常是一些小功率电感器，其单位通常为 nH 或 μH，用 N 或 R 代表小数点。例如：4N7 表示电感量为 4.7 nH，4R7 则代表电感量为 4.7 μH；47N 表示电感量为 47 nH，6R8 表示电感量为 6.8 μH。采用这种标示法的电感器通常后缀一个英文字母表示允许偏差，各字母代表的允许偏差与直标法相同。

图 3-67　文字符号法标注的电感器

3. 色标法

色标法是指在电感器表面涂上不同的色环来代表电感量(与电阻器类似)，通常用四色环表示，如图 3-68 所示。紧靠电感体一端的色环为第一环，露着电感体本色较多的另一端为末环。其第一色环是十位数，第二色环为个位数，第三色环为应乘的倍数(单位为 μH)，第四色环为误差率，各种颜色所代表的数值见表 2。例如：色环颜色分别为棕、黑、金、金的电感器的电感量为 1 μH，误差为 5%。

图 3-68　色标法的电感器

4. 数码表示法

数码标示法是用三位数字来表示电感器电感量的标称值，见图 3-69，该方法常见于贴片电感器上。在三位数字中，从左至右的第一、第二位为有效数字，第三位数字表示有效数字后面所加“0”的个数(单位为 μH)。如果电感量中有小数点，则用“R”表示，并占一位有效数字。电感量单位后面用一个英文字母表示其允许偏差，各字母代表的允许偏差见表 1。例如：标示为“102 J”的电感量为 $10\times10^2=$ 1 000 μH，允许偏差为 ±5%；标示为“183 K”的电感量为 18 mH，允许偏差为 ±10%。需要注意的是要将这种标示法与传统的方法区别开。

图 3-69 数码表示法的电感器

(二)电感器的检测

准确测量电感线圈的电感量 L 和品质因数 Q，可以使用万能电桥或 Q 表。采用具有电感档的数字万用表来检测电感很方便。电感是否开路或局部短路，以及电感量的相对大小可以用万用表作出粗略检测和判断。

1. 外观检查

检测电感时先进行外观检查，看线圈有无松散，引脚有无折断，线圈是否烧毁或外壳是否烧焦等现象。若有上述现象，则表明电感已损坏。

2. 万用表电阻法检测

主要用万用表检测电感器线圈是否开路，用万用表的欧姆档测线圈的直流电阻。电感的直流电阻值一般很小，匝数多、线径细的线圈能达几十欧；对于有抽头的线圈，各引脚之间的阻值均很小，仅有几欧姆左右。若用万用表 R×1Ω 档测线圈的直流电阻，阻值无穷大说明线圈(或与引出线间)已经开路损坏；阻值比正常值小很多，则说明有局部短路；阻值为零，说明线圈完全短路。

(三)常见电感器的识别

电感器的实物图解

1. 磁环(实芯电感)

如图 3-70 所示。

特性：滤高频，冲低频；插件时有方向区分。

2. 空芯电感

如图 3-71 所示。

图 3-70　实芯电感器

图 3-71　空芯电感器

特性：通直流隔交流；无极性之分。

3. 色环、色码电感器

色码电感器是一种带磁芯的小型固定电感器。其电感量表示方法与色环电阻器一样，是以色环或色点表示的，但有些固定电感器没有采用色环表示法，而是直接将电感量数值表在电感壳体上。习惯上夜称其为色码电感器。常用的如图 3-72 所示：

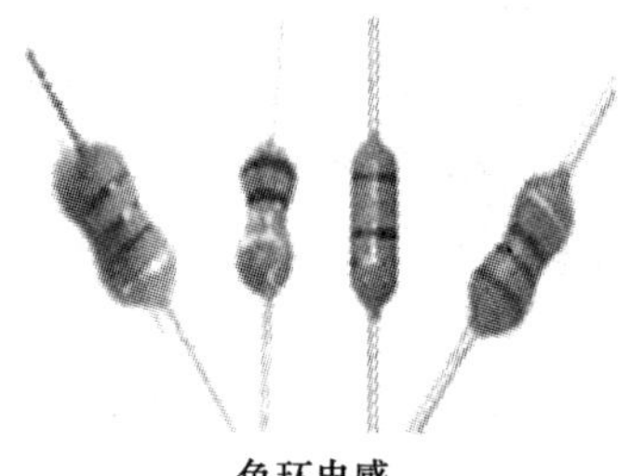

色环电感

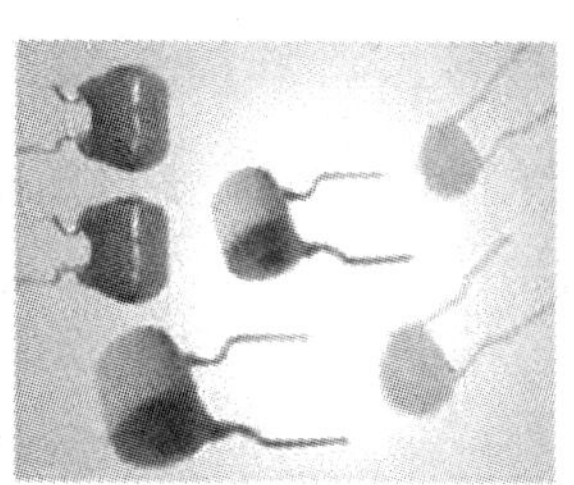

色码电感

图 3-72　色环、色码电感器

4. 扼流圈

如图 3-73 所示。

图 3-73　扼流圈

特性：在电路中起控制电流的作用；插件时有方向区分。

【任务实施】

一、电感器的识读与检测

教师准备5只不同类型电感器，识别电感器的类型、标称值及允许偏差，并用万用表进行检测，注意选用合适的倍率。将识别和检测结果填入表3-23中。

表3-23 电感器的检测

编号	类型	标称电感量	允许偏差	检测结果
1				
2				
3				
4				
5				

二、信息搜索

从网上搜索信息，了解更多电感器的外形、参数和用途。

【任务拓展】

电感线圈的使用知识

1. 磁场辐射的影响

电感线圈在线路板上有立式和卧式两种安装方式，使用时注意其磁场对邻近器件工作的影响。卧式电感器引线是从两端引出，它绕在棒形的磁心上，工作时磁力线向四周发散，会影响邻近的部件工作，特别在高频工作时影响更大。立式电感器无此缺点，其线圈都绕在“工”字形或“王”字形磁心上，工作磁力线很少发散，对周围部件影响小，分布电容也小。

2. 工作频率与磁芯材料的关系

带磁心电感器的工作频率要受磁心材料最高工作频率的限制。在音频段工作的电感线圈，通常采用硅钢片或坡莫合金为磁心材料；在零点几至几兆赫之间（如中波广播）的线圈采用铁氧体做磁芯，也可用空心线圈；频率高于几兆赫时线圈采用高频铁氧体做磁芯，也可用空心；在100 MHz以上，一般不能用铁氧体磁芯，只能用空心线圈，如做微调，可用铜心调节。

【任务巩固】

1. 电感器是________元件。
2. 如何简易判断电感器的好坏？
3. 电感器的标注方法有哪几种？

任务3　电感线圈的制作

【任务目标】

1. 了解线圈的绕制、使用和安装的注意事项。
2. 会电感线圈的简易制作。

【任务准备】

一、材料准备

EI-22型线圈骨架、EI-22(R2K)型铁氧体磁芯(含E型和I型磁芯各1个)、ϕ0.69漆包线(线径选择与额定电流有关)、其他(用于简易固定的透明胶带，用于焊接的焊锡等，若干工具)和任务评价表等与本任务相关的教学资料。

二、知识准备

(一)绕制线圈的注意事项

线圈在实际使用过程中，有相当数量品种的电感线圈是非标准件，都是根据需要有针对性进行绕制。自行绕制时，要注意以下几点：

(1)根据电路需要，选定绕制方法。在绕制空心电感线圈时，要依据电路的要求，电感量的大小以及线圈骨架直径的大小，确定绕制方法。间绕式线圈适合在高频和超高频电路中使用，在圈数少于3圈，可不用骨架，就能具有较好的特性，Q值较高，可达150～400，稳定性也很高。单层密绕式线圈适用于短波、中波回路中，其Q值可达到150～250，并具有较高的稳定性。

(2)确保线圈载流量和机械强度，选用适当的导线。线圈不宜用过细的导线绕制，以免增加线圈电阻，使Q值降低。同时，导线过细，其载流量和机械强度都较小，容易烧断或碰断线。所以，在确保线圈的载流量和机械强度的前提下，要选用适当的导线绕制。

(3)绕制线圈抽头应有明显标志。带有抽头的线圈应有明显的标志，这样对于安装与维修都很方便。

(4)不同频率特点的线圈，采用不同材料的磁芯。工作频率不同的线圈，有不同的特点。在音频段工作的电感线圈，通常采用硅钢片或坡莫合金为磁芯材料。低频用铁氧体作为磁芯材料，其电感量较大，可高达几亨到几十亨。在几十万赫到几兆赫之间，如中波广播段的线圈，一般采用铁氧体芯，并用多股绝缘线绕制。频率高于几兆赫时，线圈采用高频铁氧体作为磁芯，也常用空心线圈。此情况不宜用多股绝缘线，而宜采用单股粗镀银线绕制。在 100 MHz 以上时，一般已不能用铁氧体芯，只能用空心线圈；如要作微调，可用钢芯。使用于高频电路的阻流圈，除了电感量和额定电流应满足电路的要求外，还必须注意其分布电容不宜过大。

(二)线圈使用、安装要注意的问题

任何电子设备中的电子元器件安装板，都是经过工程技术人员根据使用的各种元器件的性能特点，精心安排、全面布局、合理设计出来的。作为线圈的使用安装者，注意如下的几个问题就可以了。

(1)线圈的安装位置应符合设计要求。线圈的装配位置与其他各种元器的相对位置要符合设计的规定，否则将会影响整机的正常工作。例如，简单的半导体收音机中的高频阻流圈与磁性天线的位置要适当安排合理；天线线圈与振荡线圈应相互垂直，这就避免了相互耦合的影响。

(2)线圈在安装前，要进行外观检查。使用前，应检查线圈的结构是否牢固，线匝是否有松动和松脱现象，引线接点有无松动，磁芯旋转是否灵活，有无滑扣等。这些方面都检查合格后，再进行安装。

(3)线圈在使用过程需要微调的，应考虑微调方法。有些线圈在使用过程中，需要进行微调，依靠改变线圈圈数又很不方便，因此，选用时应考虑到微调的方法。例如，单层线圈可采用移开靠端点的数困线圈的方法，即预先在线圈的一端绕上 3～4 圈，在微调时，移动其位置就可以改变电感量。实践证明，这种调节方法可以实现微调±2%～±3%的电感量。应用在短波和超短波回路中的线圈，常留出半圈作为微调，移开或折转这半圈使电感量发生变化，实现微调。多层分段线圈的微调，可以移动一个分段的相对距离来实现，可移动分段的圈数应为总圈数的20%～30%。实践证明：这种微调范围可达 10%～15%。具有磁芯的线圈，可以通过调节磁芯在线圈管中的位置，实现线圈电感量的微调。

(4)使用线圈应注意保持原线圈的电感量。线圈在使用中，不要随便改变线圈

的形状。大小和线圈间的距离，否则会影响线圈原来的电感量。尤其是频率越高，即圈数越少的线圈。所以，目前在电视机中采用的高频线圈，一般用高频蜡或其他介质材料进行密封固定。另外，应注意在维修中，不要随意改变或调整原线圈的位置，以免导致失谐故障。

（5）可调线圈的安装应便于调整。可调线圈应安装在机器的易于调节的位置，以便于调整线圈的电感量达到最佳的工作状态。

【任务实施】

电感线圈的简易制作

（1）准备，如图 3-74（a）所示。

（2）绕第 1 层，如图 3-74（b）所示。

（3）绕第 2 层，如图 3-74（c）所示。具体操作中，可相应再绕制第 3 或 4 层，过程类似。

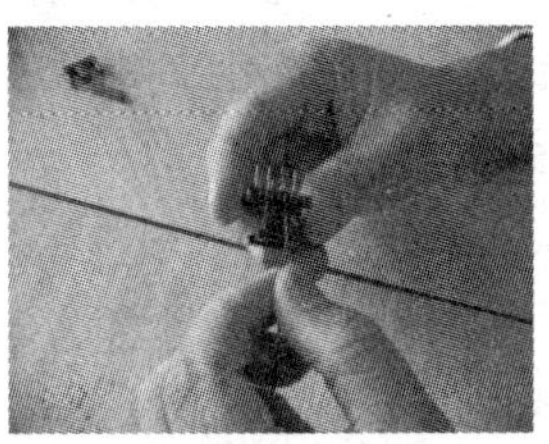
(a)固定漆包线的一端

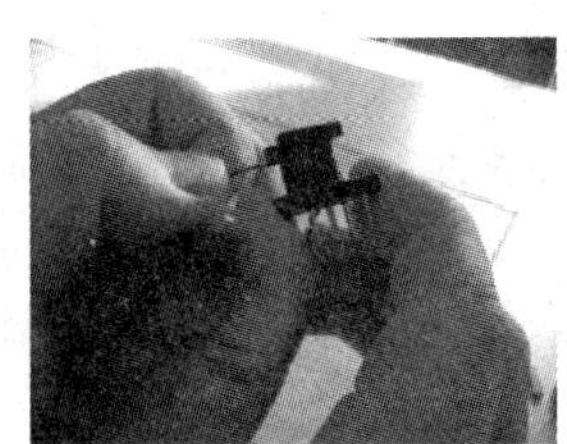
(b)第1层完成后的情况

(c)第2层完成后的情况

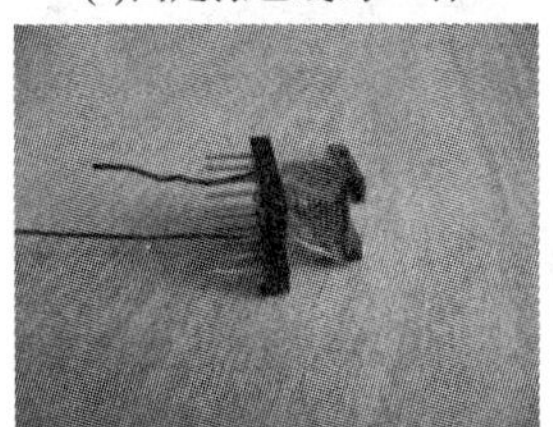
(d)用胶带简单固定后的情况

(e)磁芯装好后的情况

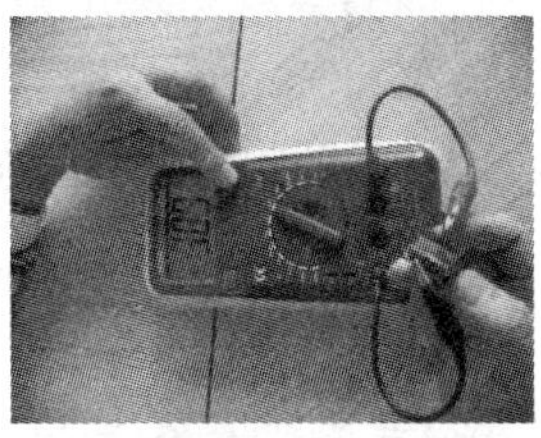
(f)电感测量的专用电表

(g)线圈端脚与骨架引脚的焊接

图 3-74　电感线圈的制作流程

(4)用胶带简单固定,如图 3-74(d)所示。

(5)线圈端脚刮漆:漆包线外层不导电,线圈端脚须刮去漆皮。

(6)装磁芯,用胶带简单固定,如图 e 所示。

(7)测电感量,因为只绕了两层线圈,感量 0.389 mH 偏低,如图 f 所示。

(8)线圈端脚固定和电感在 PCB 上焊接安装,如图 g 所示。(注:骨架有 10 个引脚,选择 2 个合适的)

【任务拓展】

提高线圈的 Q 值所采取的措施

品质因数 Q 是反映线圈质量的重要参数,提高线圈的 Q 值,可以说是绕制线圈要注意的重点之一。那么,如何提高绕制线圈的 Q 值呢,下面介绍具体的方法:

(1)根据工作频率,选用线圈的导线。工作于低频段的电感线圈,一般采用漆包线等带绝缘的导线绕制。工作频率高于几万赫,而低于 2 MHz 的电路中,采用多股绝缘的导线绕制线圈,这样,可有效地增加导体的表面积,从而可以克服集肤效应的影响,使 Q 值比相同截面积的单根导线绕制的线圈高 30%~50%。在频率高于 2 MHz 的电路中,电感线圈应采用单根粗导线绕制,导线的直径一般为0.3~1.5 mm。采用间绕的电感线圈,常用镀银铜线绕制,以增加导线表面的导电性。这时不宜选用多股导线绕制,因为多股绝缘线在频率很高时,线圈绝缘介质将引起额外的损耗,其效果反不如单根导线好。

(2)选用优质的线圈骨架,减少介质损耗。在频率较高的场合,如短波波段,因为普通的线圈骨架,其介质损耗显著增加,因此,应选用高频介质材料,如高频瓷、聚四氟乙烯、聚苯乙烯等作为骨架,并采用间绕法绕制。

(3)选择合理的线圈尺寸,可以减少损耗。外径一定的单层线圈(ϕ20~30 mm),当绕组长度 L 与外径 D 的比值 $L/D=0.7$ 时,其损耗最小;外径一定的多层线圈 $L/D=0.2-0.5$,用 $t/D=0.25-0.1$ 时,其损耗最小。绕组厚度 t、绕组长度 L 和外径 D 之间满足 $3t+2L=D$ 的情况下,损耗也最小。采用屏蔽罩的线圈,其 $L/D=0.8$~1.2 时最佳。

(4)选定合理屏蔽罩的直径。用屏蔽罩,会增加线圈的损耗,使 Q 值降低,因此屏蔽罩的尺寸不宜过小。然而屏蔽罩的尺寸过大,会增大体积,因而要选定合理屏蔽罩的直径尺寸。

当屏蔽罩直径 D_s 与线圈直径 D 之比满足如下数值即 $D_s/D=1.6$~2.5 时,Q 值降低不大于 10%。

(5)采用磁芯可使线圈圈数显著减少。线圈中采用磁芯,减少了线圈的圈数,不仅减小线圈的电阻值,有利 Q 值的提高,而且缩小了线圈的体积。

(6)线圈直径适当选大些,利于减小损耗。在可能的条件下,线圈直径选得大一些,体积增大了一些,有利于减小线圈的损耗。一般接收机,单层线圈直径取12～30 mm;多层线圈取6～13 mm,但从体积考虑,也不宜超过20～25 mm的范围。

(7)减小绕制线圈的分布电容。尽量采用无骨架方式绕制线圈,或者绕制在凸筋式骨架上的线圈,能减小分布电容15%～20%;分段绕法能减小多层线圈的分布电容的1/3～1/2。对于多层线圈来说,直径 D 越小,绕组长度 L 越小或绕组厚度 t 越大,则分布电容越小。应当指出的是:经过浸渍和封涂后的线圈,其分布电容将增大20%～30%。

总之,绕制线圈,始终把提高 Q 值,降低损耗,作为考虑的重点。

【任务巩固】

在制作电感线圈的过程中,你都遇到了哪些问题?又是如何解决的?

模块四　谐振电路的应用

项目一　认知谐振电路

【项目描述】

谐振电路广泛应用于生产生活中，如日常使用的录音机、复读机等电子产品中的 LC 振荡电路就是谐振电路。

在具有电阻 R、电感 L 和电容 C 元件的交流电路中，电路两端的电压与其中电流相位一般是不同的，如果调节电路元件的参数或电源频率，可以使它们相位相同，整个电路呈现为纯电阻性，电路达到这种状态称之为谐振。

本项目分为单一参数的正弦交流电路的应用、认知 RL 串联电路、认知 RC 串联电路、RLC 串联谐振电路的测量和 RLC 并联谐振电路的应用 5 个工作任务。

通过本项目学习，认识谐振这种客观现象，了解谐振的特征；掌握预防谐振危害的方法；培养学生善于思考、认真严谨、沟通协作等职业素质。

任务 1　单一参数正弦交流电路的应用

【任务目标】

1. 掌握纯电阻、纯电感、纯电容电路中电压与电流的数量关系、向量关系及功率，理解感抗、容抗的含义及其在电路中的作用。

2. 能够正确安装白炽灯电路，并会对主要参数进行测量。

【任务准备】

一、资料准备

低压断路器、熔断器及熔体、灯座、白炽灯、导轨、开关、接线端子、导线、万用表、任务评价表等与本任务相关的教学资料。

二、知识准备

单相正弦交流电路是由单相交流电压供电的电路。交流电路的负载一般是电阻、电感、电容或它们的不同组合。对于单一参数的正弦交流电路，主要是确定电路中电压和电流之间的数值关系、相位关系以及功率。

(一)纯电阻电路

只含有电阻元件的交流电路叫做纯电阻电路，如白炽灯、电阻炉、电饭锅、电烙铁等这些电器工作时就可看成纯电阻电路。纯电阻电路如图 4-1 所示。

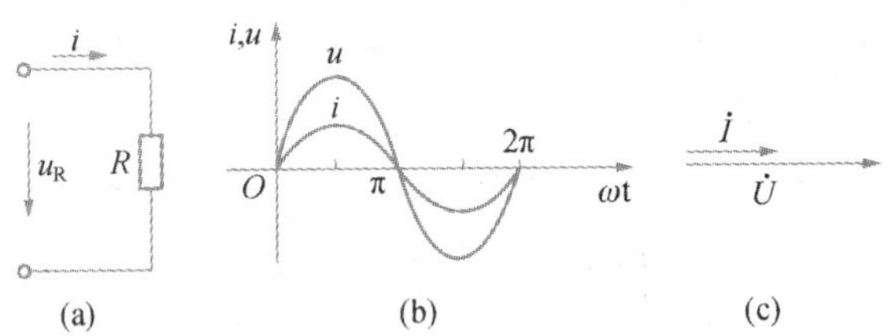

图 4-1 纯电阻电路

(a)电路图 (b)波形图 (c)相量图

1. 电压与电流的数量关系

设电阻两端的电压为：

$$u_R = u_R = \sin\omega t$$

实验证明，交流电压和电流的瞬时值符合欧姆定律：在纯电阻交流电路中，电流与电压成正比，即它们的有效值、最大值和瞬时值都服从欧姆定律。表示为

$$I = \frac{U}{R} \text{ 或 } I_m = \frac{U_m}{R} \text{ 或 } i = \frac{u}{R} \tag{4-1}$$

式中 R——电阻值，单位是欧姆，符号为 Ω；

I——通过电阻的电流有效值，单位是安培，符号为 A；

U——电阻两端的电压有效值，单位是伏特，符号为 V；

I_m——电流的最大值，单位是安培，符号为 A；

U_m——电压的最大值，单位是伏特，符号为 V；

I ——通过电阻的电流瞬时值，单位是安培，符号为 A；

u_R——电阻两端的电压瞬时值，单位是伏特，符号为 V。

2. 电压与电流的相位关系

在纯电阻电路中，电阻两端的电压 u 与通过它的电流 i 的同相位，即频率和初相相同，其波形图和相量图如图 4-1 所示。

3. 纯电阻电路相量形式

在纯电阻电路中，相量形式的欧姆定律为 $\dot{U}=Z\dot{I}$，纯电阻电路中 $Z=R$，所以相量形式欧姆定律为

$$\dot{U}_{\mathrm{R}}=R\dot{I} \tag{4-2}$$

上式说明：1)电压和电流大小关系为 $U=IR$。

2)电压和电流的相位相同，即同相位。

4. 纯电阻电路的功率

在纯电阻交流电路中，当电流 i 通过电阻 R 时，电阻上要产生热量，把电能转化为热能，电阻上必然有功率消耗。由于通过电阻的电流和电阻两端的电压都是随时间变化的，任一瞬间电压与电流的瞬时值的乘积称为瞬时功率，瞬时功率用小写字母 p 表示。

$$p=ui$$

由于瞬时功率是随时间变化的测量和计算都不方便，通常用瞬时功率在一个周期内的平均值来衡量纯电阻电路的功率大小，这个平均值称为平均功率，它是电路中实际消耗的功率，又称为有功功率，用大写字母 P 表示，电阻的平均功率为

$$P=UI=RI^2=\frac{U^2}{R} \tag{4-3}$$

(二)纯电感电路

在交流电路中，如果只有电感线圈做负载，当线圈的电阻小到可以忽略不计的程度，这个线圈就可以看成是一个纯电感线圈，这个电路就可以看成纯电感电路。纯电感电路如图 4-2 所示。

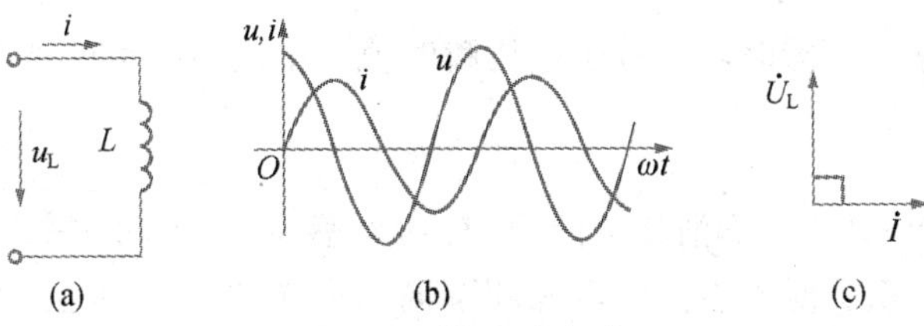

图 4-2　纯电感电路

(a)电路图　(b)波形图　(c)相量图

1. 感抗

电感对电流的阻碍作用叫感抗，用 X_L 表示，单位为欧姆。感抗的大小为

$$X_L = \omega L = 2\pi f L \tag{4-4}$$

式中 L——线圈的电感，单位是亨利，符号为 H；

ω——交流电的角频率，单位是弧度每秒，符号为 rad/s；

f——交流电的频率，单位是赫兹，符号为 Hz；

X_L——感抗，单位是欧姆，符号为 Ω。

由公式可得出结论：感抗与交流电的频率 f 和电感 L 成正比。

2. 电感线圈在电路中的作用

电感线圈对直流电由于 $f=0$，$\omega=0$，因而感抗为零；对交流电的感抗与频率和电感成正比。用于“通直流、阻交流”的电感线圈叫做低频扼流圈。频率越高或电感越大，则感抗越大，对交流电的阻碍作用也越大，用于“通低频阻高频”的电感线圈叫做高频扼流圈。

3. 电压与电流的关系

在纯电感电路中，电压与电流的有效值和最大值服从欧姆定理。表示为

$$I = \frac{U_L}{X_L} \text{ 或 } I_{Lm} = \frac{U_{Lm}}{X_L} \tag{4-5}$$

电感两端的电压比电流超前 90°$\left(\text{或}\frac{\pi}{2}\right)$，波形图和相量图如图 4-2 所示。

4. 纯电感电路的相量形式

在纯电感电路中，相量形式的欧姆定律为 $\dot{U} = Z\dot{I}$，纯电感电路中 $Z = jX_L = j\omega L$，所以相量形式欧姆定律为

$$\dot{U}_L = j\omega L \dot{I}_L \tag{4-6}$$

5. 纯电感电路的功率

纯电感电路中的瞬时功率等于电压瞬时值与电流瞬时值的乘积，即

$$p = ui$$

电感是储能元件，它不消耗电能，其有功功率为零，无功功率等于电压有效值与电流有效值之积。对于不同的电源和不同的电感线圈，它们之间能量转换的多少不同。为反映出纯电感电路中能量的相互转换，把单位时间内能量转换的最大值（即瞬时功率的最大值），叫做无功功率，用符号 Q_L 表示

$$Q_L = U_L I \tag{4-7}$$

式中　U_L——线圈两端的电压有效值，单位是伏[特]，符号为 V；

I——通过线圈的电流有效值，单位是安[培]，符号为 A；

Q_L——感性无功功率，单位是乏，符号为 var。感性无功功率的公式还常常写成

$$Q_L = \frac{U_L^2}{X_L} = I^2 X_L \tag{4-8}$$

(三)纯电容电路

只有电容(忽略电容的损耗)的交流电路称为纯电容电路。纯电容电路如图4-3所示。

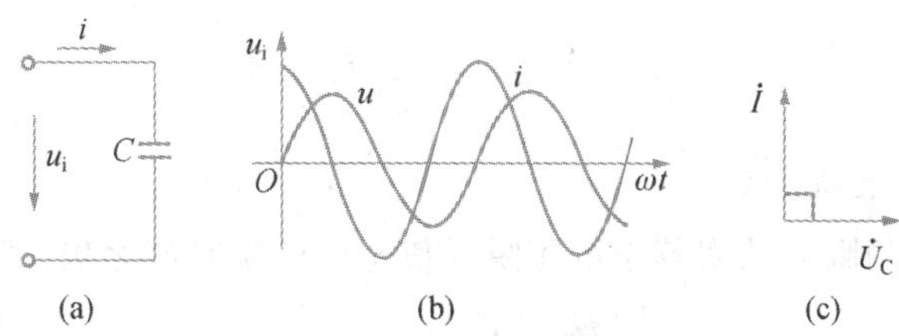

图 4-3　纯电容电路

(a)电路图　(b)波形图　(c)相量图

1. 容抗

电容对电流的阻碍作用叫做容抗，用 X_C 表示，单位为欧姆。容抗的大小

$$X_C = \frac{1}{2\pi f C} = \frac{1}{\omega C} \tag{4-9}$$

式中　f——电源频率，单位是赫兹，符号为 Hz；

C——电容容量，单位是法拉，符号为 F；

ω——角频率，单位是弧度每秒，符号为 rad/s；

X_C——容抗，单位是欧姆，符号为 Ω。

由公式可得出结论：感抗与交流电的频率 f 和电容 C 成反比。

2. 电容在交流电路中的作用

由容抗公式可知，当电容 C 一定时，交流电的频率越高，容抗越小，对交流电流的阻碍作用越小，通常称为“阻低频，通高频”；对直流电而言，由于频率 $f=0$，$\omega=0$，故 $X_C \to \infty$，电容在直流电流的作用下相当于开路，通常称为“隔直流通

交流”。

3. 电压与电流的关系

在纯电容电路中，电压与电流的有效值和最大值服从欧姆定理。表示为

$$I=\frac{U_C}{X_C} \text{ 或 } I_{Cm}=\frac{U_{Cm}}{X_C} \tag{4-10}$$

电容两端的电压滞后电流 90°$\left(\text{或}\frac{\pi}{2}\right)$，波形图和相量图如图 4-3 所示。

4. 纯电容电路的相量形式

在纯电容电路中，相量形式的欧姆定律为 $\dot{U}=Z\dot{I}$，纯电容电路中 $Z=-jX_C=-j\frac{1}{\omega C}$，所以相量形式欧姆定律为

$$\dot{U}_C=-j\frac{1}{\omega C}\dot{I}_C \tag{4-11}$$

5. 纯电容电路的功率

纯电容电路的瞬时功率等于电压瞬时值与电流瞬时值之积，即

$$P=ui$$

同纯电感电路相似，虽然纯电容电路不消耗能量，但是电容器和电源之间进行着能量交换。当电压 u_C 与电流 i 的方向相同，瞬时功率 P 为正值。由于电压的绝对值是增加的，电容器充电，电场能量增加。这说明在这个周期内，电容器把电源提供的电能转换成电容器中的电场能量，电容器起负载作用，相当于吸收能量。当电压 u_C 与电流 i 的方向相反，瞬时功率 P 为负值。由于这时电压的绝对值减小，电容器放电，电场能量减小。电容器把原来储存的电场能量还给电源，电容器起了电源的作用，相当于吐出能量。即

$$P=0$$

为了表示电容器与电源能量转换的多少，把瞬时功率的最大值称做纯电容电路的无功功率，即

$$Q_C=U_CI \tag{4-12}$$

式中 U_C——电容器两端电压有效值，单位是伏[特]，符号为 V；

I——电路中电流有效值，单位是安[培]，符号为 A；

Q_C——容性无功功率，单位是乏，符号为 var。

容性无功功率的公式还常写成

$$Q_C = \frac{U_C^2}{X_C} = I^2 X_C$$

【任务实施】

白炽灯电路的安装与测量

1. 识读电路图

白炽灯工作原理：合上电源开关，220 V 交流电压将通过电源线、开关加在灯泡两端，有电流通过灯丝，白炽灯发光(图 4-47)。

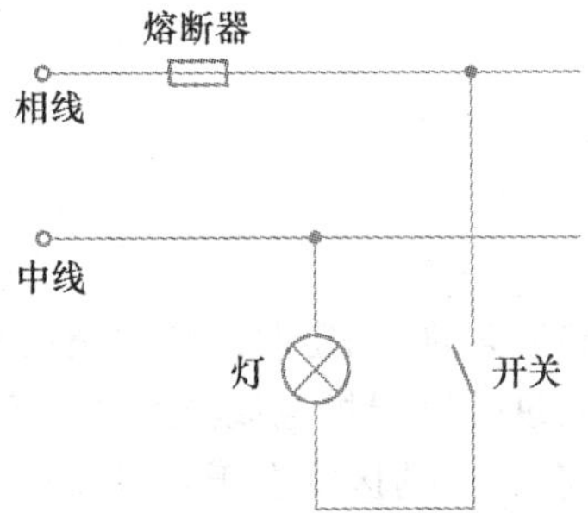

图 4-4　单灯单控电路图

2. 准备元器件

单灯单控电路安装所用的元器件清单如表 4-1 所示。

表 4-1　单灯单控电路元器件清单

序号	名称	型号规格	数量	单位
1	低压断路器	DZ47-63	1	只
2	熔断器及熔体	RT18-32 2A	1	只
3	灯座		1	只
4	白炽灯	40 W	1	只
5	导轨		1	段
6	开关		1	个
7	接线端子		10	位

3．检测元器件

（1）检测白炽灯

①用万用表电阻档检测白炽灯好坏。

②检测灯座的两个引出点，通过测量找出在接线端子上哪个对应螺口，哪个对应灯座中心点。

（2）检测开关

①用万用表查找开关的常开触点。

②通过检测找出接线端子上哪两个点对应开关的引出线。

4．安装、接线

（1）准备工具、材料

（2）准备导线

①剥线钳的使用方法介绍。

②剥线练习。

（3）元器件固定安装

布置元器件时要注意整齐匀称，固定时对角轮流拧紧螺钉，用力要均匀。

①安装灯座。白炽灯通过灯座与供电线路相连，灯座在室内安装方式有吸顶式、壁挂式和悬吊式三种。各方式的区别在于灯具式样、固定方法不同，但接线方法相同。

②安装开关。开关应串联在通往灯座的相线上，使相线通过开关后进入灯座。接线开关的高度一般距地面 2 m 以上，普通开关距地 1.3 m，距门框0.15 m 左右。

（4）接线

①从外引端子上引一根导线至断路器上方的接线端子。

②从断路器下方的接线端子引一根导线至熔断器上方的接线端子。

③从熔断器下方的接线端子引一根导线至开关的公共端。

④从开关常开接点的另一接线端子引一根导线至灯座的中心点接线端子。

⑤从外引端子上引一根导线至灯座的螺口接线柱。

安装口诀

相线中线并排走，中线直接入灯座，相线先过保险盒，再过开关入灯座。

5．通电测量

经自检电路后，由教师检查无误后，通电测量电路参数。

(1)用电压表电流表测电压、电流。

(2)用示波器观测电压电流波形。

【任务拓展】

电路改装并测量

1. 两盏灯串联

2. 两盏灯并联

测量每盏灯两端的电压与总电压,测每盏灯流过的电流与总电流。

【任务巩固】

一、填空题

(1)在纯电阻交流电路中,电压与电流的相位关系是________,在纯电感交流电路中,电压与电流的相位关系是电压________电流 90°。在纯电阻交流电路中,电阻元件通过的电流与它两端的电压相位(　　)。

(2)纯电容电路中,相位上(　　)超前(　　)90°。

(3)纯电感电路中,相位上(　　)超前(　　)90°。

二、计算题

标有“220 V,100 W”的灯泡,加在灯泡两端的电压 $u=220\sqrt{2}\sin 314t$ V,求流过灯泡的电流的有效值以及灯泡的热态电阻。

任务 2　认知 RL 串联电路

【任务目标】

1. 掌握 RL 串联电路的特点。

2. 能正确安装荧光灯电路,并对其主要参数进行测试;会使用示波器观察电压、电流波形。

【任务准备】

一、资料准备

万九孔板、元器件、导线及托盘、交流毫伏表、示波器、函数信号发生器、任务评价表等与本任务相关的教学资料。

二、知识准备

将一个电感线圈与一个电阻器串联，如图 4-5 所示，就形成了一个 RL 串联电路。

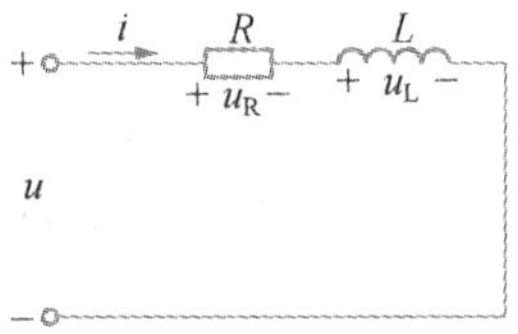

图 4-5 RL 串联电路

(一)电压间的关系

由于 RL 串联电路中各元件流过相同的电流，根据基尔霍夫电压定律(KVL)，在任意时刻总电压 u 为

$$u = u_R + u_L$$

相量形式

$$\dot{U} = \dot{U}_R + \dot{U}_L$$

两个正弦量相加，采用相量计算较方便，以 $\dot{I}$ 为参考相量，作出相量图，如图 4-6 所示。

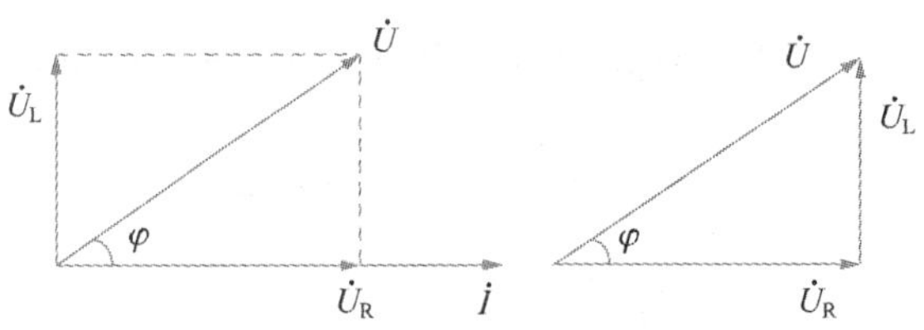

图 4-6 RL 串联电路相量图

由图 4-6 可以看出：

1)$\dot{U}$、$\dot{U}_R$、$\dot{U}_L$ 构成直角三角形，称为电压三角形关系。

2)电压之间的数量关系为

$$U = \sqrt{U_R^2 + U_L^2} \tag{4-13}$$

在 RL 串联电路中，电阻两端电压有效值 $U_R = RI$，$U_L = X_L I$ 代入式(4-13)中，得到电压数量关系为

$$U=\sqrt{U_R^2+U_L^2}=\sqrt{R^2+X_L^2}\,I$$

令

$$|Z|=\frac{U}{I}=\sqrt{R^2+X_L^2} \tag{4-14}$$

此公式称为阻抗三角形关系，$|Z|$ 叫做阻抗，它表示电阻和电感对交流电呈现的阻碍作用，阻抗的单位为欧姆。

(二)RL 串联电路的功率

1. *有功功率*

电阻是耗能元件，电阻消耗的功率就是该电路的有功功率。

$$P=U_R I=I^2R=\frac{U_R^2}{R}=S\cos\varphi$$

电阻是耗能元件，电阻消耗的功率就是该电路的有功功率。

2. *无功功率*

电阻和电感串联电路中，只有电感和电源进行能量交换，所以无功功率为

$$Q=U_L I=X_L I^2=\frac{U_L^2}{X_L}=S\sin\varphi$$

3. *视在功率*

电源提供的总功率，常用来表示电气设备的容量，称为视在功率，它等于电流、电压有效值的乘积，用 S 表示，单位是伏安，符号为 V · A。视在功率代表了交流电源可以向电路提供的最大功率。

$$S=UI$$

如构建出功率三角形即可得到

$$S=\sqrt{P^2+Q_L^2} \tag{4-15}$$

阻抗角的大小为

$$\varphi=\arctan\frac{Q_L}{P}$$

【任务实施】

验证 RL 串联电路中电压、电流的基本关系

1. 按照表 4-2 的要求准备所需设备与材料

表 4-2 设备及材料清单

设备及材料名称	实物图	用途
九孔板	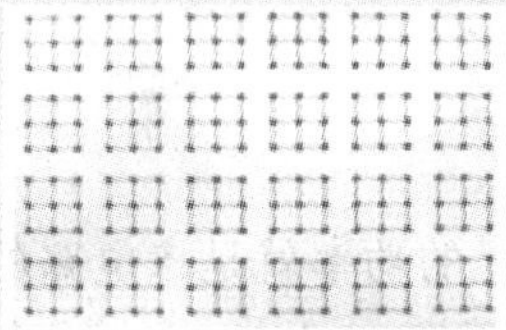	插接元器件
元器件、导线及托盘		提供试验所需的电感、电阻及导线
交流毫伏表	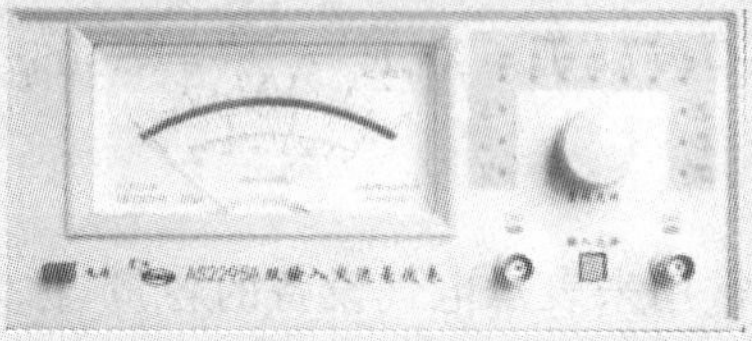	交流毫伏表用于测量交流输入、输出信号的有效值
示波器	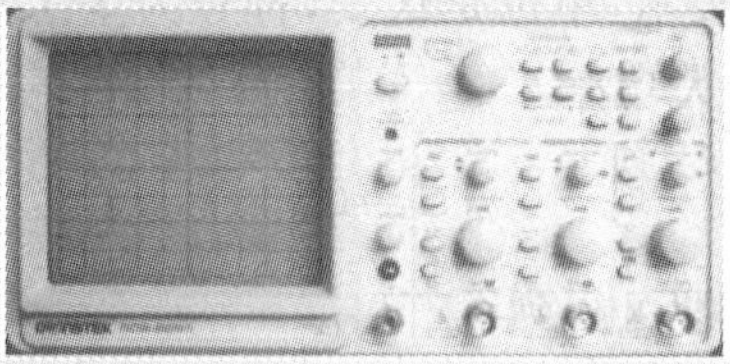	示波器用于显示被测信号的波形、大小、周期和相位，可以观测波形的动态变化过程
函数信号发生器	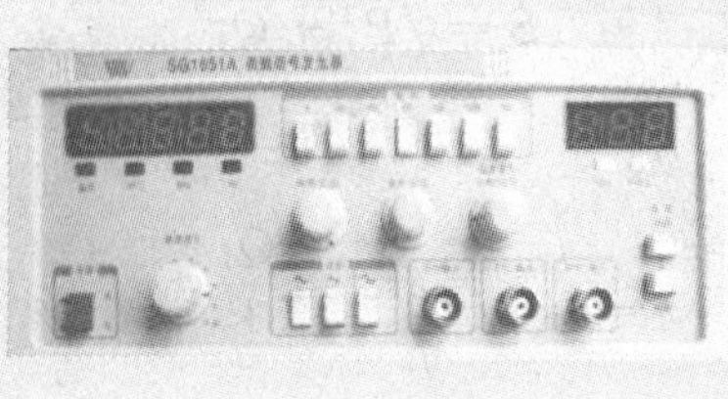	函数信号发生器提供频率和幅值可调的正弦波。由交流毫伏表读取其小。信号发生器的输出端不允许短接

2. 仪器的连接和使用

按图 4-7 连接函数信号发生器、交流毫伏表和示波器。函数信号发生器输出频率 1 kHz 的信号，调节幅值输出旋钮，用示波器和交流毫伏表监测该信号的波形和大小。

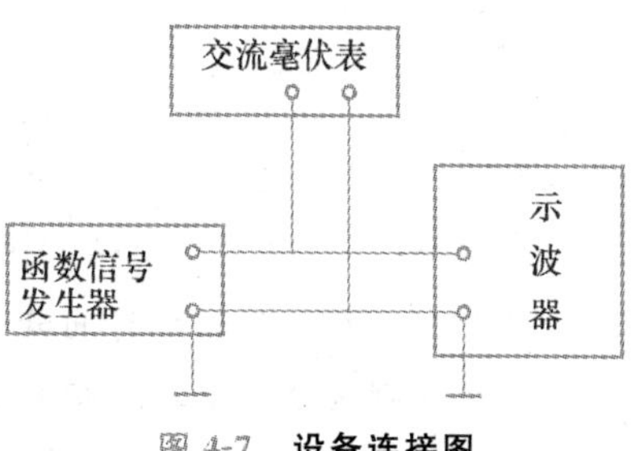

图 4-7 设备连接图

3. 接线与测量

按图 4-8 接线，调节函数信号发生器，使其输出 $f=1$ kHZ, $U=1$ V 的正弦信号，用双踪示波器观察并在图 4-9 中记录总电压 u 和总电流 i 的波形，其相位关系为：________。

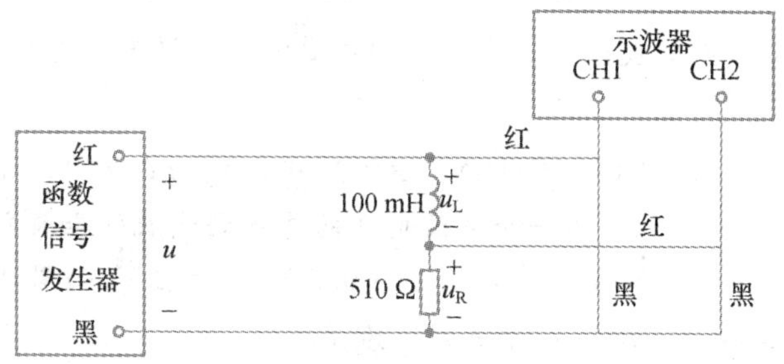

图 4-8 电路图

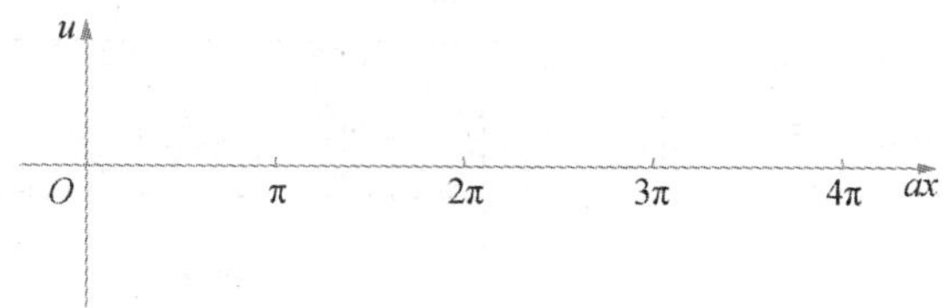

图 4-9 波形图

注意事项

1. 测试频率点的选择应在靠近谐振频率附近多取几点，在变换频率测试时，应调整信号输出幅度，使其维持在 1 V 输出不变。

2. 在测量 U_L 数值前，应及时改换毫伏表的量程。

【任务拓展】

对示波器的校正

利用“CAL”(校正)和CH1 X的“VOLTS/DIV”(垂直衰减选择钮,即灵敏度选择)及“TIME/DIV”(扫描时间旋钮,即“时基”)对示波器的 X 轴(时间)和 Y 轴(电压)方向的测量精确度进行校正。

使显示屏上显示一列方波,测量其电压峰—峰值,即波顶到波底的垂直距离与 Y 轴灵敏度旋钮档位的乘积;再测量其频率,即显示屏上一个周期的宽度与扫描时间的乘积的倒数。与“CAL”上给出的标准校正值2 V_{p-p}(电压峰—峰值为2 V)、1 kHz(频率为1 kHz)进行比较。如有误差,应进行调整。但校正后应锁定CH1 X的“VAR”(灵敏度微调),在以后的参数测量过程中不再改变,以免影响测量精确性。

例如:在CH1X的“VOLTS/DIV”档位为0.5 V/cm而“TIME/DIV”的档位为0.5 ms/cm的条件下,测出一个方波电压的波顶到波底的垂直距离为4 cm,一个周期宽度为2 cm,则峰-峰电压为4 cm×0.5 V/cm=2 V,而周期为 T=2 cm×0.5 ms/cm=1 sm=1×10^{-3} s,于是频率为 f=1/T=1 kHz。

对示波器进行校正(2 V,1 kHz的信号),将数据填入下表:

表4-3 示波器的校正

待校通道	灵敏度选择 VOLTS/DIV	峰一峰垂直距离/cm	V_{p-p}/V	扫描档位选择 TIME/DIV	n	n 个周期度/cm	周期 T/s	频率 f/kHz
CH1								
CH2								

【任务巩固】

一、填空题

1. 在RL串联交流电路中,通过它的电流有效值,等于________除以它的________。

2. 只有电阻和电感元件相串联的电路,电路性质呈________性。

3. 能量转换过程不可逆的电路功率常称为________功率;能量转换过程可逆的电路功率叫做________功率;这两部分功率的总和称为________功率。

二、选择题

1. 在 RL 串联电路中，$U_R=16$ V，$U_L=12$ V，则总电压为（　　）。

A. 20 V　　B. 28 V　　C. 2 V　　D. 4 V

2. 实验室中的功率表，是用来测量电路中的（　　）。

A. 有功功率　　B. 无功功率　　C. 视在功率　　D. 瞬时功率

三、计算题

将电感为 255 mH、电阻为 60 Ω 的线圈接到 $u=220\sqrt{2}\sin 314t$ V 的电源上。求：(1)线圈的感抗和电路的阻抗；(2)电路中电流有效值；(3)电路的有功功率 P、无功功率 Q、视在功率 S。

任务 3　认知 RC 串联电路

【任务目标】

1. 掌握 RC 串联电路的特点。
2. 能够正确测量电路主要参数并验证电压三角形。

【任务准备】

一、资料准备

双踪示波器、低频信号发生器、万用表、可变电容器、电容器、滑动变阻器、电阻、导线、任务评价表等与本任务相关的教学资料。

二、知识准备

电阻电容的串联电路如图 4-10 所示。

(一)电压间的关系

设电路中电流为 $i=I_m\sin\omega t$，根据 R、C 的基本特性，可得各元件两端电压为

$$R\ 两端电压为：u_R=RI_m\sin\omega t$$

$$C\ 两端电压为：u_C=X_CI_m\sin(\omega t-90°)$$

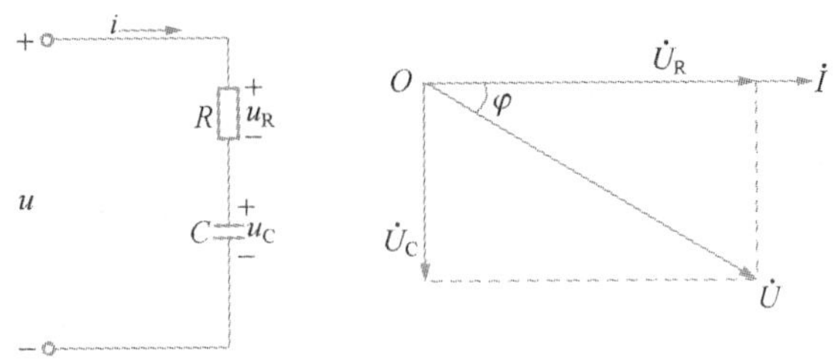

图 4-10 **RC 串联电路**

根据基尔霍夫电压定律(KVL),在任意时刻总电压 u 为

$$u = u_R + u_C$$

以 $\dot{I}$ 为参考相量,作出电压相量图,如图 4-11(a)所示。

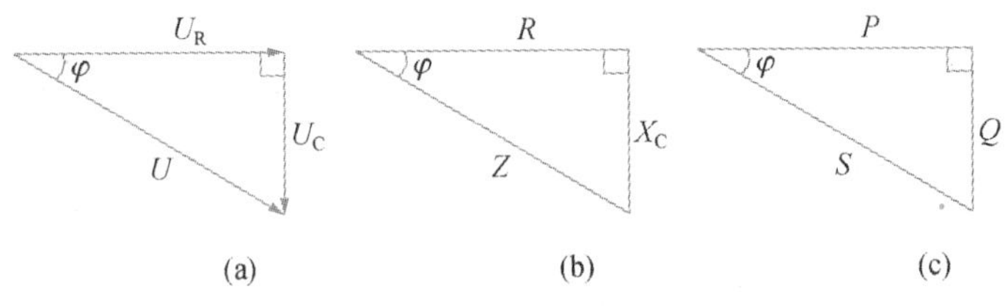

图 4-11 **RC 串联电路相量图**

在 RC 串联电路中,根据电压三角形,可得出总电压 U 和 U_R、U_C 间的数量关系为

$$U = \sqrt{U_C^2 + U_R^2}$$

依照 RL 电路同样的方法,可以得到阻抗三角形和功率三角形,如图 4-11(b)和图 4-11(c)所示。

根据阻抗三角形,可得出 RC 串联电路的阻抗为

$$| Z | = \sqrt{R_2^2 + X_C^2}$$

其阻抗角 φ 的大小为

$$\varphi = \frac{\arctan X_C}{R}$$

阻抗角的大小决定于电路参数 R 和 C 以及电源频率,与电压、电流的大小无关。

(二)RC 串联电路的功率

1. 有功功率

电阻是耗能元件,电阻消耗的功率就是该电路的有功功率。

$$P=U_{R}I=RI^{2}=\frac{U_{R}^{2}}{R}=UI\cos\varphi=S\cos\varphi$$

2. 无功功率

电阻和电容串联电路中,只有电容和电源进行能量交换,所以无功功率为

$$Q=U_{C}I=X_{C}I=\frac{U_{C}^{2}}{X_{C}}=S\sin\varphi$$

3. 视在功率

根据功率三角形可得

$$S=UI=\sqrt{P^{2}+Q_{c}^{2}}$$

电压与电流间的相位差 φ 是 S 与 P 之间的夹角,即

$$\varphi=\arctan\frac{Q_{c}}{P}$$

【任务实施】

检测 RC 串联电路的阻抗角和电压三角形

1. 器材准备

按照元器件明细表准备所需的器件及工具。

2. 实验步骤

(1)按照图 4-12 选择元器件,并连接电路。代表电流 i,代表电压 u,将它们输入双踪示波器,分别改变电阻、电容和频率的值,观察电压、电流间的相位差,即阻抗角 φ 的变化,并填写表 4-4 中。

表 4-4　元器件明细表

序号	名称	型号规格	数量	单位
1	双踪示波器	不限	1	台
2	低频信号发生器	不限	1	台
3	万用表	不限	1	只

续表4-4

序号	名称	型号规格	数量	单位
4	可变电容器	12290 pF	1	只
5	电容器	3600 pF	1	只
6	滑动变阻器	030,0.5 W	1	只
7	电阻	91,0.5 W	1	只
8	导线			若干

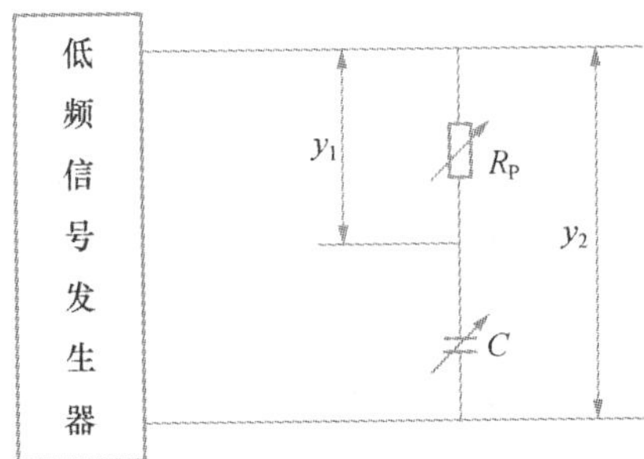

图 4-12

在电路参数 C 和电源频率一定的条件下，改变电路总电压的大小，观察阻抗角 φ 是否发生变化，并填入表 4-5 中。

表 4-5　阻抗角记录

电路参数或频率变化	R_P 增加	R_P 减小	C 增加	C 减小	增加	减小
变化						

(2)按照图 4-13 选择元器件，并连接电路。将电源频率固定为 2.5 kHz，总电压 U 分别为 3 V 和 2 V，测出 R、C 上的电压，填入表 4-6 中。

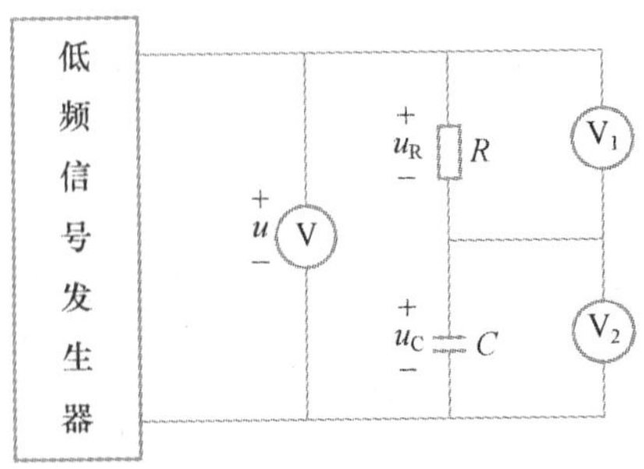

图 4-13

(3)频率固定为 5 kHz,总电压 U 为 2 V 时,测出 R、C 上的电压,填入表 4-5 中。

表 4-6　电压记录

	U	U_R	U_C
$f_1=2.5$ kHz			
$f_1=2.5$ kHz			
$f_2=5$ kHz			

【任务拓展】

验证 RC 串联电路的阻抗角和电压三角形

1. 根据表 1 测量结果,分析 RC 串联电路的阻抗角与 R、C 及频率各有什么关系?

2. 根据表 2 测量结果,验证是否有?

【任务巩固】

1. 只有电阻和电容元件相串联的电路,电路性质呈________性。

2. 若 R、C 串联,如总电压为 50 V,电容两端电压为 30 V,则电阻两端电压为________ V。

任务 4　RLC 串联谐振电路的测量

【任务目标】

1. 理解 RLC 串联谐振的含义,掌握 RLC 串联电路的特点及串联谐振的条件、特点及应用。

2. 能根据串联谐振特点描述收音机调频的原理。

【任务准备】

一、资料准备

信号发生器、RLC 串联谐振实验板、交流毫伏表、导线、任务评价表等与本任务相关的教学资料。

二、任务准备

电阻、电感和电容的串联电路，包含了三个不同的电路参数，是在实际工作中经常遇到的典型电路如电子技术中的串联谐振电路和电工技术中的补偿电路。

(一)RLC 串联电路的特点

1. RLC 串联电路的电压电流关系

如图 4-14 所示。

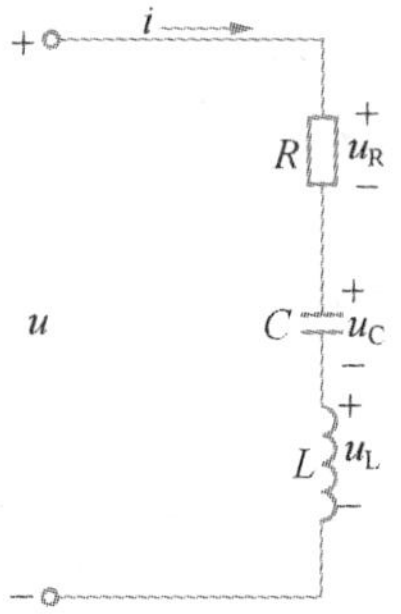

图 4-14 RLC 串联电路

设电路中电流为 $i=I_{\mathrm{m}}\sin\omega t$，根据 R、L、C 基本特性，可得各元件两端电压的瞬时值表达式为

R 两端电压：　$u_{\mathrm{R}}=RI_{\mathrm{m}}\sin\omega t$

L 两端电压：　$u_{\mathrm{L}}=X_{\mathrm{L}}I_{\mathrm{m}}\sin(\omega t+90°)$

C 两端电压：　$u_{\mathrm{C}}=X_{\mathrm{C}}I_{\mathrm{m}}\sin(\omega t-90°)$

在任意时刻，总电压的瞬时值等于各个元件上电压瞬时值之和，即

$$u=u_{\mathrm{R}}+u_{\mathrm{L}}+u_{\mathrm{C}}$$

根据各元件的瞬时值表达式，画出相应的相量图，如图 4-15 所示。

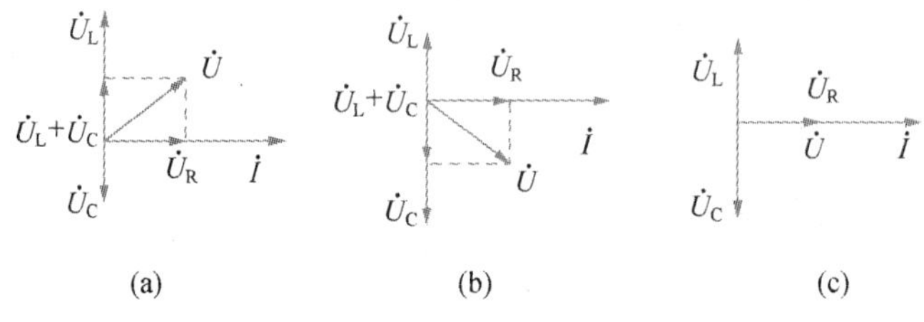

图 4-15 向量图

(a)$X_{\mathrm{C}}>X_{\mathrm{L}}$　(b)$X_{\mathrm{C}}<X_{\mathrm{L}}$　(c)$X_{\mathrm{C}}=X_{\mathrm{L}}$

应用平行四边形法则可得到总电压与分电压之间的关系符合电压三角形关系，为

$$U=\sqrt{U_{\mathrm{R}}^{2}+(U_{\mathrm{L}}-U_{\mathrm{C}})^{2}} \tag{4-16}$$

2. RLC 串联电路的阻抗及阻抗角

由　$U_{\mathrm{R}}=RI\quad U_{\mathrm{L}}=X_{\mathrm{L}}I\quad U_{\mathrm{C}}=X_{\mathrm{C}}I$

可得

$$|Z|=\frac{U}{I}=\sqrt{R^2+(X_L-X_C)^2}=\sqrt{R^2+X^2} \tag{4-17}$$

上式说明阻抗符合阻抗三角形关系。$|Z|$叫做 RLC 串联电路的总阻抗，其中 $X=X_L-X_C$ 叫做电抗。电抗的单位是欧姆(Ω)。

总电压与电流之间的阻抗角为

$$\varphi=\arctan\frac{U_L-U_C}{U_R}=\arctan\frac{X_L-X_C}{R}=\arctan\frac{X}{R}$$

由上式可知，阻抗角的大小决定于电路参数 R、L 和 C，以及电源频率，电抗 X 的值决定电路性质。

1)当 $X_L>X_C$，$X>0$，$\varphi>0$，则在相位上电压 u 比电流 i 超前，电路呈感性，简称为感性电路；

2)当 $X_L<X_C$，$X<0$，$\varphi<0$，则在相位上电流 i 比电压 u 超前，电路呈容性，简称为容性电路；

3)当 $X_L=X_C$，$X=0$，即 $\varphi=0$ 时，则电流 i 与电压 u 同相，电路呈阻性，称之为谐振电路。

3. RLC 串联电路的功率

在 RLC 串联电路中，只有电阻是耗能元件，电感和电容是储能元件，不消耗能量。RLC 串联电路的有功功率 P、无功功率 Q_L 和 Q_C、视在功率分别为

$$P=U_R I=UI\cos\varphi$$
$$Q=(U_L-U_C)I=(X_L-X_C)I^2=Q_L-Q_C=UI\sin\varphi$$
$$S=UI$$

RLC 串联电路的功率三角形如图 4-16 所示。

(二)RLC 串联电路的谐振

1. 谐振条件与谐振频率

电阻、电感、电容串联电路发生谐振的条件是电路的电抗为零，即

$$X=X_L-X_C=0$$

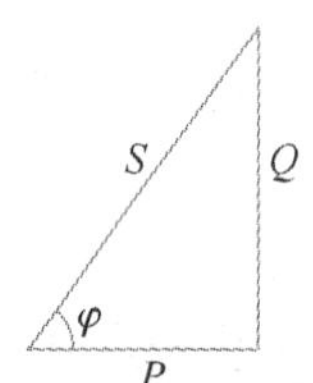

图 4-16 RLC 串联电路功率三角形

也就是

$$X_L=X_C$$

即

$$\omega L=\frac{1}{\omega C} \text{ 或 } 2\pi fL=\frac{1}{2\pi fC} \tag{4-18}$$

要满足上述条件，一种办法是改变电路中的参数 L 或 C，另一种办法是改变电源频率。对于电感、电容为确定值的电路，要发生谐振，电源角频率必须满足下式

$$\omega_0=\frac{1}{\sqrt{LC}}$$

谐振时的电源频率为

$$f_0=\frac{1}{2\pi\sqrt{LC}} \tag{4-19}$$

谐振频率 f_0 仅由电路参数 L 和 C 决定，与电阻 R 的大小无关，它反映电路本身的固有性质。当电路的参数确定之后，对应的 ω_0 和 f_0 都有确定的值，因此 f_0 叫做电路的固有频率。电路发生谐振时，外加电源的频率必须等于电路的固有频率。在实际应用中，常常利用改变电路的参数（L 或 C）的办法，使电路在某一频率下发生谐振。如收音机的调谐电路，就是通过改变 C 的大小，来选择不同广播频率的电台。

2. 串联谐振的特点

1）电路呈纯阻性，阻抗最小，电流最大。

谐振时电路的电抗 X 为零，其阻抗是一个纯电阻，即

$$X=X_{\mathrm{L}}-X_{\mathrm{C}}=0$$

感抗和容抗相等，它们完全互相补偿，电路呈电阻性，阻抗达最小值

$$Z=\sqrt{R^2+X^2}=R$$

在外加电压一定时，谐振电流达最大值，其值为

$$I=I_0=\frac{U}{R}$$

这时电路中的电流和外加电压同相，电路中电流的大小决定于电阻的大小。

2）特性阻抗。谐振时，电路的电抗为零，但是感抗和容抗都不为零，此时电路的感抗或容抗都叫做谐振电路的特性阻抗，用字母 ρ 表示。

$$\rho=\omega_0 L=\frac{1}{\omega_0 C}=\frac{L}{\sqrt{LC}}=\sqrt{\frac{L}{C}} \tag{4-20}$$

由上式可知，谐振电路的特性阻抗由电路参数 L 和 C 决定，与谐振频率的大小无关。ρ 的单位是欧(姆)。

3)品质因数。经常用谐振电路的特性阻抗与电路中电阻的比值来说明电路的性能，这个比值上被称做电路的品质因数，用字母 Q 来表示品质因数。

$$Q=\frac{\rho}{R}=\frac{\omega_0 L}{R}=\frac{1}{\omega_0 CR}=\frac{1}{R}\sqrt{\frac{L}{C}} \tag{4-21}$$

谐振时，电阻上的电压等于电源电压，电感和电容上的电压等于电源电压的 Q 倍。因此，串联谐振又叫做电压谐振。Q 的大小一般为 40～200。可见，但电路发生谐振时，电感和电容上的电压要比电源的电压大许多倍，如果电压过高可能损坏线圈或电容器，因此，电力工程上要避免发生串联谐振。但是在无线电技术中，常常利用串联谐振获得较高的电压，一般 Q 值可达几个到几百，这样 U_L 和 U_C 可达信号源电压的几十到几百倍。

【任务实施】

串联谐振电路的参数测量

1. 器材准备

器材明细表

序号	名称	数量	单位
1	信号发生器	1	台
2	RLC 串联谐振实验板	2	块
3	交流毫伏表	1	块
4	导线		若干

2. 操作步骤

1)按图 4-17 组成监视、测量电路。先选用 C_1、R_1。用交流毫伏表测电压，用示波器监视信号源输出。令信号源输出电压 $U_i=1$ V，并保持不变。

2)找出电路的谐振频率 f_0，其方法是，将毫伏表接在 R(330 Ω)两端，令信号源的频率由小逐渐变大(注意要维持信号源的输出幅度不变)，当 U_O 的读数为最

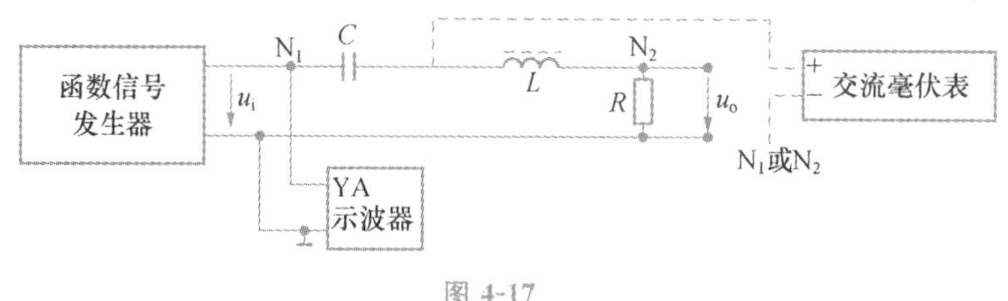

图 4-17

大时，读得频率计上的频率值即为电路的谐振频率 f_0，并测量 UC 与 UL 之值（注意及时更换毫伏表的量限）。

3）在谐振点两侧，按频率递增或递减 500 Hz 或 1 kHz，依次各取 8 个测量点，逐点测出 U_O，U_L，U_C 之值，记入数据表格。

f/kHZ														
U_O/V														
U_L/V														
U_C/V														
U_i=1 V　C=1 μF　L=10 mH　R=330　f_0=　　f_2-f_1=　　Q=														

3．注意事项

1）测试频率点的选择应在靠近谐振频率附近多取几点。在变换频率测试前，应调整信号输出幅度（用示波器监视输出幅度），使其维持在 $4V_{P-P}$。

2）实验中，信号源的外壳应与毫伏表的外壳绝缘（不共地）。如能用浮地式交流毫伏表测量，则效果更佳。

【任务拓展】

收音机谐振状态判断

串联谐振技术广泛应用于无线电接收技术中，图 4-18 是收音机的调谐电路。各种不同频率的电磁波在天线上产生的感应电流经过线圈 L_1 感应到线圈 L 上。如果大家想收听的频率为 106.4 kHz，只需要调节调频旋钮，使电容 C 的值调整到与 L 组成的串联谐振频率也等于 106.4 kHz 就可以了，此时 LC 回路中该频率信号的电流最大，在电容器两端该频率信号的电压也最大，而其他频率的信号由于没有发生谐振，在回路中的电流很小而被抑制掉。

那么，如何简单判断电路是否谐振或者具备谐振条件呢？

方法一　示波器判断法

用示波器观察收音机振荡波形，同时旋转双联可变电容器，观察波形的幅度在整个波段范围内是否均匀且等幅；用高频毫伏表测量振荡波形电压的大小，一般中频波波段的电压为 100～200 mV。

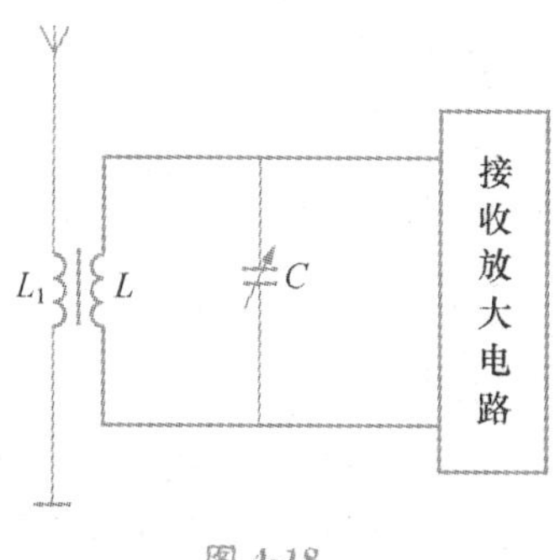

图 4-18

方法二　万用表判断法

用万用表直流电压档测量变频极发射极电压，然后用镊子或螺钉旋具的金属部分将振荡电路的双联可变电容短接，观察万用表电压值的变化，若电压下降了 0.2 V 左右，则说明振荡电路正常；若电压不下降或下降小，说明振荡电路没起振。

【任务巩固】

一、填空题

1. 在 RLC 串联电路中，发生串联谐振的条件是________等于________。

2. 当 RLC 串联电路发生谐振时，电路中阻抗最小且等于________；电路中电压一定时电流最大，且与电路总电压________。

二、选择题

1. RLC 串联电路在 f_0 时发生谐振，当频率增加到 $2f_0$ 时，电路性质呈(　　)。

A. 电感性　　B. 电阻性　　C. 电容性　　D. 不确定

2. 在 RLC 三元件的串联电路中，$R=30\ \Omega$，$X_L=50\ \Omega$，$X_C=10\ \Omega$，电路的功率因数为(　　)。

A. 0.6　　B. 0.866　　C. 0.4　　D. 0.96

三、计算题

在 RLC 元件串联的电路中，已知 $R=30\ \Omega$，$L=127\ \text{mH}$，$C=40\ \mu\text{F}$，电源电压 $u=220\sqrt{2}\sin(314t+20°)\ \text{V}$。(1)求感抗、容抗和阻抗；(2)求电流的有效值 I 与瞬时值 i 的表达式。

任务5 RLC并联谐振电路的应用

【任务目标】

1. 理解RLC并联谐振的含义，掌握RLC并联电路的特点。
2. 掌握提高日光灯的功率因素的方法。

【任务准备】

一、资料准备

电压表、电流表、导线、电容器、荧光灯、镇流器、启辉器、任务评价表等与本任务相关的教学资料。

二、知识准备

(一)RLC并联电路的特点

把电阻、电感和电容并联起来以后，接到交流电源上，就组成了RLC并联电路，如图4-19所示。

1. RLC并联电路的伏安关系

在并联电路中，由于各支路两端的电压是相同的，因此，在讨论问题时，以电压作为参考量。设加在RLC并联电路两端的电压为

$$u = U_m \sin\omega t$$

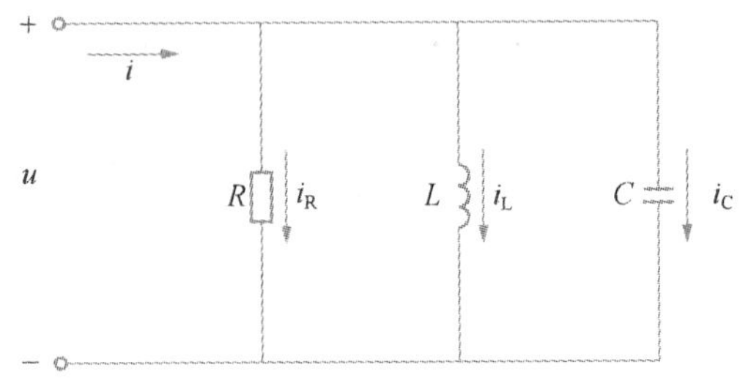

图4-19 RLC并联电路

则流过电阻、电感河电容的电流分别为

$$i_R = I_{Rm}\sin\omega t$$

$$i_L = I_{Lm}\sin\left(\omega t - \frac{\pi}{2}\right)$$

$$i_C = I_{Cm}\sin\left(\omega t + \frac{\pi}{2}\right)$$

根据基尔霍夫电流定律，电路的总电流 i 为

$$i=i_{\mathrm{R}}+i_{\mathrm{L}}+i_{\mathrm{C}}$$

与之对应的相量关系为

$$\dot{I}=\dot{I}_{\mathrm{R}}+\dot{I}_{\mathrm{L}}+\dot{I}_{\mathrm{C}}$$

作出 u、i_{R}、i_{L}、i_{C} 相对应的相量图，如图 4-20 所示。应用平行四边形法则，求出 $\dot{I}_{\mathrm{R}}$、$\dot{I}_{\mathrm{L}}$、$\dot{I}_{\mathrm{C}}$ 的相量和，即总电流相量 $\dot{I}$。

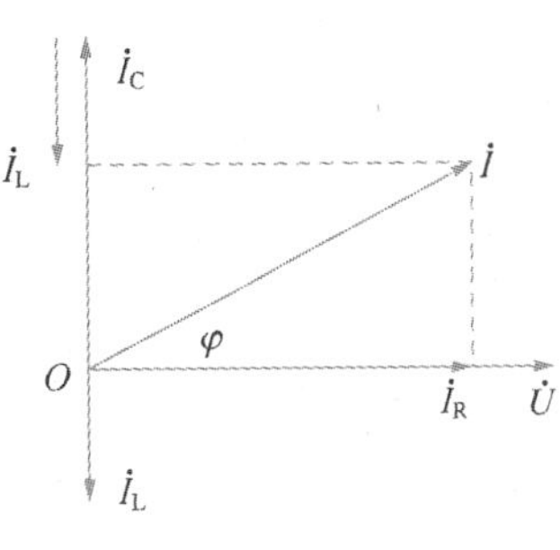

图 4-20　电流三角形

从图 4-20 以看出，总电流 I 与 I_{R}、$|I_{\mathrm{L}}-I_{\mathrm{C}}|$ 组成一个直角三角形，即电流三角形。由电流三角形可以得到总电流与各支路电流间的数量关系为

$$I=\sqrt{I_{\mathrm{R}}^{2}+(I_{\mathrm{L}}-I_{\mathrm{C}})^{2}} \qquad (4\text{-}22)$$

总电流与流过电阻 R 的电流间的夹角 φ，就是总电流与电压间的相位差，相位差 φ 为

$$\varphi=\arctan\frac{I_{\mathrm{C}}-I_{\mathrm{L}}}{I_{\mathrm{R}}}$$

根据图 4-20 所示，若电路的参数不同，会引起 φ 角的变化，根据 φ 角的正负，可以判断电路的性质。

例题 4.1　在 RLC 并联电路中，$R=40\ \Omega$，$X_{\mathrm{L}}=15\ \Omega$，$X_{\mathrm{C}}=30\ \Omega$，接到电压 $u=120\sqrt{2}\sin\left(100\pi t+\frac{\pi}{6}\right)$ V 的电源上。试求：(1) 画出电流、电压的相量图；(2) 总电流 I；(3) 总阻抗 z。

解：(1) 电阻支路的电流有效值为

$$I_{\mathrm{R}}=\frac{U}{R}=\frac{120}{40}=3\ \mathrm{A}$$

电阻支路的电流与电压同相，电流瞬时值表达式为

$$i_{\mathrm{R}}=3\sqrt{2}\sin\left(100\pi t+\frac{\pi}{6}\right)\mathrm{A}$$

电感支路的电流有效值为

$$I_L=\frac{U}{X_L}=\frac{120}{15}=8\ \text{A}$$

电感支路的电流滞后电压$\frac{\pi}{2}$,电流瞬时值表达式为

$$i_L=8\sqrt{2}\sin\left(100\pi t+\frac{\pi}{6}-\frac{\pi}{2}\right)=8\sqrt{2}\sin\left(100\pi t-\frac{\pi}{3}\right)\text{A}$$

电容支路的电流有效值为

$$I_C=\frac{U}{X_C}=\frac{120}{30}=4\ \text{A}$$

电容支路的电流超前电压$\frac{\pi}{2}$,电流瞬时值表达式为

$$i_C=4\sqrt{2}\sin\left(100\pi t+\frac{\pi}{6}+\frac{\pi}{2}\right)=4\sqrt{2}\sin\left(100\pi t+\frac{2\pi}{3}\right)\text{A}$$

画出与u、i_R、i_L、i_C相对应的相量图,如图4-21所示。

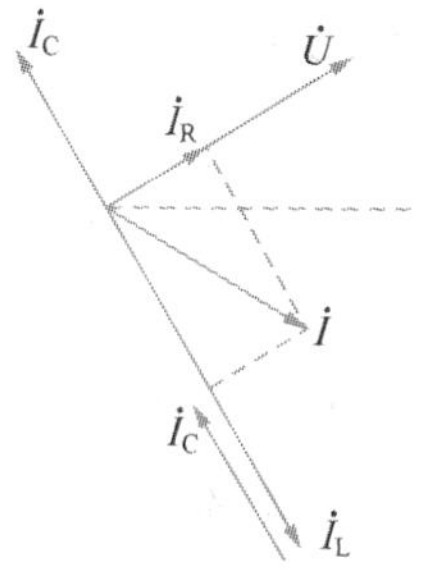

(2)总电流的有效值为

$$I=\sqrt{I_R^2+(I_L-I_C)^2}=\sqrt{3^2+(8-4)^2}=5\ \text{A}$$

(3)总阻抗为

$$z=\frac{U}{I}=\frac{120}{5}=24\ \Omega$$

图4-21 向量图

2. RLC并联电路的功率

RLC并联电路的功率同RLC串联电路的功率计算方法相同,有功功率$P=UI\cos\varphi$为电阻元件所消耗的平均功率;无功功率$Q=UI\sin\varphi$是指非电阻器件与电路交换的功率;视在功率$S=UI$反映电路可能消耗或提供的最大有功功率。

3. RLC并联电路的谐振

串联谐振电路适用于电源低内阻的情况,如果电源的内阻很大时,仍采用串联谐振电路将严重地降低回路的品质因数,从而使电路的选择性变坏。因此,宜采用并联谐振电路。

(二)RLC并联谐振电路

在如图4-22所示的电路中,如果使$X_L=X_C$,则$I_L=I_C$,由图4-22的相量图可知,$\dot{I}_L$与$\dot{I}_C$大小相等,符号相反,其相量和为零,则总电流等于电阻电流,且与

电压同相，电路发生谐振。根据谐振条件

$$\omega L=\frac{1}{\omega C} \text{ 或 } 2\pi fL=\frac{1}{2\pi fC}$$

可以求出谐振的角频率为

$$\omega_0=\frac{1}{\sqrt{LC}} \tag{4-23}$$

谐振频率为

$$f_0=\frac{1}{2\pi\sqrt{LC}} \tag{4-24}$$

1. 电感与电容并联的谐振电路

用线圈和电容并联组成的谐振电路，广泛应用于振荡和选频电路中，其中线圈的电阻是不可忽略的，可把它看成是一个电感和电阻串联的电路，如图 4-22(a)所示。谐振时，要求总电流与电压同相，其相量图如图 4-22(b)所示。

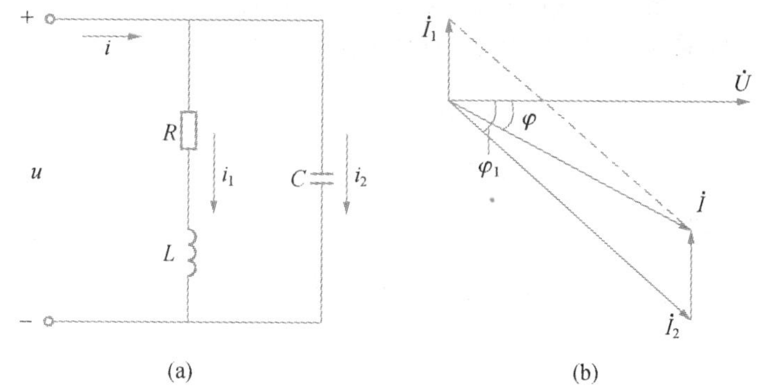

图 4-22　电路图和向量图

(a)电路图　(b)相量图

理论和实验证明，电感线圈与电容并联谐振电路的谐振频率为

$$f_0=\frac{1}{2\pi\sqrt{LC}}\sqrt{1-\frac{CR^2}{L}}$$

由上式可以看出，电路的谐振频率完全由电路的参数来决定，并且只有当 $1-\frac{CR^2}{L}>0$，即 $R<\sqrt{\frac{L}{C}}$ 时，f_0 才有意义。也就是说，只有 $R<\sqrt{\frac{L}{C}}$ 时，电路才可能发

生谐振。

在电子技术中使用并联谐振电路，由于电路中的电感线圈的电阻 R，一般都比较小，$\sqrt{\frac{L}{C}} \gg R$（R 和$\sqrt{\frac{L}{C}}$相比，可忽略），即一般都能满足 $Q \gg 1$ 的条件，因此，我们一般注意的是 $Q \gg 1$ 条件下的谐振条件和谐振特征。

当 $Q \gg 1$ 时，则$\frac{CR^2}{L} \approx 0$，所以谐振频率近似为

$$f_0 \approx \frac{1}{2\pi\sqrt{LC}} \tag{4-25}$$

这个公式与串联谐振频率公式相同。在实际电路中，如果电阻的损耗较小，应用此公式计算出的结果，误差是很小的。

2. 并联谐振的特点

RLC 并联谐振电路的性质有些有串联谐振电路相似，有些与串联谐振相反。下面，通过对比，简单介绍并联谐振电路的性质。

(1)谐振时，回路端电压 $\dot{U}$ 和总电流 $\dot{I}$ 同相，电路呈电阻性，这与串联谐振电路相同。在并联谐振时，各电流之间有如下关系

$$\dot{I}_L = -\dot{I}_C$$

$$\dot{I} = \dot{I}_R + \dot{I}_L + \dot{I}_C = \dot{I}_R$$

故电流与电压之间的 φ 角为

$$\varphi = \arctan \frac{I_L - I_C}{L_R} = 0$$

(2)当电压不变时，并联谐振电路的总电流最小。

$$I = \sqrt{I_R^2 + (I_L - I_C)^2} = I_R$$

电感支路的电流与电容支路的电流完全补偿，总电流 $I = I_R$ 为最小。

(3)谐振时，电阻上的电流等于电源电流，电感和电容上的电流等于电源电流的 Q 倍。

$$I_R = I$$

$$I_L = QI$$

$$I_C = QI$$

因此，并联谐振又叫做电流谐振。

【任务实施】

提高日光灯功率因数

1. 按图 4-23 接线(此时电容 C 不接通)经指导老师检查后,接通实验台电源

调节自耦调压器的输出,使其输出电压缓慢增大,直到日光灯刚启辉点亮为止,在表 4-7 中记下三表的指示值。然后将电压调至 220 V,测量功率 P,电流 I,电压 U,U_L,U_A 等值,验证电压、电流相量关系,记入表 4-7 中。

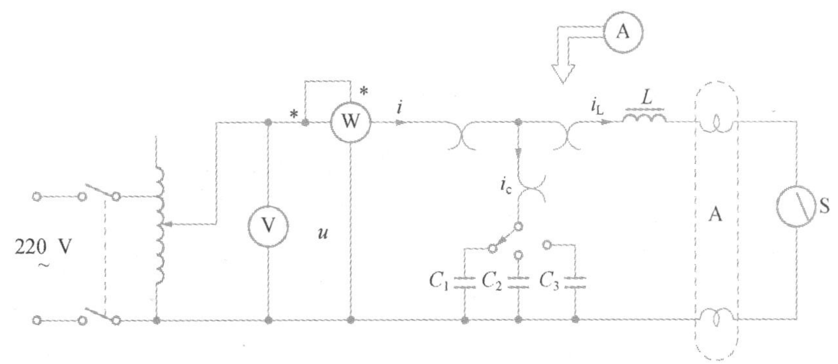

图 4-23　功率因数测量实验线路图

表 4-7　测量数值记录表(1)

测量数值							计算值	
参数	P/W	$\cos\varphi$	I/A	U/V	U_L/V	U_A/V	r/Ω	$\cos\varphi$
启辉值								
正常工作值								

2. 日光灯正常工作后,接入电容在 0～6.9 μF 变化

每改变电容一次,记录功率表、电压表读数。通过一只电流表和 3 个电流插座分别测得 3 条支路的电流。数据记入表 4-8 中。

表 4-8　测量数值记录表(2)

电容值	测量数值						计算值	
(μF)	P/W	$\cos\varphi$	U/V	I/A	I_L/A	I_C/A	I'/A	$\cos\varphi$
0								
1								
2.2								

续表4-8

电容值	测量数值						计算值	
3.2								
4.2								
4.7								
5.2								
6.9								

【任务拓展】

提高功率因数的方法和意义

功率因数是指用电负荷的有功功率与视在功率的比值。功率因数的大小与电路的负荷性质有关，如白炽灯泡、电阻炉等电阻负荷的功率因数为1，一般具有电感或电容性负载的电路功率因数都小于1。如功率因数太低会引起以下不良后果：

1)电源设备的容量不能得到充分利用。

2) 增加了线路上的功率损耗和电压降。

因此，提高电路的功率因数对合理科学地使用电能、提高设备利用率和节约电能有着重要意义。

提高功率因数并非改变用电设备本身的功率因数，而是在保证负载正常工作不受影响的前提下，提高整个电路的功率因数。

1)提高自然功率因数。自然功率因数是在没有任何补偿情况下，用电设备的功率因数。提高自然功率因数的方法有：

▶合理选择电动机容量，防止"大马拉小车"。

▶避免电机或设备空载运行。

▶合理配置变压器，恰当地选择其容量。

2)采用人工补偿无功功率。实际中可使用电路电容器或调相机，一般多采用在感性负载两端并联电容器的方法补偿无功功率，提高电路的功率因数。

并联电容器的补偿方法又分为：

▶ 个别补偿。适合用于低压网络，优点是补偿效果好，缺点是电容器利用率低。

▶ 分组补偿。实际中将电容器分别安装在各车间配电盘的母线上。特点是电容器利用率较高且补偿效果也较理想。

▶ 集中补偿。把电容器组集中安装在变电所的一次或二次侧的母线上。在实际中会将电容器接在变电所的高压或低压母线上，电容器组的容量按配电所的总无功负荷来选择。特点是电容器利用率高，但不能减少用户内部配电网络的无功负荷。

【任务巩固】

一、填空题

1. 负载的功率因数越高，电源的利用率就________，无功功率就________。

2. 在感性负载的两端适当并联电容器可以使________提高，电路的总________减小。

3. 当用户消耗的电功率相同时，功率因数 $\cos\varphi$ 越低，则电源供给的电流就越大，输电线上的功率损耗就越________。

二、计算题

如图 4-24 所示电路中，已知：正弦电流 $I_C=12$ A，$I_R=6$ A，$I_L=4$ A。(1)作相量图；(2)求总电流 I_S；(3)求电路的总功率因数。

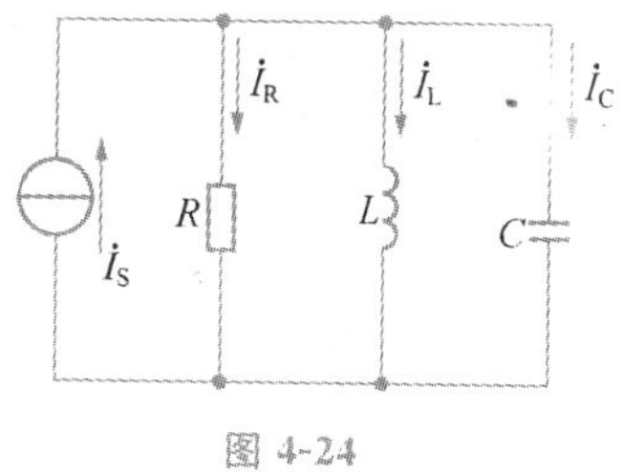

图 4-24

项目二　照明电路的安装

【项目描述】

从历年农村发生的触电死亡事故来看，不懂用电知识，发生的触电死亡事故占1/2。因此当前农村安全用电的宣传工作是非常重要的。安全用电应从学生抓起，可以依靠学生宣传安全用电常识。在教学中通过纠正照明电路中不合理的安装方法和维修电路故障，提高学生解决和分析问题的能力。

家用照明电路主要是利用常见的电工工具将照明电路元器件（开关、插座和照明灯具等）、计量装置、保护装置连接起来，在连接时注意导线敷设方式的选用及规范、安全地进行电工操作。

本项目分为两控一照明电路安装与检测、荧光灯电路安装与检测、室内护套线安装和触电与急救4个工作任务。

通过本项目的学习能够认识照明电路的基本器件，了解安全用电常识及触电急救措施；熟练使用电工工具，掌握照明电路的安装、检测和维修方法；培养学生安全操作的意识，提高学生运用知识的能力和动手能力。

任务1　两控一照明电路安装与检测

【任务目标】

1. 认识常用电工工具。
2. 能够正确使用电工工具并完成两控一照明电路的安装。

【任务准备】

一、资料准备

两孔或三孔插座1只、不同型号的导线1 m 、低压验电笔1只、钢丝钳1把、剥线钳 1 把、尖嘴钳 1 把、一字改锥、十字改锥各 1 把、电工刀 1 把任务评价表等与任务相关的教学资料。

二、知识准备

(一)常见电工工具

电工工具是电气操作的基本工具。工具不合格、质量不好或使用不当都会影响施工质量,降低工作效率,甚至造成事故,因此电气操作人员必须掌握常用电工工具的结构,性能和正确的使用方法。

1. 低压验电笔

(1)验电器的结构原理。验电器由笔尖金属体、电阻、氖管、笔身、小窗、弹簧和笔尾的金属体组成。当验电器测试带电体时,只要带电体、电笔和人体,大地构成通路,并且带电体与大地之间的电位差超过一定数值(60 V),验电器之中的氖管就会发光(其电位不论是交流还是直流),这就告诉人们,被测物体带电,并且超过了一定的电压值。

(2)验电器的使用方法。低压验电器(试电笔)使用时,正确的握笔方法如图 4-25 所示。手指触及其尾部金属体,氖管背光朝向使用者,以便验电时观察氖管辉光情况。当被测带电体与大地之间的电位差超过 60 V 时,用试电笔测试带电体,试电笔中的氖管就会发光。低压验电器电压测试范围是 60～500 V。

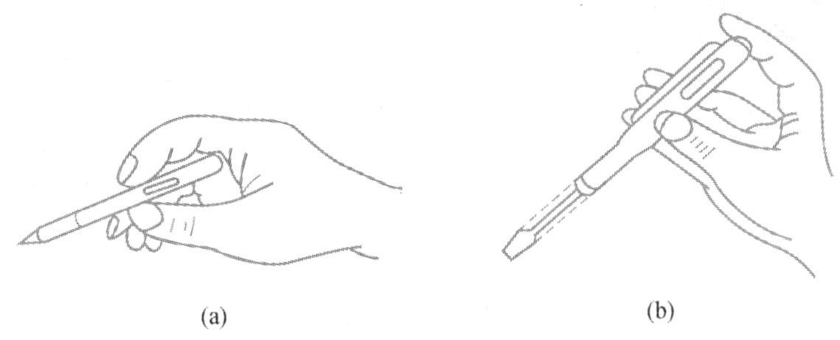

(a) (b)

图 4-25 低压验电器握法

(a)笔式握法 (b)螺钉旋具式握法

2. 钢丝钳

(1)钢丝钳的使用方法如图 4-26 所示。

(2)使用钢丝钳时的注意事项:

①电工在使用钢丝钳之前,必须保证绝缘手柄的绝缘性能良好,以保证带电作业时的人身安全。

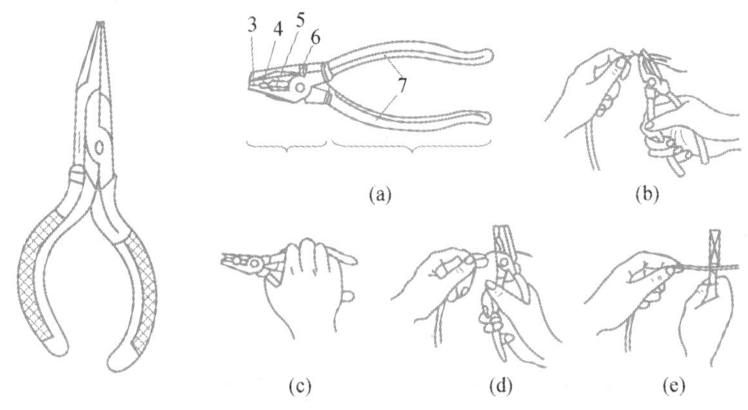

图 4-26 钢丝钳的结构和用途

(a)结构 (b)弯绞导线 (c)紧固螺母 (d)剪切导线 (e)侧切钢丝

1—钳头 2—钳柄 3—钳口 4—齿口 5—刀口 6—铡口 7—绝缘套

②用钢丝钳剪切带电导线时，严禁用刀口同时剪切相线和中线；或同时剪切两根相线，以免发生短路事故。

3. 尖嘴钳

尖嘴钳的头部尖细，适用于在狭小的空间操作。钳头用于夹持较小螺钉、垫圈、导线和把导线端头弯曲成所需形状，小刀口用于剪断细小的导线、金属丝等。尖嘴钳规格通常按其全长分为 130 mm、160 mm、180 mm、200 mm 四种。

尖嘴钳手柄套有绝缘耐压 500 V 的绝缘套。使用注意事项如钢丝钳注意事项相同。

4. 螺丝刀

螺丝刀又称起子或改锥，是用来紧固或拆卸带槽螺钉的常用工具。按头部形状可分为“一”字形和“十”字形两种。如图 4-27 所示。

(1)正确的使用方法如图 4-28 所示

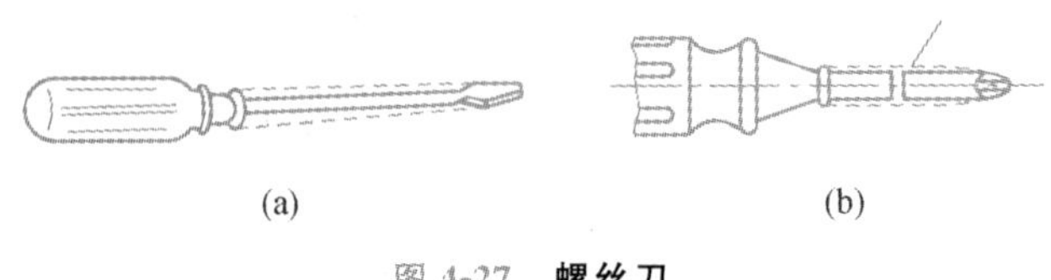

图 4-27 螺丝刀

(a)“一”字形 (b)“十”字形

(2)使用螺丝刀时的注意事项

①电工不可使用金属杆直通柄顶的螺丝刀，以避免触电事故的发生。

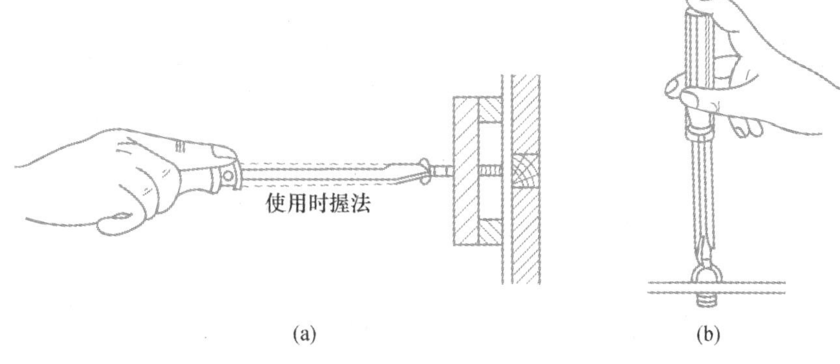

图 4-28　**螺丝刀的使用**

(a)大螺丝钉螺丝刀的用法　(b)小螺丝钉螺丝刀的用法

②用螺丝刀拆卸或紧固带电螺栓时，手不得触及螺丝刀的金属杆，以免发生触电事故。

③为避免螺丝刀的金属杆触及带电体时手指碰触金属杆，电工用螺丝刀应在螺丝刀金属杆上穿套绝缘管。

5. 电工刀的使用及安全常识

使用电工刀时，刀口应朝外部切削，切忌面向人体切削。剖削导线绝缘层时，应使刀面与导线成较小的锐角，以避免割伤线芯。电工刀刀柄无绝缘保护，不能接触或剖削带电导线及器件。新电工刀刀口较钝，应先开启刀口然后再使用。电工刀使用后应随即将刀身折进刀柄，注意避免伤手。电工刀如图 4-29 所示。

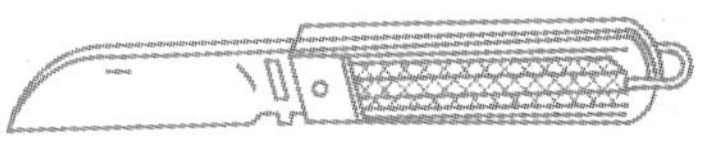

图 4-29　**电工刀**

6. 剥线钳

剥线钳用来剥削直径 3 mm 及以下绝缘导线的塑料或橡胶绝缘层，其外形如图 4-30 所示。它由钳口和手柄两部分组成。剥线钳钳口分有 0.5～3 mm 的多个直径切口，用于不同规格线芯线直径相匹配，切口过大难以剥离绝缘层，切口过小会切断芯线。

(二)认识单联双控开关

常见双控开关的外形和接线如图 4-31 所示。双控开关有三个接线柱，其中柱 1 为连铜片(简称连片)，它就像一个活动的桥梁一样，无论怎样按动开关，连片1 总要跟柱 2、3 中的一个保持接触，从而达到控制电路通或断的目的。

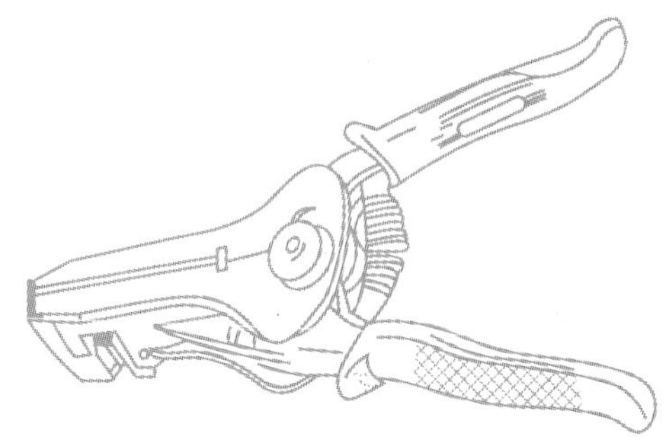

图 4-30 剥线钳

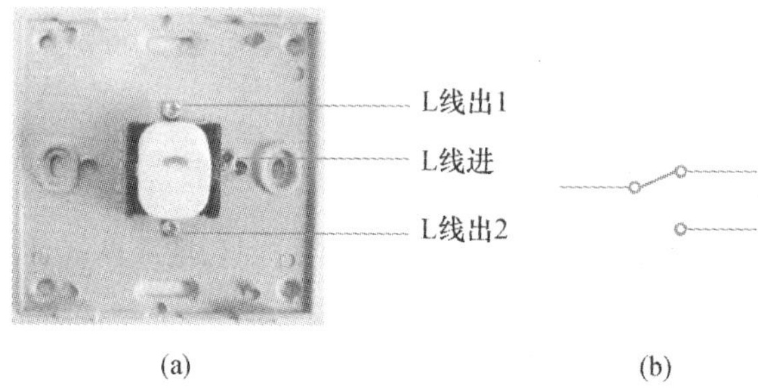

(a) (b)

图 4-31 双控开关接线及符号

(a)接线 (b)符号

【任务实施】

两控一照明电路安装

一、认识常用电工工具

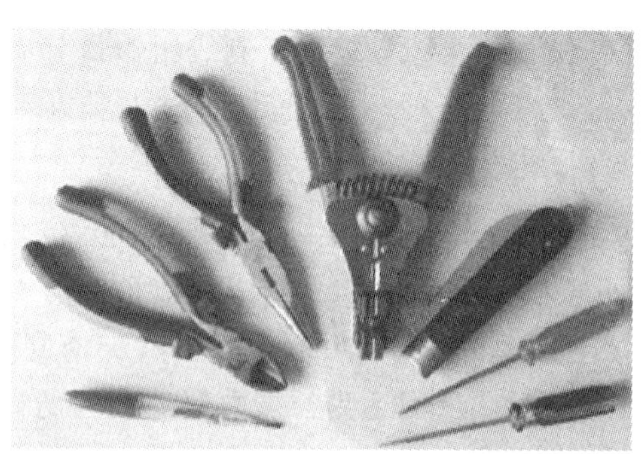

你能说出图片上对应的常用电工工具的名称吗?

二、两控一照明电路安装

1. 万用表检测双控开关

用万用表的通断档查找出双控开关的常开常闭触点。请在下方写出检测步骤:

2. 补全电路图

控制要求为:

1)实现两个双控开关两地控制一盏灯。

2)接有一只单相三孔插座。根据任务一所学知识,将图 4-32 补充完整。

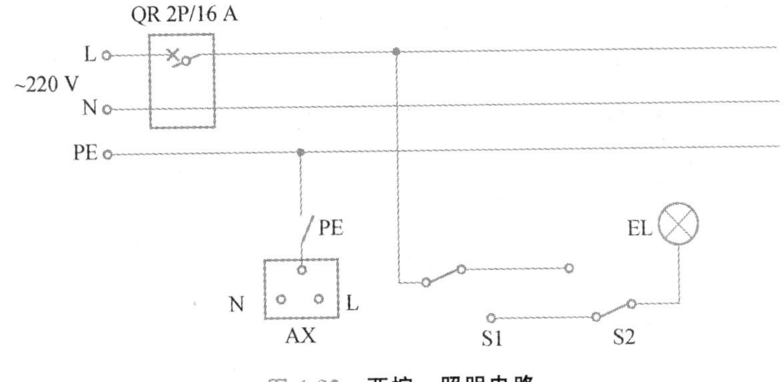

图 4-32　两控一照明电路

3. 电路安装与通电运行

正确使用电工工具进行电路安装,在自检电路时需要依次闭合双控开关,测量回路通断情况(万用表打在欧姆档,表笔分别接触 L、N 两端)。自检电路后,请老师检查,无误后通电运行。

三、低压验电笔测试

用验电笔测试三孔插座,测试哪边为火线?你握笔的姿势是否正确?

【任务拓展】

钳形电流表测量交流电流

测量电流必须把电流表串入被测回路，因此，一定要先断开电路，再接入仪表，测量完毕后，再把仪表拆除。这给测量工作带来许多不便。钳形电流表的突出优点是不必断开被测电路，就可以测量交流电流，这就给电流的测量带来极大的方便。因此，钳形电流表成了电工最常使用的仪表之一。

1. 钳形电流表外形及结构

钳形电流表的外形和结构如图 4-33 所示。

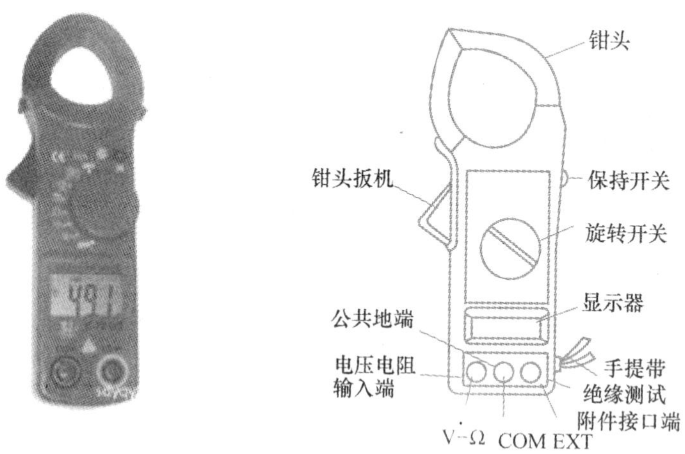

图 4-33 钳形电流表外形和结构

钳形电流表的基本结构是由一个测量交流的电流表与一个能自由开闭的铁芯，与有多个二次抽头的电流互感器组成。电流表与互感器的二次端接在一起。使用时，只要先把做成钳形的互感器的铁芯打开，将被测导线含入钳口后再闭合钳口，电流表就会指示出被测电流的数值。钳形电流表还配有一个转换开关，通过它可以改变互感器二次绕组的匝数，从而改变了电流表的量程。

2. 钳形电流表使用

(1)用前检查。在使用前要正确检查钳形电流表的外观情况，一定要检查表的绝缘性能是否良好，外壳应无破损，手柄应清洁干燥。若指标没在零位，应进行机械调零。钳形电流表的钳口应紧密接合，若指标抖晃，可重新开闭一次钳口，如果抖晃仍然存仔细检查，注意清除钳口杂物、污垢，然后进行测量。

(2)测量。

①测量前要机械调零。

②选择合适的量程，先选大，后选小量程或看铭牌值估算。

③当使用最小量程测量，其读数还不明显时，可将被测导线绕几匝，匝数要以钳口中央的匝数为准，则读数＝指示值×量程／满偏×匝数。

④测量完毕，要将转换开关放在最大量程处。

⑤测量时，应使被测导线处在钳口的中央，并使钳口闭合紧密，以减少误差。

3．使用注意事项

(1)正确选档。

(2)用高压钳形表测量时，应由两人操作，测量时应戴绝缘手套，站在绝缘垫上，不得触及其他设备，以防止短路或接地。

(3)需换档测量时，应先将导线自钳口内退出，换档后再钳入导线测量。

(4)不可测量裸导体上的电流。

(5)使用后，应将档位置于电流最高档，有表套时将其放入表套，存放在干燥、无尘、无腐蚀性气体且不受震动的场所。

【任务巩固】

1．写出单相两孔和三孔插座的接线方法。

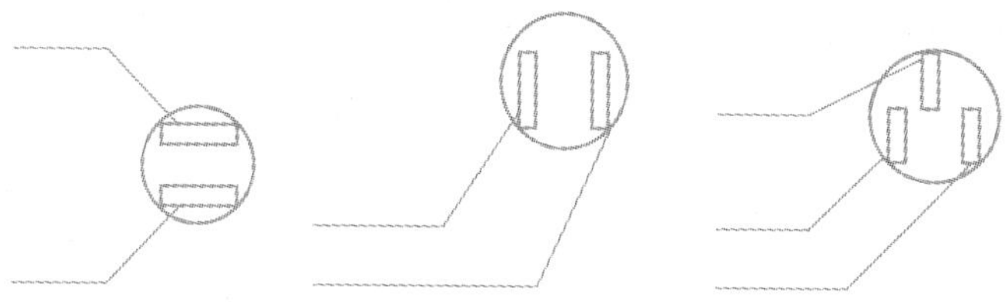

2．写出低压验电笔的测量电压的范围________。

3．低压验电笔的作用是什么？

4．对照手中的验电笔，说出它的构造。

任务 2　荧光灯电路安装与检测

【任务目标】

1．了解荧光灯的基本组成。

2．会用万用表检测各元器件，并完成电路的安装与检测。

【任务准备】

一、资料准备

T8 灯管(40 W)1 只,灯管底座 2 只、启辉器及启辉器底座各 1 只、电感镇流器(40 W) 主要包括电度表 1 只、导线若干、万用表 1 只、剥线钳 1 把、一字改锥、十字改锥各 1 把、任务评价表等与任务相关的教学资料。

二、知识准备

荧光灯电路如图 4-34 所示,电感式荧光灯电路的功率因数较低,通常在 0.5 左右。这会使用电设备容量得不到充分利用,并增加输电线路的线损,一般可采用并联适当的电容器来提高电路的功率因数。图 4-34 中的电容 C 是为了提高功率因数,对荧光灯的启动并没有作用。

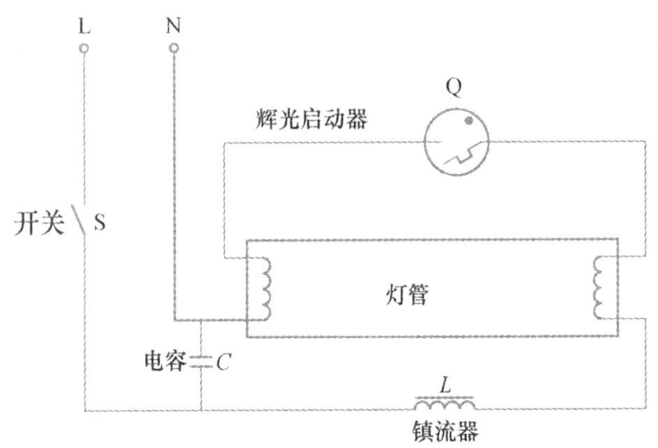

图 4-34 荧光灯电路

日光灯主要由灯管、启辉器和镇流器组成。

1. 灯管

灯管是一根 15～40.5 mm 直径的玻璃管,在灯管内壁上涂有荧光粉,灯管两端各有一根灯丝,固定在灯管两端的灯脚上。灯丝用钨丝绕成,上面涂有氧化物。当灯丝通过电流而发热时,便发射出大量电子,管内在真空情况下充有一定量的氩气和少量水银,如图 4-35 所示。当灯管两端加上电压时,灯丝发射出的电子便不断轰击水银蒸汽,使水银分子在碰撞中电离,并迅速使带电离子增加,产生肉眼看不见的紫外线,紫外线射到玻璃管内壁的荧光粉上便发出近似日光色的可见光。氩气有帮助灯管点燃并保护灯丝,延长灯管使用寿命的作用。荧光粉的种类不同,发光的颜色也不一样。

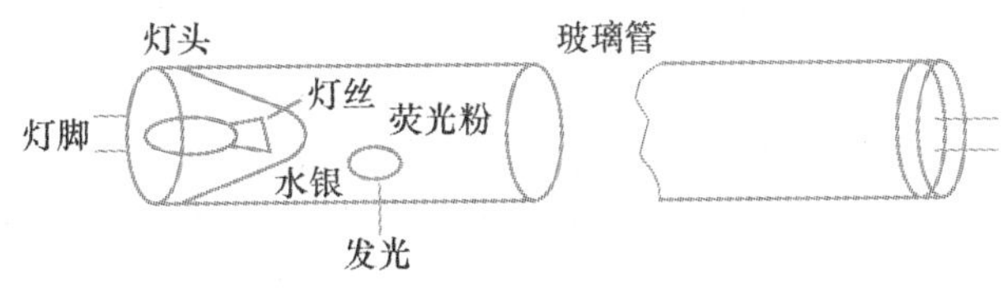

图 4-35　**荧光灯灯管构造**

2. 镇流器

荧光灯所用的镇流器分为电感式。镇流器外形如图 4-36 所示。

电感式镇流器是具有铁芯的电感线圈。它有两个作用，在启动时与启辉器配合，产生瞬时高压点燃灯管；在工作利用串联于电路中的高电抗限制灯管电流，延长灯管使用寿命。

图 4-36　**电感式镇流器**

3. 启辉器

又名启动器、跳泡，它是作为启动灯管发光的器件。外形如图 4-37a 所示。

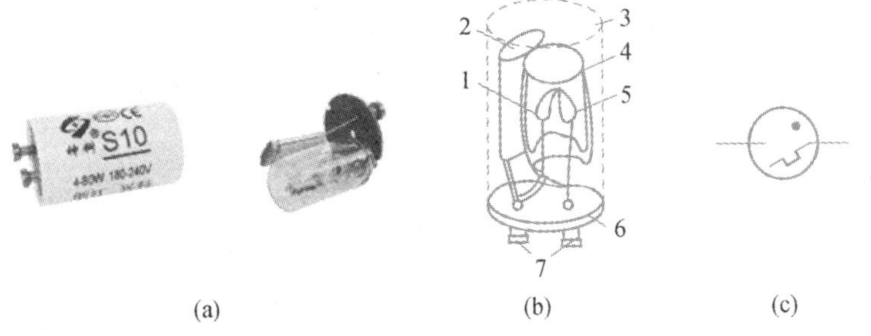

图 4-37　**启辉器**

(a)辉光启动器外形结构　(b)结构示意图　(c)符号

1—静触片　2—电容器　3—铝壳　4—玻璃泡

5—双金属片　6—胶木底座　7—触头

由氖泡、纸介电容、引线脚和铝质或塑料外壳组成。氖泡内有一个固定的静止触片和一个双金属片制成的倒 U 形触片。双金属片由两种膨胀系数差别很大的金属薄片黏合而成，动触片与静触片平时分开，两者相距 1/2 mm 左右，其结构示意图如图 4-37b 所示，与氖泡并联的纸介电容容量在 5 000 pF 左右，它的作用是：第一，与镇流器线圈组成 LC 振荡回路，能延长灯丝预热时间和维持脉冲放电电压;第二,能吸收干扰收录机、电视机等电子设备的杂波信号。如果电容被击穿,去掉后氖泡仍可使灯管正常发光,但失去吸收干扰杂波的性能。

工作原理:当开关接通的时候,电源电压立即通过镇流器和灯管灯丝加到启辉器的两极,使启辉器的惰性气体电离,产生辉光放电。辉光放电的热量使双金属片受热膨胀,两极接触。电流通过镇流器、启辉器触极和两端灯丝构成通路。灯丝很快被电流加热,发射出大量电子。这时,由于启辉器两极闭合,两极间电压为零,辉光放电消失,管内温度降低;双金属片自动复位,两极断开。在两极断开的瞬间,电路电流突然切断,镇流器产生很大的自感电动势,与电源电压叠加后作用于管两端。灯丝受热时发射出来的大量电子,在灯管两端高电压作用下,以极大的速度由低电势端向高电势端运动。在加速运动的过程中,碰撞管内氩气分子,使之迅速电离。氩气电离生热,热量使水银产生蒸气,随之水银蒸气也被电离,并发出强烈的紫外线。在紫外线的激发下,管壁内的荧光粉发出近乎白色的可见光。

日光灯正常发光后。由于交流电不断通过镇流器的线圈,线圈中产生自感电动势,自感电动势阻碍线圈中的电流变化,这时镇流器起降压限流的作用,使电流稳定在灯管的额定电流范围内,灯管两端电压也稳定在额定工作电压范围内。由于这个电压低于启辉器的电离电压,所以并联在两端的启辉器也就不再起作用了。

4. 开关

开关起接通和断开电路的作用。

按安装条件可分为明装式和暗装式。按使用方式分为拉线开关[图 4-38(a)]

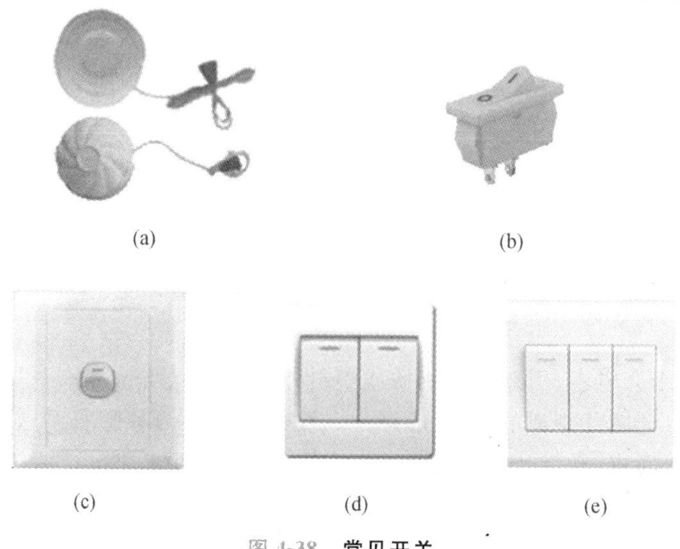

(a) (b)

(c) (d) (e)

图 4-38 常见开关

和翘板开关[图 4-38(b)]，按构造分为单联[图 4-38(c)]、双联[图 4-38(d)]和三联开关[图 4-29(e)]以及声控光敏开关，声控开关可在环境光照度低到一定数值时，通过 声音振动使开关闭和，延时一段时间后自动断开，开关按外壳防护形式还可分普通式、防水防尘式、防爆式等。

开关规格以额定电压和额定电流来表示，室内开关的额定电压一般为 250 V，电流一般为 3～10 A。

【任务实施】

荧光灯电路的安装与检测

一、检测各器件

(一)检测灯管及镇流器

1. 选好万用表档位。
2. 测量荧光灯灯管的阻值。
3. 检测镇流器的直流电阻。

(二)检测开关

万用表选择蜂鸣档或者点阻档，测量开关，如果电阻值应接近为零，说明开关处于闭合状态，如果测量电阻值为无穷大，说明开关处于断开状态。开关具备闭合和断开两种状态，才是合格的，可以正常使用。

二、电路安装

(一)固定器件

将各器件用木螺钉简单固定到灯架上，并标明各器件的准确位置，尤其是需要引线的接线柱、孔位置，以便布线时定位准确方便。

(二)接线

在实训板、灯架上敷设导线并连接各器件。根据各器件的位置，将电源线在需要连接到各器件的对应处进行绝缘层去除，注意不要损伤、弄断导线，绝缘层去除的长度应适中，导线间连接处应用绝缘胶带进行绝缘处理。导线应横平竖直，导线长短适中，开关应接电源相线。经检查各器件及连线均已安装完毕后，将各器件紧固(因镇流器在灯架上方，故暂不紧固)，并用线夹固定电源线。

三、通电检验

(1)检测电路。自检电路时,可按下述方法进行:

①将安装好的电路检查一遍,看有无错接、漏接,相线、中线有无颠倒。

②不接电源(切记),将开关S闭合,用万用表电阻档检测如下方面,检查有无短路或开路故障。将测量结果记入表4-9中。

表4-9 荧光灯电路的检测方法

测量步骤	测量项目	正确结果	测量结果(电阻值)
1	测量L-N间电阻	∞	
2	测量L-辉光启动器底座一侧螺钉	应为镇流器和灯丝电阻之和	
3	测量N-辉光启动器底座另一侧螺钉	灯管的灯丝电阻	

(2)固定镇流器及吊线并安装好电源插头。

(3)接通电源后,通过测电笔、万用表交流电压档测试各处电压是否正常,开关能否控制灯管亮、灭,发现问题及时检修使之工作正常。

【任务拓展】

LED节能灯

照明是一个能耗很高的领域,有人曾预测,如果在全国范围内推广使用12亿只节能灯,每年节省的电量相当于三峡电站全年发电量。

随着全球经济一体化的加快,全球照明电器产品制造基地向中国等发展中国家转移,国家发改委已与联合国开发计划署、全球环境基金合作共同开展"中国逐步淘汰白炽灯、加快推广LED节能灯"项目。所以,作为白炽灯替代品的LED节能照明产品市场正迎来快速增长的良好机遇。

LED(Light Emitting Diode),发光二极管,是一种固态的半导体器件,可以直接把电转化为光。当两端加上正向电压,半导体中的载流子发生复合引起光子发射而产生光。

LED可以直接发出红、黄、蓝、绿、青、橙、紫、白色的光。发光二极管的实物及符号如图4-39所示。

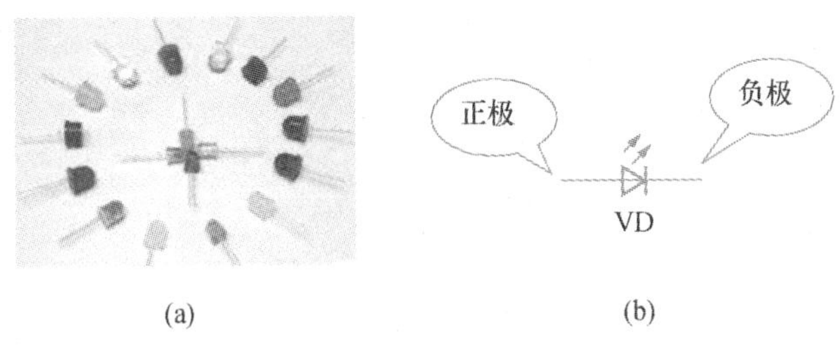

(a)　　　　(b)

图 4-39　**LED 灯**

(a)发光二极管实物图　(b)发光二极管图形符号和文字符号

发光二极管的优点：

1. 体积小

LED 基本上是一块很小的晶片被封装在环氧树脂里面，所以它非常的小，非常的轻。

2. 电压低

LED 耗电相当低，一般来说 LED 的工作电压是 2～3.6 V。只需要极微弱电流即可正常发光。

3. 使用寿命长

在恰当的电流和电压下，LED 的使用寿命可达 10 万 h。

4. 高亮度、低热量

LED 使用冷发光技术，发热量比同等功率普通照明灯具低很多。

5. 环保

LED 是由无毒的材料构成，不像荧光灯含水银会造成污染，同时 LED 也可以回收再利用。

【任务巩固】

1. 荧光灯灯管的标称值为“220 V，40 W”，“220 V”指的是________“40 W”指的是________。

2. 写出组成日光灯电路的三大部件________、________和________。

3. 在荧光灯启动时，镇流器起________作用。

4. 在荧光灯正常工作时，镇流器起________作用。

5. 荧光灯正常工作时，启辉器还有没有作用？________。

任务3 室内护套线安装

【任务目标】

1. 了解室内配线的方式，熟悉常用导线的型号和用途。
2. 学会室内护套线的安装方法。

【任务准备】

一、资料准备

二芯铝芯护套线 3 m、三芯铝芯护套线 3 m、接线盒 1 个、PVC 管 20 mm² 3 m、快丝、管卡剥线钳 1 把、尖嘴钳 1 把、十字改锥 1 把、电锤 1 把、壁纸刀 1 把、冲击钻头 $\phi6$ 1 个、任务评价表等与任务相关的教学资料。

二、知识准备

(一)室内照明线路的敷设方式

室内照明电路通常采用明敷设和暗敷设两种方式。

1. 明敷设

明敷设配电线路有绝缘子配线(瓷夹配线、瓷瓶配线)、槽板配线，穿管明配线、塑料护套线配线等。

(1)瓷夹配线。瓷夹配线是将导线放在瓷夹中，瓷夹用木螺钉固定在木橛子上或用黏接剂固定在墙上或天棚上。当导线截面为 1～4 mm² 时，瓷夹的间距不超过 700 mm²；当导线截面为 6～10 mm² 时，瓷夹间距不超过 800 mm。瓷夹配线适用于一般办公和住宅建筑物。

(2)瓷瓶配线。瓷瓶配线是将导线用绑线绑扎在瓷瓶上，再用木螺钉或黏接剂将瓷瓶固定在墙或天棚上。当导线截面为 14 mm² 时，瓷瓶间距不大于 2 000 mm；当导线截面为 6～10 mm² 时，不大于 2 500 mm。瓷瓶配线适用于潮湿、多尘场所，如食堂、水泵房等。

(3)槽板配线。槽板配线是将导线放在槽板底板的槽中，底板用铁钉或木螺钉固定在建筑物的墙上，上面再加上盖板。槽板配线有木槽板和塑料槽板两种。槽板配线导线不外露，使用安全，整齐美观。适用于办公及住宅建筑。

(4)穿管明配线。穿管明配线是将钢管或塑料管固定在建筑物的表面或支架上,导线穿在管中。这种方式多用于工厂车间或实验室。

(5)塑料护套线配线。塑料护套线配线是目前民用建筑照明工程中用得较多的一种配线方式。塑料护套线是指 2 根或 3 根导线被一层塑料包在一起的一种导线。用铝皮卡钉或塑料卡钉将塑料护套线直接固定在墙上或天棚上。

2. 暗敷设

暗敷设即穿管暗配线,是将穿线管预埋在墙、楼板或地板内,而将导线穿入管中。这种配线方式看不见导线,不影响屋内墙面的整洁美观,但费用较高。一般用于有特殊要求的场所,或标准较高的建筑物中。

常用的穿线管有电线管、焊接钢管、硬质塑料管、半硬塑料管等。

穿管配线,线管管径选择的基本原则是:多根导线穿于同一管内,线管内截面不小于导线截面积(含绝缘层和保护层)和的 2.5 倍;单根穿管时,线管内径不小于导线外径的 1.4~1.5 倍;电缆穿管时,电缆穿管时,线管内径不小于电缆外径的 1.5 倍。

应该注意的是,穿管配线时,管内的导线不得有接头。有接头时(如分支),应设接线盒,在接线盒里接头。为便于穿线,当管路过长或弯多时,也应适当地加装接线盒。规范规定,下列情况应加装接线盒。

(1)管子长度每超过 45 m,无弯曲时。

(2)管子长度每超过 30 m,有一个弯时。

(3)管子长度每超过 20 m,有两个弯时。

(4)管子长度每超过 12 m,有三个弯时。

(5)常用电线和电缆。在线芯外有一定绝缘层或完全没有绝缘层的导线称为电线。除了有一定绝缘层外,还有多层保护层的导线称为电缆。

(二)常见导线型号及应用

常用的电线、电缆分为裸导线、橡皮绝缘电线、聚氯乙烯绝缘电线、漆包圆铜线低压橡套电缆等。它们的型号、名称和用途见表 4-10。

表 4-10　常用电线电缆型号、名称和用途

大类	型号	名称	用途
电线、电缆	BV	聚氯乙烯绝缘铜芯线	交、直流 500 V 及以下室内照明和动力线路的敷设,室外架空线路
	BLV	聚氯乙烯绝缘铝芯线	
	BX	铜芯橡皮线	
	BLX	铝芯橡皮线	
	BLXF	铝芯氯丁橡皮线	

续表 4-10

大类	型号	名称	用途
电线、电缆	LJ LGJ	裸铝绞线 钢芯铝绞线	室内高大厂房绝缘子配线和室外架空线
	BVR	聚氯乙烯绝缘铜芯软线	活动不频繁场所电源连接线
	BVS RVB	聚氯乙烯绝缘双根铜芯绞合软线 聚氯乙烯绝缘双根平行铜芯软线	交、直流额定电压为 250 V 及以下的移动式电具吊灯电源连接线
	BXS	棉花纺织橡皮绝缘双根铜芯绞合软线(花线)	交、直流额定电压为 250 V 及以下吊灯电源连接线
	BVV	聚氯乙烯绝缘护套铜芯线(双根或 3 根)	交、直流额定电压为 500 V 及以下室内外照明和小容量动力线路敷设
	RHF	氯丁橡胶铜芯软线	250 V 室内外小型电气工具电源连线
	RVZ	聚氯乙烯绝缘护套铜芯软线	交、直流额定电压为 500 V 及以下移动式电具电源连接线
电磁线	QZ	聚酯漆包圆铜线	耐温 130℃,用于密封的电机、电器绕组或线圈
	QA	聚氨酯漆包圆铜线	耐温 120℃,用于电工仪表细微线圈或电视机线圈等高频线圈
	QF	耐冷冻剂漆包圆铜线	在氟利昂等制冷剂中工作的线圈如冰箱、空调器压缩机电动机绕组
通信电缆	HY,HE, HP,HJ, GY	H 系列及 G 系列光纤电缆	电报、电话、广播、电视、传真、数据及其他电信息的传输

【任务实施】

室内护套线的安装

室内护套线安装步骤:

(1)住户室内照明、插座采用护套线,其规格必须满足要求,并有检验报告和出厂合格证,本工程照明用二芯铝芯护套线、插座用三芯铝芯护套线。

(2)先弹线定位,沿墙敷设时,最上一根护套线与天棚净距为 5 cm,其余护套线依次向下排列,线卡距离接线盒及转角处不得大于 5 cm,墙上线卡最大间距为 25 cm,天棚上线卡最大间距为 25 cm,间距均匀,偏差不大于 5 mm。

(3)导线紧贴墙面或天棚面,且顺直,多根平行敷设时间距一致,分支和弯头处整齐;

(4)相邻穿墙线路由一个墙孔进入。

(5)导线连接牢固、包扎严密、绝缘良好,不伤线芯。

(6)开关、插座距门边净距为 15～20 cm,距地坪高度按图纸要求,严禁小于 15 cm,同一栋楼应一致。

(7)按建设单位交房标准,房间内采用节能灯,阳台采用吸顶灯。

(8)未尽事项按现行施工规范、操作规程要求施工。

【任务拓展】

灯具常用的安装方式

常用的安装方式有四种:吸顶式、嵌入式、悬挂式、壁装式。

1. 吸顶式

将照明灯具直接安装在天棚上,称为吸顶式。为了防止眩光,常采用乳白玻璃吸顶灯和乳白塑料吸顶灯。

2. 嵌入式

将照明灯具嵌入天棚内的安装方式,称为嵌入式。具有吊顶的房间常采用嵌入式。

3. 悬挂式

用软导线、链子等将灯具从天棚处吊下来的方式,称为悬挂式。

4. 壁装式

用托架将照明灯具直接安装在墙壁上称为壁装式。壁装式照明灯具主要作为装饰之用,兼作局部照明,是一种辅助性照明。

【任务巩固】

1. 型号为 BV 的导线应用在________。

2. 室内照明电路通常采用________和________两种方式。

3. 型号为 BVR 的导线名称为________。

4. 室内护套线安装时应注意哪些问题?

任务4 触电与急救

【任务目标】

1. 了解电流对人体的伤害,熟悉触电的几种类型。

2. 学会防止触电的保护措施及触电急救的方法。

【任务准备】

一、资料准备

橡皮人、任务评价表等与任务相关的教学资料。

二、知识准备

安全用电是指在保证人身及设备安全的前提下,正确地使用电能以及为此目的而采取的科学措施和手段。

安全用电的内涵包括:它既是科学知识,又是专业技术,还是一种制度。作为科学知识,应该向一切用电人员宣传;作为专业技术,应该被全体电气工作人员掌握;作为管理制度,应引起有关部门、单位和个人所重视并严格遵照执行。

(一)关于人体触电的知识

1. 电流对人体的伤害

当人体触及带电体时,电流通过人体,这就叫触电。电流通过人体会对人的体表和内部组织造成不同程度的损伤。电流对人体的伤害分为电击和电伤。

电击是指电流通过人体时,破坏人的心脏、神经系统、肺部等的正常工作而造成的伤害。它可以使肌肉抽搐,内部组织损伤,造成发热发麻、神经麻痹等,甚至引起昏迷、窒息、心脏停止跳动而死亡。触电死亡大部分事例是由电击造成的。人体触及带电的导线、漏电设备的外壳或其他带电体,以及由于雷击或电容放电,都可能导致电击。

电流是造成电击伤害的主要因素,人体对电的承受能力与以下因素有关。

①电流的种类和频率

②电流的大小和通电的时间。

③通过人体电流路径。

④电压的高低。

⑤人的身体状况。

电伤是指电流的热效应、化学效应、机械效应作用对人体造成的局部伤害，它可以是电流通过人体直接引起也可以是电弧或电火花引起。

包括电弧烧伤、烫伤、电烙印、皮肤金属化、电气机械性伤害、电光眼等不同形式的伤害(电工高空作业不小心跌下造成的骨折或跌伤也算作电伤)，其临床表现为头晕、心跳加剧、出冷汗或恶心、呕吐，此外皮肤烧伤处疼痛。

2. 触电的种类

(1)单相触电。是指人接触带电电气设备中任何一相引起的触电。在中性点不接地系统中，触电情况如图 4-40 所示；在中性点接地系统中，触电情况如图 4-41 所示。

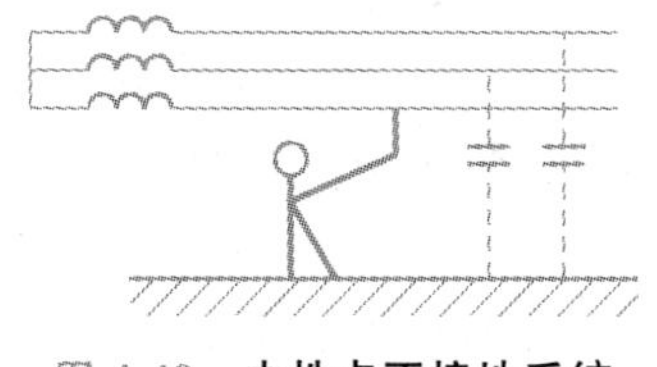

图 4-40　中性点不接地系统

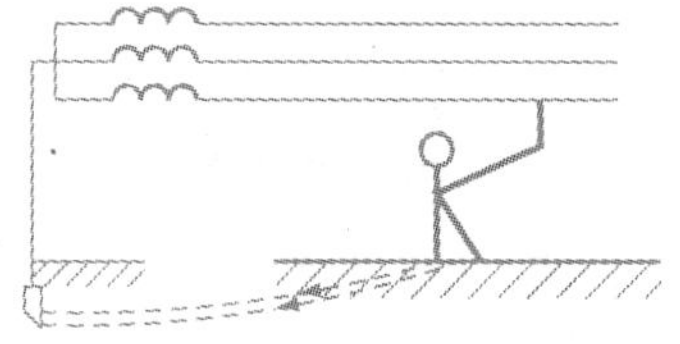

图 4-41　中性点接地系统

(2)两相触电。人体同时接触带电设备中任意两相即为两相触电，如图 4-42 所示，不论中性点是否接地，人体均处于线电压下，与单相触电相比，两相触电更加危险。

(3) 跨步电压触电。高压电线因故障接触地面时，在接触点周围 15～20 m 的范围内将产生电压降。当人体接近此区域时，两脚之间承受一定的电压，称为跨步电压，由跨步电压引起的触电称为跨步电压触电，如图 4-43 所示。

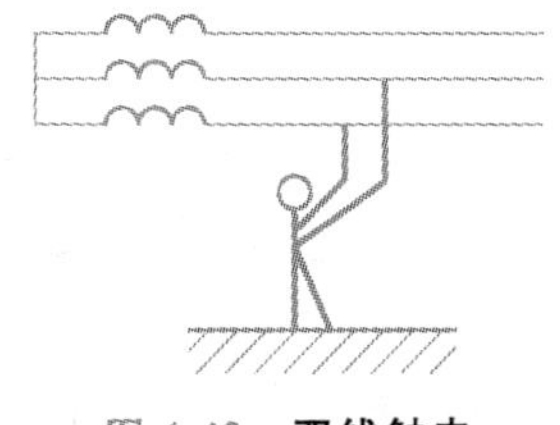

图 4-42　双线触电

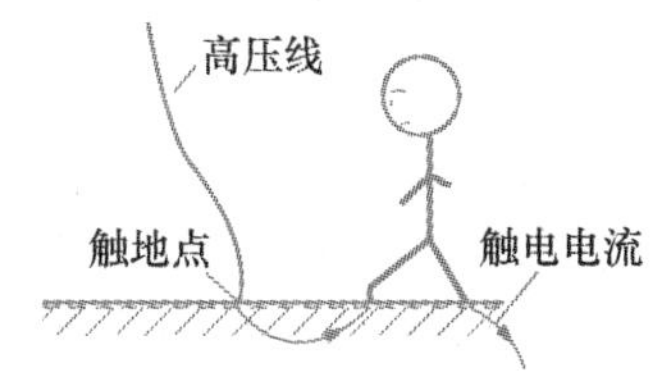

图 4-43　跨步电压触电

(二)掌握防止触电的措施

1. 采用安全电压

(1)安全电压。当人体电阻一定时，人体接触的电压越高，通过人体的电流就越大，对人体的损害也就越严重。但并不是人一接触电源就会对人体产生伤害。在日常生活中我们用手触摸普通干电池的两极，人体并没有任何感觉，这是因为普通干电池的电压较低(直流 15 V)。作用于人体的电压低于一定数值时，在短时间内，电压对人体不会造成严重的伤害事故，我们称这种电压为安全电压。为确定安全条件，往往不采用安全电流，而是采用安全电压来进行估算：一般情况下，也就是干燥而触电危险性较小的环境下，安全电压规定为 36 V，对于潮湿而触电危险性较大的环境(如金属容器、管道内施焊检修)，安全电压规定为 12 V，这样，触电时通过人体的电流，可被限制在较小范围内，可在一定的程度上保障人身安全。

(2)安全电压等级。1983 年 7 月 7 日发布的中华人民共和国国家标准，对安全电压的定义、等级作了明确的规定。

①为防止触电事故，规定了特定的供电电源电压系列，在正常和故障情况下，任何两个导体间或导体与地之间的电压上限，不得超过交流电压 50 V。

②安全电压的等级分为 42 V、36 V、24 V、12 V、6 V。当电源设备采用 24 V 以上的安全电压时，必须采取防止可能直接接触带电体的保护措施。因为尽管是在安全电压下工作，一旦触电虽然不会导致死亡，但是如果不及时摆脱，时间长了也会产生严重后果。另外，由于触电的刺激可能引起人员坠落、摔伤等二次性伤亡事故。

③在潮湿环境中，人体的安全电压 12 V。正常情况下人体的安全电压不超过 50 V。当电压超过 24 V 时应采取接地措施。

2. 绝缘、屏护和间距

绝缘、屏护和间距是最为常见的安全措施，它是防止人体触及或过分接近带电体造成触电事故以及防止短路、故障接地等电气事故的主要安全措施。

(1)绝缘。就是用绝缘物把带电体封闭起来。瓷、玻璃、云母、橡胶、木材、胶木、塑料、布、纸和矿物油等都是常用的绝缘材料。应当注意，很多绝缘材料受潮后会丧失绝缘性能或在强电场作用下，会遭到破坏，丧失绝缘性能。

(2)屏护。即采用遮拦、护罩、护盖箱匣等把带电体同外界隔绝开来。电器开关的可动部分一般不能使用绝缘，而需要屏护。高压设备不论是否有绝缘，均应采取屏护。这样不仅可防止触电，还可防止电弧伤人。

(3)间距。就是保证必要的安全距离。间距除用于防止触用或过分接近带电体外，还能起到防止火灾、防止混线、方便操作的作用。在低压工作中，最小检修距离不应小于 0.1 m。

3. 装设漏电保护装置

漏电断路器是为了防止电器漏电或导线老化等原因引起的漏电时切断供电电

源的装置，从而防止发生人身触电或火灾等事故。用户使用的电气设备如果漏电，漏电断路器迅速测出后自动切断电流，以确保用户安全。

【任务实施】

触电急救措施

触电急救最重要的是动作要迅速、快速、正确地使触电者脱离电源，快速正确地急救。争取时间，就是争取了生命。一般情况下，人触电后，由于痉挛或失去知觉等原因反而紧抓带电体，不能自主摆脱电源，所以尽快地脱离电源是救活触电者的首要因素。

对于低压触电事故，应立即切断电源或用有绝缘性能的木棍棒挑开和隔绝电流，如果触电者的衣服干燥，又没有紧缠住身上，可以用一只手抓住他的衣服，拉离带电体；但救护人不得接触触电者的皮肤，也不能抓他的鞋。

对于高压触电，应立即通知有关部门停电，不能及时停电的，也可抛掷裸金属线，使线路短路接地，迫使保护装置动作，断开电源，注意抛掷金属线前，应将金属线的一端可靠接地，然后抛掷另一端。

当触电者脱离电源后，应根据触电者的具体情况，迅速对症救护。一般人触电后，会出现神经麻痹、呼吸中断、心脏停止跳动等征象，外表上呈现昏迷不醒的状态，但这不是死亡。

触电急救口诀：

见触电，要镇静，脱离电源最要紧。高处触电防摔伤，及时急救往下运。心不跳，呼吸停，假死抢救分秒争。现场抢救不能停，一面赶快找医生。进行人工呼吸法，绝不注射强心针。

(1)现场心肺复苏顺序：

①判定反应——如无反应应进行呼救，放好体位。

②开放气道——仰头托颌法。

③判定呼吸——进行看、听、试。

④救生呼吸——口对口人工呼吸。

吹气有阻力—清理异物—救生呼吸(完成二次大口吹气)

⑤试颈动脉搏动：

有呼吸无脉搏——胸外按压(80～100 次/min)。

有脉搏无呼吸——保持气道开放，继续对口呼吸(12 次/min)。

无脉搏无呼吸——胸外按压、对口呼吸(单人：15∶2，双人：5∶1)。

(2)触电急救现场应用的主要救护方法是人工呼吸法和胸外心脏挤压法。

施行人工呼吸以口对口人工呼吸法：救护者将触电者鼻孔捏紧，深吸一口气后紧贴触电者的口向口内吹气，时间约为 2 s，吹气完毕后，立即离开触电者的口，并松开触电者的鼻孔，让他自生呼气，时间约 3 s。如此以每分钟约 12 次的速度进行。

①人工呼吸法，如图 4-44 所示。

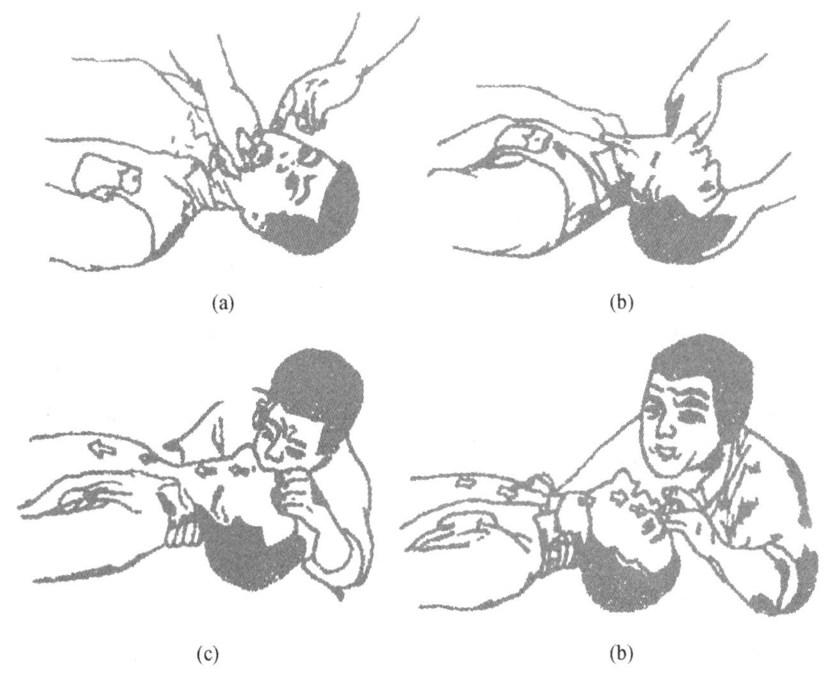

(a) (b) (c) (b)

图 4-44 口对口人工呼吸法

(a)清理口腔 (b)头部后仰 (c)贴嘴吹气 (d)松口换气

②胸外心脏挤压法，见图 4-45。

救护者跪在触电者一侧或骑跪在其腰部两侧，两手相迭，手掌根部放在伤者心窝上方、胸骨下，掌根用力垂直向下挤压，压出心脏里面的血液，挤压后迅速松开，胸部自动复原，血液充满心脏，以每分钟 60 次速度进行。

一旦呼吸和心脏跳动都停止了，应当同时进行口对口人工呼吸和胸外挤压，如现场仅一人抢救，可以两种方法交替使用，每吹气 2～3 次，再挤压 10～15 次。抢救要坚持不断，切不可轻率终止，运送途中也不能终止抢救。

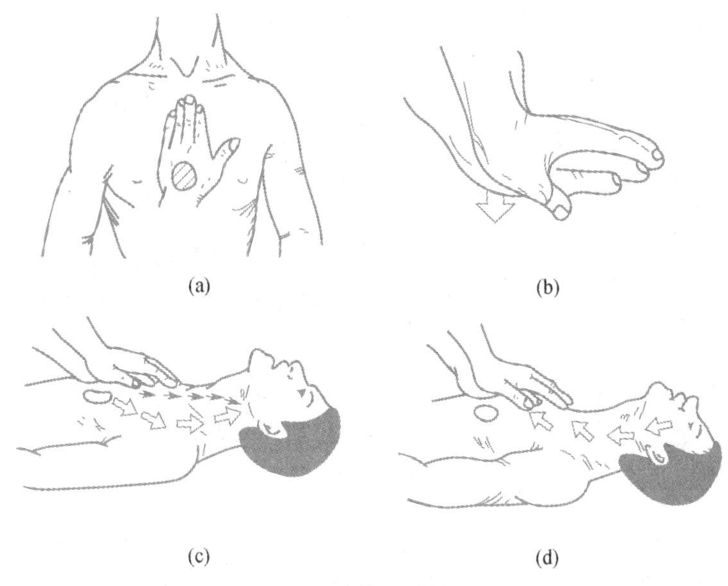

(a)　(b)　(c)　(d)

图 4-45　**胸外心脏挤压法**

(a)中指对凹膛　(b)掌根向下压　(c)慢压帮呼气　(d)提掌助吸气

【任务拓展】

保护接地和保护接零

【保护接零、保护接地和重复接地】为了保证电气设备正常运行和防止电气设备意外带电造成人身触电事故，需要把电气设备不带电的金属外壳接地或接零，这是保证安全用电采取的技术措施。将电气设备的任何部分与大地做良好的电气接触，称为接地。在中性点接地系统中，将电气设备的外壳与供电线路的中性点连接，称为接零。

1. 保护接地

把电气设备不带电的金属外壳或框架通过接地线与深埋在地下的接地体紧密连接，这种保护人身安全的接地方式称为保护接地。当电气设备绝缘损坏而使其外壳带电时，外壳电位上升，当人体接触电机外壳时，将发生触电危险。

如果电气设备外壳采用了保护接地，人体接触到带电外壳时，接地电阻与人体电阻呈并联关系，由于人体电阻远大于接地电阻，所以通过人体的电流很小，避免了触电危险。保护接地，是中性点不接地的低压系统的主要安全措施。

由于绝缘破坏或其他原因而可能呈现危险电压的金属部分，都应采取保护接地措施。如电机、变压器、开关设备、照明器具及其他电气设备的金属外壳都应予以接地。一般低压系统中，保护接地电阻值应小于 4 Ω。

2. 保护接零

就是把电气设备在正常情况下不带电的金属部分与电网的零线紧密地连接起来。在中性点接地的可靠的三相四线制和五线制供电系统中，电气设备的外壳与系统零线(或中性线)相连接，称为保护接零。在三相五线制(TN-S)系统中，保护零线用符号 PE 表示。

当发生单相碰壳时，就使该相和电源中性点形成单相短路，该故障会使保护电器迅速启动，如熔断器烧断、自动开关跳闸动作等切断电源，从而防止了人身触电的可能。

应当注意的是，在三相四线制的电力系统中，通常是把电气设备的金属外壳同时接地、接零，这就是所谓的重复接地保护措施，但还应该注意，零线回路中不允许装设熔断器和开关。

【任务巩固】

1. 思考：鸟儿落在电线上为什么不会触电？

2. 右上图中的急救措施对吗？我们应该怎么办？

附录　任务评价表

(学生姓名)		评价内容、评价标准	自评 30%	组评 30%	教师 40%	得分
(任务名称)						
专业知识	40 分					
任务完成情况	40 分					
职业素养	20 分					
评语总分	总分：	教师：		年	月	日

电磁学和热学中的物理常量

阿伏伽德罗常量　$N_A=6.02\times10^{23}/\text{mol}$

温度的绝对零度　$T=-273.15℃$

静电力常量　$k=9.0\times10^{9}\ \text{N}\cdot\text{m}^2/\text{C}^2$

元电荷(基本电荷)　$e=1.6\times10^{-19}\text{C}$

电子质量　$m_e=9.1\times10^{-31}\ \text{kg}$

质子质量　$m_p=1.67\times10^{-27}\ \text{kg}$

中子质量　$m_n=1.67\times10^{-27}\ \text{kg}$

α 粒子质量　$m_a=6.64\times10^{-27}\ \text{kg}$

原子质量单位　$1\text{u}=1.66\times10^{-27}\ \text{kg}$

真空中的光速　$1\text{c}=3.00\times10^{8}\ \text{m/s}$

参考文献

1. 刘志平.电工技术基础.北京:高等教育出版社,1999.
2. 秦增煌.电工学.北京:高等教育出版社,2002.
3. 蔡永超.电工基础.北京:中国农业出版社,2008.
4. 葛永国.电机及其应用.北京:机械工业出版社,2009.
5. 姚锦卫.电工技术基础与技能 .北京:机械工业出版社,2010.
6. 杨正红.电工基础 .北京:机械工业出版社,2008.
7. 朱照红,张帆.电工技能训练.北京:中国劳动社会保障出版社,2007.
8. 商恭福.电工实用口诀.北京:中国电力出版社,2009.